全国测绘地理信息虚拟仿真系列教材

三维激光扫描技术

主　编　谭金石　高照忠　武同元

主　审　曹一辛

副主编　郑　阔　黄　飒　王　展　黄　婷　陈维林　常　乐　郭　燕　祖为国　郭宝宇

参　编　张　源　张文博　陈　旭　武彬皓　朱　勇　王旭科　司秀成　韩宇星

WUHAN UNIVERSITY PRESS

武汉大学出版社

图书在版编目(CIP)数据

三维激光扫描技术 / 谭金石,高照忠,武同元主编 . -- 武汉 : 武汉大学出版社, 2024.12. -- 全国测绘地理信息虚拟仿真系列教材.
ISBN 978-7-307-24664-5

Ⅰ. TN249

中国国家版本馆 CIP 数据核字第 20243A9R29 号

责任编辑:胡　艳　　　　责任校对:鄢春梅

出版发行:**武汉大学出版社**　(430072　武昌　珞珈山)
（电子邮箱:cbs22@ whu.edu.cn 网址:www.wdp.com.cn）
印刷:武汉乐生印刷有限公司
开本:787×1092　1/16　印张:16.75　字数:373 千字　插页:1
版次:2024 年 12 月第 1 版　　2024 年 12 月第 1 次印刷
ISBN 978-7-307-24664-5　　定价:49. 00 元

序

测绘地理信息事业是国民经济和社会发展的重要组成部分，也是全民小康社会建设的重要基础。三维激光扫描技术（或称激光雷达技术）是测绘和遥感科学领域近年来发展最快的技术，是继 GPS之后的又一次技术革命。以其快速、直接、高精度获取地表三维空间信息的优势，成为当前不可或缺的数据获取手段。特别是近十年来，随着轻小型地面架站式、机载、车载、手持以及星载激光雷达系统的蓬勃发展，三维空间大数据呈爆发式增长，广泛应用于数字城市、文化遗产、电力巡检、重大工程监测、全球高程制图等领域。然而，我国在相关领域的应用仍相对滞后。随着三维激光扫描技术的蓬勃发展，国内从业人数迅速增长，而教科书却十分稀缺。因此，本书的出版对于推动三维激光扫描技术的普及与应用具有重要的意义。

本书依照三维激光扫描技术特点，结合理论与实践，全面覆盖基本概念、基本原理、仪器设备、数据获取方法、数据处理以及应用等方面。本教材全面对接职业岗位，满足不同行业岗位需求，衔接职业技能等级证书和比赛相关内容，并配以丰富的教学视频资源，融入思政元素，实现了岗、课、赛、证融通，可以说是测绘地理信息职业教育发展过程中的一次创新改革。本教材的编写团队以教学一线的青年教师为主，测绘企业大力支持、积极参与，这是深化产教融合、加强校企合作的有益尝试。

我们期待着更多的年轻教师和测绘企业加入测绘职业教育改革的行列，共同为加快构建现代测绘职业教育体系，培养更多高素质的测绘技能人才，为国家的发展献出自己的力量。

2024 年 10 月

前　言

三维激光扫描技术（或称激光雷达技术）是对地观测领域的前沿技术，它以快速、直接、高精度获取地表三维空间信息的优势，成为当前不可或缺的数据获取技术手段，在数字城市、文化遗产、电力巡检、重大工程监测、全球高程制图等领域得到了广泛而深入的应用。近十年来，随着轻小型地面架站式、机载、车载、手持以及星载激光雷达系统的国产化，三维激光扫描技术的研究迎来热潮，其应用领域得到拓宽，已成为地理空间信息数据采集的新途径。

本教材以生产实践案例为引领，以武汉大学测绘遥感学科为依托，集成全国诸多高水平职业院校与应用型本科院校三维激光扫描技术相关课程一线授课教师的多年教学经验，在深入讨论三维激光扫描技术相关理论知识与技术技能的基础上，系统划分章节结构，简要讲述三维激光扫描技术基础知识，详细讲述不同平台的三维激光扫描技术基本原理与生产实践作业过程，拓展讲述三维激光扫描技术相关的职业资格证书与赛事活动，特色鲜明、知识系统完善。

本教材理论与实践相结合，突出能力培养与技能训练，实现了三维激光扫描技术相关的岗、课、赛、证融通。项目1是绪论，介绍三维激光扫描技术基本概念、发展概况和行业应用；项目2是不同平台三维激光扫描设备组成及工作原理，让学习者对激光测距技术类型、不同平台的激光设备组成及工作原理有一定的了解；项目3是不同平台三维激光扫描设备，介绍不同类型的激光设备概况、发展历程以及国产化设备的崛起；项目4至项目7分别是地面、机载、车载、手持四种不同类型的激光扫描方式，从作业流程、基本作业方法、外业数据采集、内业处理流程及典型应用等方面进行阐述，同时，还分别阐述了误差分析与质量控制；项目8是三维激光扫描技术行业应用，介绍了典型应用案例，有助于学习者将知识和技能融会贯通。

针对“三高三难”点，本教材融入丰富的视频、动画和虚拟仿真资源，还包含诸多测绘地理信息行业相关课程思政案例，引领学生弘扬“劳动光荣、技能宝贵、创造伟大”的时代风尚。

本书编写分工如下：

项目1由广东工贸职业技术学院谭金石编写；

项目2由广东工贸职业技术学院高照忠编写；

项目3由北京工业职业技术学院郑阔编写；

项目4由黄河水利职业技术学院黄飒编写；

项目5由云南国土资源职业学院郭燕、广东工贸职业技术学院祖为国编写；

项目 6 由河南工业职业技术学院王展、广州南方测绘科技股份有限公司郭宝宇编写；

项目 7 由甘肃建筑职业技术学院常乐、海军士官学校武同元编写；

项目 8 由甘肃工业职业技术学院陈维林编写。

在编写过程中，我们参考了大量的文献与书籍，引用了国内外相关论文、教材与著作中的部分素材，在此向有关作者一并致谢。

由于编者水平有限，书中可能存在诸多不足之处，敬请读者批评指正。

编　者

2024 年 10 月

课时安排（建议）

课时分配：总学时计 60 学时

项　目	项 目 主 题	课　时
项目 1	绪论	4
项目 2	不同平台三维激光扫描设备组成及工作原理	8
项目 3	不同平台三维激光扫描设备	6
项目 4	地面三维激光扫描数据采集与处理	16
项目 5	机载三维激光扫描数据采集与处理	16
项目 6	车载三维激光扫描数据采集与处理	4
项目 7	手持 SLAM 三维激光扫描数据采集与处理	4
项目 8	三维激光扫描技术行业应用	2

目　　录

项目1　绪　　论

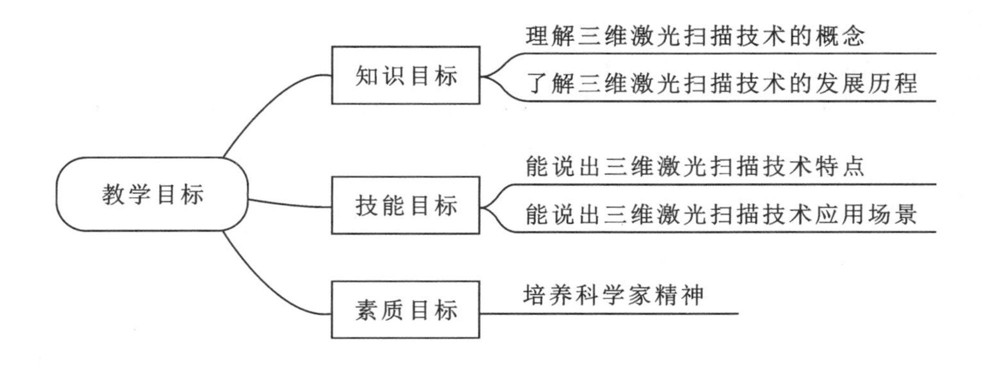

1.1　三维激光扫描技术概述

1.1.1　三维激光扫描技术基本概念

微课：三维激光扫描技术基本概念

1. 激光的概念

激光（light amplification by stimulated emission of radiation，LASER 或 laser），也称“雷射”，是指受激辐射而产生、放大的光，即受激辐射的光放大。1916 年，爱因斯坦（图 1-1）发现了激光的原理，即原子受激辐射的光。1964 年，我国科学家钱学森（图 1-2）将“光受激辐射”改为“激光”，这一概念沿用至今。目前，激光已广泛应用于工业、医疗、商业、科研、信息和军事等领域。

图 1-1　德国物理学家爱因斯坦

图 1-2　中国科学家钱学森

二维动画:三维激光扫描技术简介

2. 三维激光扫描技术的概念

三维激光扫描技术又被称为实景复制技术，是20世纪90年代中期开始出现的一项高新技术，是继GPS空间定位系统之后又一项测绘技术新突破。三维激光扫描技术的发展依托于测绘技术，但是又不同于传统的测绘技术。传统测绘技术是以人工的方式对被测目标中的某一点进行精确的测量，得到一个单点三维坐标。而三维激光扫描技术则利用激光测距的原理，通过高速激光扫描测量的方法，快速获取被测对象表面各点的三维坐标信息，得到一个用于表示实体的点集（即点云，是以离散、不规则的方式分布在三维空间中的点的集合），三维激光扫描仪通过获取物体的连续高密度点云，可以快速、直接地构建结构复杂、不规则场景的三维可视化模型，再结合其他领域的专业应用软件，将所采集的点云数据进行各种后处理应用，为快速建立物体的三维实景模型提供了一种全新的技术手段。

微课：三维激光扫描技术特点

1.1.2 三维激光扫描技术特点

（1）非接触测量。采用非接触目标的方法，不需对扫描目标物体进行任何表面处理，直接采集物体表面的三维数据，所采集的数据完全真实可靠。

（2）主动发射扫描光源。不受扫描环境的影响，主动发射激光，通过激光的回波信息来获得目标物表面点的三维坐标信息。

（3）数据采样率高。采样点数据远高于传统测量的采样点数据，脉冲式激光扫描方法采样点数可达到数千点/秒，而相位式的激光测量更可高达数十万点/秒。

（4）高分辨率、高精度。快速地获取高分辨率、高精度的海量点位数据，精度达厘米级，每平方米点数从几十至上千个。

（5）结构紧凑、防护能力强、适合野外使用。目前常用的扫描设备一般具有体积小、重量轻、防水、防潮等特点，对使用条件要求不高，环境适应能力强，适合野外使用。

（6）结果数据直观。在进行空间三维坐标测量的同时，获取目标表面的激光强度信号和真彩色信息，可直接生成三维空间结果。

（7）全景化的扫描。目前水平扫描视场角可达360°，垂直扫描视场角可达320°，扫描更灵活，更适合复杂的环境，提高了扫描效率。

（8）激光的穿透性。激光的穿透性使得获取的采样点能描述目标表面的不同层面的几何信息。可以通过改变激光束的波长，使激光穿透一些比较特殊的物质。高频率的激光脉冲可以穿透植被冠层到达林下，蓝绿激光还可以穿透一定深度的水体，获取水下地形信息和水质信息，从而在近海和内陆河湖的水下地形制图、水质监测中发挥作用。

（9）方向性好。激光的发光方向通常可以限制在毫弧度的立体角范围内，极大地提高了激光在照射方向上的照度，这也是激光准直、导向和测距的重要依据。

1.1.3　三维激光扫描技术分类

微课：三维激光扫描技术分类

三维激光扫描技术分类方法较多，下面从有效扫描距离、承载平台、扫描仪成像方式、测距原理等方面进行分类。

1. 按有效扫描距离分类

激光有效扫描距离是三维激光扫描仪应用范围的重要指标，特别是针对大型地物或场景的观测，必须考虑扫描仪的实际测量距离和有效扫描距离。扫描仪与目标物距离越远，扫描目标的精度就相对越差，而扫描距离太近，则会影响扫描效率和点云数量。因此，要保证扫描数据的精度，就必须在相应类型扫描仪所规定的标准范围内使用。

按三维激光扫描仪的有效扫描距离分类，大致可分为如图 1-3 所示的三种类型。

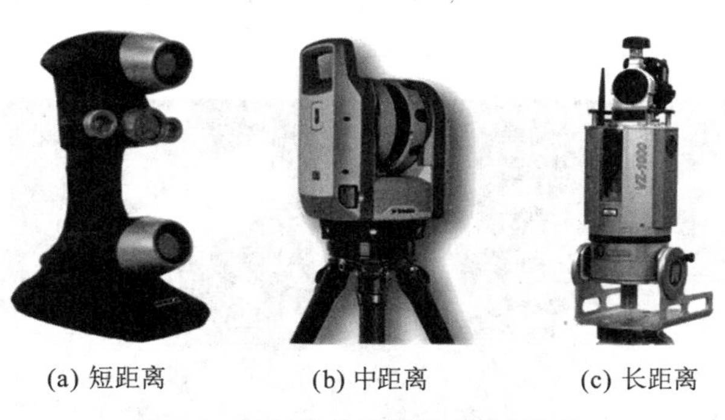

(a) 短距离　　(b) 中距离　　(c) 长距离

图 1-3　不同有效扫描距离的扫描仪

1）短距离三维激光扫描仪（＜10m）

这类扫描仪的最长扫描距离只有几米，一般最佳扫描距离为 0.6～1.2m，它通常用于小型模具的量测，扫描速度快且精度较高，可以在短时间内精确地给出物体的长度、面积、体积等信息。手持式三维激光扫描仪就属于这类扫描仪。

2）中距离三维激光扫描仪（10～400m）

这类扫描仪的最长扫描距离只有几十米，它主要用于室内空间和大型模具的测量。

3）长距离三维激光扫描仪（＞400m）

这类扫描仪的扫描距离较长，最大扫描距离超过百米，它主要用于建筑物、大型土木工程、煤矿、大坝、机场等的测量。

2. 按承载平台分类

按三维激光扫描仪的承载平台分类，可以分为以下几类：

1）星载三维激光扫描仪

星载三维激光扫描仪亦称为星载激光雷达，是以卫星为搭载平台的激光扫描系统，运行轨道高且观测范围广，能全天时对地观测。星载激光雷达技术是 20 世纪 60 年代发展起来的一种高精度地球探测技术，实验始于 20 世纪 90 年代初，美国的星载激光雷达技术的应用与规模处于领先位置，其典型星载激光雷达系统有 MOLA、MLA、LOLA、GLAS、ATLAS、LIST 等，图 1-4 所示为 ICESat 轨道运行时 GLAS 仪器测量示意图。

近年来，我国多所高校与科研机构开展了星载激光雷达技术研究。2007 年我国发射的第一颗月球探测卫星“嫦娥一号”（图 1-5）上搭载了一台激光高度计，实现了卫星星下点月表地形高度数据的获取，为月球表面三维影像的获取提供服务，它是我国发射的首例实用型星载激光雷达。

图 1-4　ICESat 轨道运行时 GLAS 仪器测量示意图　　图 1-5　“嫦娥一号”探月卫星

星载三维激光扫描仪的运行轨道高且观测范围广，可以提供高精度的全球探测数据，在地球探测活动中起着越来越重要的作用，主要应用于全球测绘、地球科学、大气探测、月球、火星和小行星探测、在轨服务、空间站等。

2）机载三维激光扫描仪

机载三维激光扫描仪以飞机作为搭载平台，如图 1-6 所示。目前机载平台主要有大型固定翼飞机、直升机，以及无人机（包括固定翼无人机、无人直升机、多旋翼无人机等）。机载三维激光扫描仪集成了激光扫描仪、全球导航卫星系统（GNSS）和惯性导航系统（INS）及高分辨率数码相机等设备，用于获取激光点云数据和原始航空影像，通过对激光点云数据和航空影像的处理，可以生成精确的 DEM、DSM 及 DOM，快速获取大面积三维地形信息。

图 1-6　机载三维激光扫描系统

3）车载三维激光扫描仪

车载三维激光扫描仪属于移动型三维激光扫描系统，如图 1-7 所示，传感器集成在一个可稳固连接在普通车顶行李架或定制部件的过渡板上，支架可以分别调整激光传感器、数码相机、IMU 与 GPS 天线的姿态或位置。作业过程中搭载的多种传感器可以同时获取道路表面及道路两侧临街地物的三维信息和影像。

图 1-7　车载三维激光扫描系统

4）地面架站式三维激光扫描仪

地面三维激光扫描系统主要指地面架站式三维激光扫描仪，如图 1-8 所示，它由一个激光扫描仪、一个内置或外置的数码相机以及软件控制系统组成。它利用激光脉冲对目标物体进行扫描，可以大面积、大密度、快速度、高精度地获取地物的形态及坐标。目前已经广泛应用于测绘、文物保护、地质、矿业等领域。

图 1-8　地面架站式三维激光扫描仪

5）手持式三维激光扫描仪

手持式三维激光扫描仪是一种用手持方式扫描物体表面获取三维数据的便携式三维激光扫描仪，如图 1-9 所示。大多手持式三维激光扫描仪用于采集小型物体的三维数据，可以精确地测量物体的长度、面积、体积，一般配备有柔性的机械臂以便于使用。

图 1-9　手持式三维激光扫描仪

6）背包式三维激光扫描仪

背包式三维激光扫描仪是一款以背包为承载平台的高精度激光同步定位与地图构建（SLAM）测量仪器，如图 1-10 所示。它结合激光雷达和 SLAM 技术，无需 GPS 即可实时获取周围环境的高精度三维点云数据。配套强大的三维点云后处理软件，实现大场景建模、量测、成图、空间分析等功能，是高精度、高效率、低成本的室内外一体化三维扫描与测量仪器。

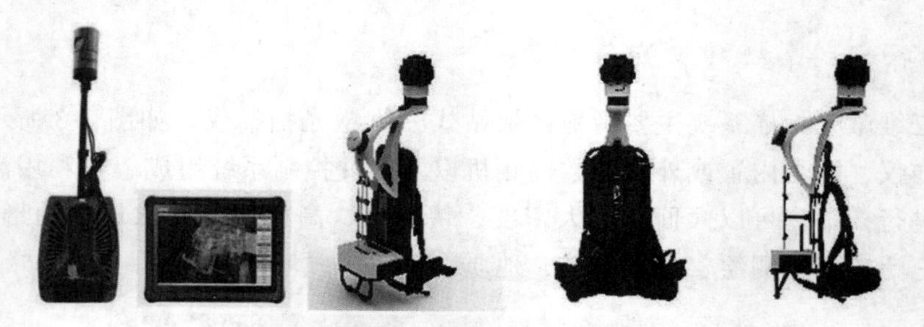

图 1-10　背包式三维激光扫描仪

综上，地面三维激光扫描系统包括车载、地面架站式、手持式及背包式等三维激光扫描系统，需要说明的是，如不特别指明，本书所指的地面三维激光扫描系统指的是地面架站式的三维激光扫描系统。

3. 按扫描仪成像方式分类

1）全景扫描方式三维激光扫描仪

这类三维激光扫描仪采用一个纵向旋转棱镜引导激光光束在竖直方向扫描，同时利用伺服马达驱动仪器绕其中心轴旋转。

2）相机扫描式三维激光扫描仪

这类三维激光扫描仪与摄影测量的相机类似，适用于室外物体扫描，特别对长距离的扫描很有优势。

3）混合型扫描式三维激光扫描仪

这类激光扫描仪水平旋转不受任何限制，垂直旋转则受镜面的局限，集合了上述两种类型扫描仪的优点。

4. 按测距原理分类

1）脉冲式三维激光扫描仪

脉冲测距法是一种高速激光测时测距方法。脉冲式三维激光扫描仪在扫描时由激光器发射出单点的激光，记录激光的回波信号，通过计算激光的飞行时间，利用光速来计算目标点与扫描仪之间的距离。其测距范围可以达到几百米到上千米。

2）相位式三维激光扫描仪

其原理是发射出一束不间断的整数波长的激光，通过计算从物体反射回来的激光波的相位差来计算和记录目标物体的距离。这类三维激光扫描仪主要用于中等距离的扫描测量系统，扫描范围通常在100m内，精度可以达到毫米级。

3）激光三角式三维激光扫描仪

激光三角法是利用三角形几何关系求得距离的方法。激光三角式三维激光扫描仪先由扫描仪发射激光到物体表面，利用在基线另一端的CCD相机接收物体反射信号，记录入射光与反射光的夹角，已知激光光源与CCD之间的基线长度，由三角形几何关系推求扫描仪与物体之间的距离。为了保证扫描信息的完整性，许多扫描仪的扫描范围只有几米到数十米。这类三维激光扫描仪主要应用于工业测量和逆向工程重建，精度可以达到亚毫米级。

4）脉冲-相位式三维激光扫描仪

将脉冲式测距和相位式测距两种方法结合起来，就产生了一种新的测距方法，即脉冲-相位式测距法，这类三维激光扫描仪的原理是先利用脉冲式测距实现对距离的粗测，后利用相位式测距实现对距离的精密测量。

1.1.4 与其他测量技术对比

微课：与其他测量技术的对比

与其他测量技术相比，三维激光扫描技术可以精确地对地物和地形地貌进行扫描，这里主要对比典型的传统测绘技术和摄影测量技术。

二维动画：三维激光扫描技术与其他测量技术对比

1. 与传统测绘技术对比分析

传统测绘技术通常使用全站仪、RTK 等测量仪器对测量目标逐点测量，采集一系列点坐标（图 1-11），这种方式采集的坐标点精度很高，但是效率低、劳动强度大，如果在地势险峻的山地，测量人员还需要攀山越岭，具有一定的危险性，而对于一些测量人员无法到达的地方，则很难施测。传统测绘技术适用于大比例、小范围的地形测量，大范围的地形测量则不适合采用这种方式。

三维激光扫描技术可以弥补传统测绘技术的缺陷，无须接触被测物体，在危险地段或人员无法到达的地方，可采用机载激光扫描系统进行数据采集（图 1-12）。另外，三维激光扫描技术采集数据快，不像传统测绘技术每次只能测得单个点的坐标，它可以同时采集物体的多点信息，点云密度高，分辨率也高。

图 1-11　传统测绘技术

图 1-12　三维激光扫描隧道

2. 与摄影测量技术对比分析

摄影测量技术是一种比较成熟的技术，利用非接触性的传感器对被测对象进行摄影，获取影像信息，然后通过记录、测量、解译等一系列方式从影像上提取有价值的信息，从而绘制各种比例尺的地形图或获取地理信息数据。

三维激光扫描技术与摄影测量技术比较，二者既有相似之处，也有差异。二者的相似之处主要表现在以下几个方面：

(1) 二者都主要用于获取地面物体的信息，都通过拍摄照片获取纹理信息。

(2) 在设备硬件组成上，GPS 和 POS 都是二者的重要组成部分。

(3) 对于搭载平台来说，二者均可以搭载在飞机（包括无人机）、汽车等平台上，如图 1-13 所示。

(4) 数据产品相同，摄影测量技术可以获取航空影像，生成 DEM、DSM、DOM 等数字产品。而激光雷达扫描技术则可以同时获取点云数据和航空影像，同样可以生成以上这些数字产品。

三维激光扫描技术与摄影测量技术在数据采集方式、数据处理方法等方面存在一定

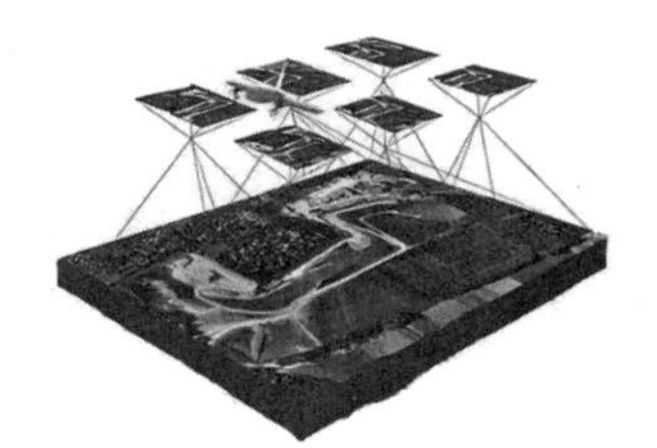

图 1-13　无人机摄影测量与无人机三维激光扫描

的区别，主要体现在以下几个方面：

（1）三维激光扫描技术是直接获取物体表面的点云数据，而摄影测量技术则是对物体进行摄影获取照片，两者的数据格式不同。

（2）架站式三维激光扫描技术是在每测站获取目标物的点云，再将各测站点云拼接成整体，而摄影测量技术则是经过空中三角测量恢复影像的位置和姿态，再进行密集匹配获取点云，最后进行整体拼接，两者的数据拼接方法不同。

（3）三维激光扫描技术获取物体表面的大量三维点云数据，具有很高的还原度和精确度，而摄影测量技术根据照片的特征点，具有有限的还原度和精确度。

（4）三维激光扫描技术不受光照等其他因素的限制，而摄影测量技术则对光线、天气要求高，需要满足一定的要求才能达到好的效果。

（5）三维激光扫描技术可以直接通过点云获得物体的三维模型，而摄影测量技术则需要复杂的影像处理过程才能得到物体的三维模型。

（6）三维激光扫描硬件设备因国内技术有限，目前主要来自国外，所以设备相比摄影测量设备昂贵，摄影测量则可以利用普通消费级相机完成。

（7）在生产周期与生产成本方面，由于三维激光扫描系统获取的主要数据是地表目标点的三维坐标，从后处理阶段的工作时间来看，如制作 DEM 的时间，三维激光扫描系统比摄影测量制作 DEM 的时间要短；就内业数据处理成本而言，如制作 DEM、城市三维模型等，摄影测量要比三维激光扫描系统的成本高。

摄影测量技术与三维激光扫描技术综合对比如表 1-1 所示。

表 1-1　摄影测量技术与三维激光扫描技术综合对比表

序号	对比项	摄影测量技术	三维激光扫描技术
1	工作方式	被动式测量	主动式测量
2	工作条件	受天气影响大	全天候作业
3	自动化程度	半自动	自动获取三维点云
4	成像系统	框幅式摄影或线阵扫描成像系统	高功率准直单色系统
5	几何系统	透视投影几何系统	极坐标几何系统

续表

序号	对比项	摄影测量技术	三维激光扫描技术
6	数据获取方式	瞬间获取地面的二维影像，不能直接获取地面点三维坐标	逐点测量，可以直接获取地面点三维坐标
7	细小目标探测能力	较弱	较强
8	穿透能力	无法得到植被密集地区的地面情况，有些波段能够获得云层下的地面数据	可以部分穿透植被等覆盖物，获得地面点数据，无法穿透云层
9	DEM	依靠立体像对的密集匹配	量测点密度大

1.2　三维激光扫描技术发展概况

微课：三维激光扫描技术发展历程

1.2.1　三维激光扫描技术发展历程

二维动画：三维激光扫描技术发展历程

三维激光扫描技术的发展可以归纳为萌芽期、发展期和爆发期三个阶段。

1. 萌芽期（1960—1990 年）

1960 年，美国科学家西奥多·哈罗德·梅曼第一次将激光引入实用，制造了世界上第一台激光器，如图 1-14 所示。

图 1-14　美国科学家梅曼发明的世界上第一台激光器

而后，国内外科学家相继将激光应用于目标测距、测深和跟踪等。1964 年，美国国家航空航天局（NASA）发射的“探险者-B”卫星，首次利用搭载的角反射器实现激光测距。1968 年，美国锡拉丘兹大学建造了世界上第一个测深激光测量系统，实现了海洋近岸水深测量。1969 年，美国人造卫星测距系统精确测量了地球与月球之间的距离。1975 年，Riegl 公司开始生产固体二极管激光器和激光测距仪。20 世纪 80 年代，GPS、精密计时器和高精度 IMU 相继问世，使激光测量过程中的精确实时定位定姿成为可能，直接推动了激光雷达系统的出现。1989 年，德国斯图加特大学弗里茨·阿克曼教授开始研制激光雷达系统原理样机，生产了世界上第一台机载激光扫描仪，在激光雷达发展历程中具有里程碑意义，如图 1-15 所示。

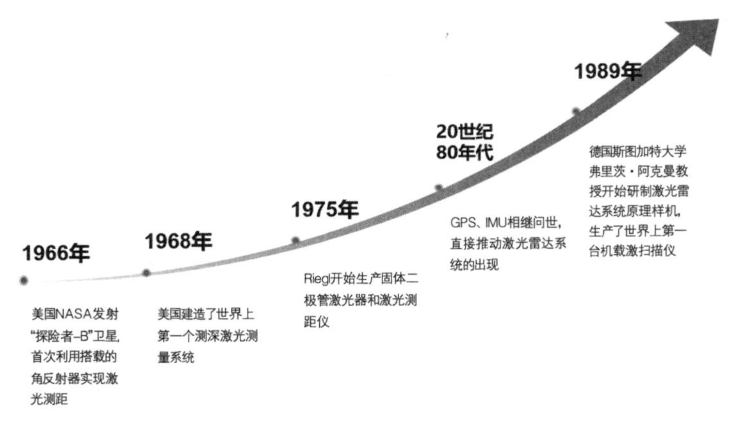

图 1-15　三维激光扫描技术萌芽期

2. 发展期（1990—2000 年）

1990 年开始，激光雷达系统研制进入快速发展期。1993 年，德国 TopScan 公司与加拿大 Optech 公司共同推出了首台商用机载激光雷达 ALTM1020 系统，标志着激光雷达系统正式进入商业化时代；1995 年，瑞典 Saab 公司在研制测深激光雷达系统 HAWK Eye；1996 年，奥地利 Riegl 公司推出可用于机载、车载和船载等系列激光扫描仪；1997 年，美国 Azimuth 公司开始研制激光雷达系统，2001 年被 Leica 公司收购后，相继推出 ALS40、ALS50、ALS60 系统，如图 1-16 所示。

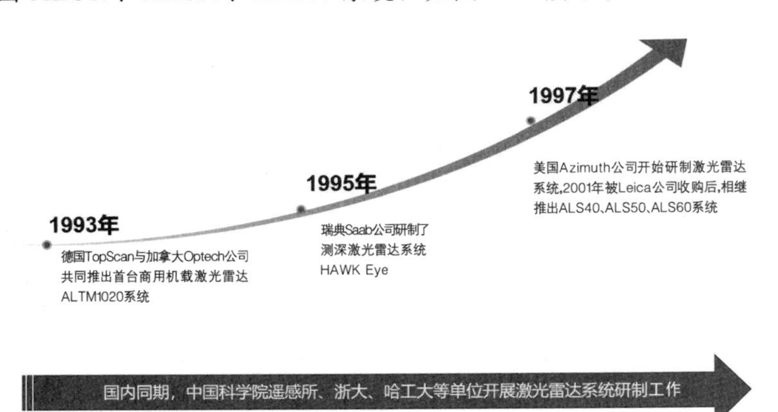

图 1-16　三维激光扫描技术发展期

在我国，同时期，原中国科学院遥感应用研究所李树楷研究团队成功研制了机载三维激光雷达成像系统原理样机。之后，浙江大学、哈尔滨工业大学、中国科学院上海光学精密机械研究所和中国科学院上海技术物理研究所等单位均开展了激光雷达硬件系统研制工作。

3. 爆发期（2000 年至今）

进入 21 世纪，全球各应用领域对激光雷达技术需求旺盛，激光雷达市场呈现百花齐放的状态。

2001 年，Leica 公司进入激光雷达领域，将 Aero Sensor 系统改名为 ALS40，并于 2003 年推出了 ALS50，两年后升级为 ALS50-Ⅱ；2006 年 10 月，推出了空中内插多脉冲激光发射/接收新技术，极大地提高了激光点云密度，并应用于 ALS70、ALS80 系统。2005 年，Blom 公司推出了采用两个激光器的 HAWK Eye Ⅱ机载激光雷达测深系统，德国 IGI 公司开发了 LiteMapper 2800 和 LiteMapper 5600 激光雷达系统。1996 年开始，Riegl 公司相继推出了可用于机载的第一款小型无人机激光雷达系统（VUX-1）、车载和船载的系列激光扫描仪和地面三维激光扫描系列（VZ400、VZ1000、VZ4000、VZ6000），如图 1-17 所示，以及双通道双波段的机载激光雷达系统（VQ1560i）等，如图 1-18 所示。

图 1-17　Riegl VZ6000

图 1-18　Riegl VQ1560i

与此同时，我国的商业化激光雷达系统紧追国际水平。中国科学院上海光学精密机械研究所研制了机载双频激光雷达系统，中国科学院微电子研究所（原中国科学院光电研究院激光雷达团队）先后研制了机载、车载、地面激光雷达系统以及中远程机载 Mars-LiDAR。国内多家企业在激光雷达产业化进程方面成果斐然。随着无人机技术的发展和普及，机载激光雷达系统也向轻小型发展，体积小、质量轻、价格低、实用性强的无人机激光雷达系统迅速崛起。

21 世纪初，各国开始瞄准星载激光雷达的研制和应用。在美国，2003 年 NASA 发射了全球首颗星载激光雷达卫星，2018 年发射了首颗星载光子计数激光雷达卫星，如图 1-19 所示。

我国实施的一系列卫星计划多次搭载了激光雷达系统，如中国科学院上海技术物理研究所与上海光学精密机械研究所研制的激光高度计搭载于嫦娥一号（图 1-20）和嫦娥

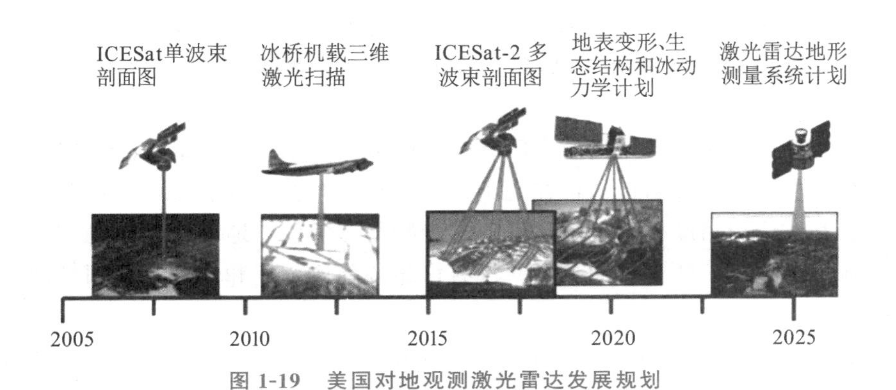

图 1-19　美国对地观测激光雷达发展规划

二号（图 1-21），有效获取了月球南北两极的高程数据；嫦娥四号（图 1-22）搭载的激光三维成像仪、激光测距敏感器等，为月球车提供了高精度的地形信息，实现了自主避障功能。2019 年发射的高分七号卫星和 2022 年发射的陆地生态系统碳监测卫星的主要载荷也是激光测高仪（图 1-23）。

图 1-20　嫦娥一号

图 1-21　嫦娥二号

图 1-22　嫦娥四号

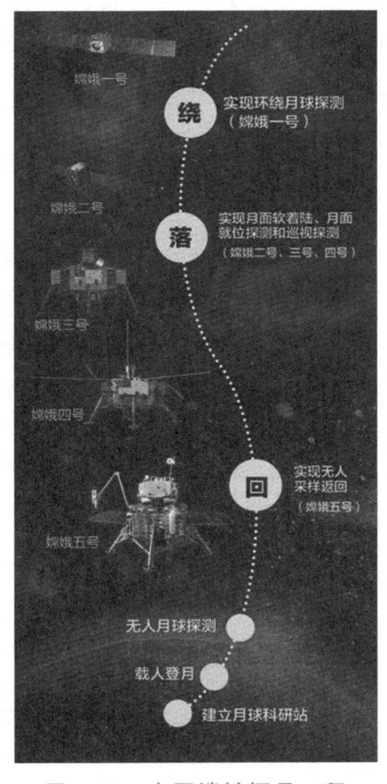

图 1-23　中国嫦娥探月工程

微课：激光扫描技术存在问题及发展趋势

1.2.2　三维激光扫描技术存在问题及发展趋势

近年来，三维激光扫描技术发展迅速，硬件设备的扫描速度、集成度、视场角、测量精度、有效扫描距离、操作菜单、设备国产化等方面取得快速发展，同时，点云数据处理及应用软件取得较大进步。以下是我国存在的一些与三维激光扫描技术相关的问题：

（1）仪器价格比较昂贵。目前，国外品牌的地面三维激光扫描仪在中国的销售价格在百万元左右，国内品牌销售价格在几十万元，车载与机载的设备价格更高。

（2）仪器系统的精度检测方法还处于起步阶段。目前，地面三维激光扫描技术的数据质量控制依靠仪器厂商提供的参考，没有可靠的理论依据和规范。我国尚缺乏有效的检定手段和公认的检定机构。

（3）我国在 LiDAR 标准化领域还存在一些问题，主要体现在 LiDAR 数据部分环节的标准存在缺失，LiDAR 产品的规定还比较单一，标准的修订和更新机制相对滞后。

（4）扫描野外作业相对简单，但是点云数据的后期处理工作则费时费力。

（5）激光点云数据的集成应用研究较少。

（6）目前已有的后处理软件功能偏少、数据处理量有限，而且很多算法不够完善。

随着中国制造 2025、工业 3.0 等战略的实施，相信三维激光扫描技术应用研究不断深入，三维激光扫描仪设备仪器价格会逐步下降，仪器检校与应用技术标准规范会得到积极推进，软件功能会进一步加强，建模与应用精度得到提高，硬件会改进，精度、效率也会得到提升，应用得到推广，多平台激光点云数据会集成并加以应用。

复习与思考题

1. 简述三维激光扫描技术的基本含义。
2. 简述三维激光扫描技术分类依据及具体分类。
3. 三维激光扫描技术与传统测绘技术的区别是什么？三维激光扫描技术有何优势？
4. 简述三维激光扫描技术当前存在的问题及发展趋势。

思政点滴

钱学森：五年归国路，十年两弹成

钱学森是为建设新中国做出巨大贡献的老一辈科学家中影响最大、功勋最为卓著的杰出代表人物之一。他是在新中国科技事业中取得丰功伟绩的人民科学家。他在长达70多年的科研工作中，始终把追求科学真理和为民族复兴奋斗作为自己的理想信念。他说："我没有时间回忆过去，我只想将来。这个将来不是自己的将来，而是国家、民族的将来。"在追求科学真理的伟大实践中，科学家精神成为他科研工作的灵魂，贯穿始终，为广大科技工作者树立了如何做人做事的典范。

1955年10月，钱学森回到祖国，踏上久违的故土。有人曾问他："回到中国是否后悔？"他回答："苟利国家，不求富贵。"短短八个字，铿锵有力、掷地有声。钱学森全身心投入新中国的航天事业，他呕心沥血，勤勉谨慎，构建机构，培养人才，在科学技术上一路引领。

钱学森特别强调创新，他说："我们不能人云亦云，这不是科学精神，科学精神最重要的就是创新。"他强调的创新就是要敢于突破传统观念和思维定式，敢于研究别人没有研究过的科学前沿问题，不断探索求新。

钱学森说过："科学就是追求真理。"钱学森素以治学严谨著称，他一生坚持真理、科学求实，不尚空谈、不务虚名，作风民主、服膺真谛，处处展现一位杰出科学家的严谨与周密。钱学森说过："科学工作千万不能固执己见，缺乏勇于认错的精神，是会吃大亏的。"钱学森是新中国力学事业的主要奠基人之一，为新中国的"两弹一星"事业和力学学科的发展做出了卓越贡献。由于他的远见卓识，使我国力学在许多重要的领域开辟了新的方向。在我国导弹、航天事业的创立和发展过程中，他作为技术负责人，提出了一系列有创新思维的理论，特别是现代工程科学技术理念、系统工程管理理论、总体设计思想等，开创了一套既有中国特色又有普遍科学意义的系统工程管理方法与技术，即航天系统工程。原航天710所副所长于景元研究员说："这实际上是在当时的条件下，把科学技术创新、组织管理创新与体制机制创新有机结合起来，实现了综合集成创新，从而走出了一条发展我国航天事业的自主创新道路。"这条道路促进我国航天事业实现了跨越式发展。

项目2　不同平台三维激光扫描系统组成及工作原理

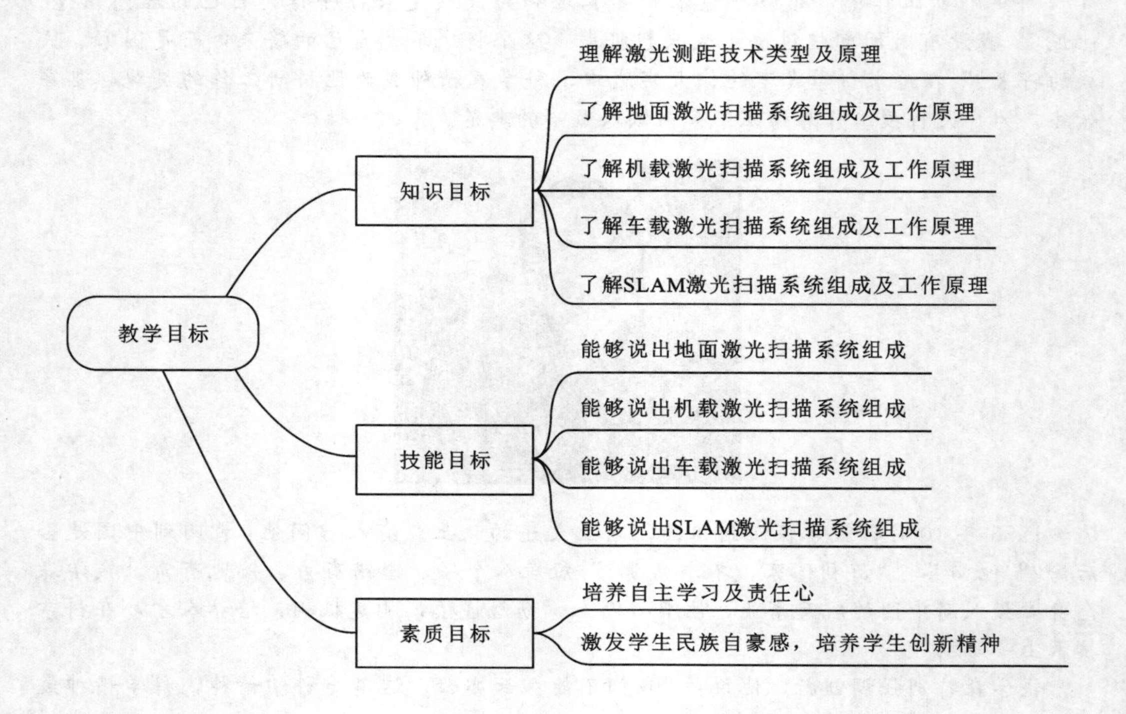

2.1　激光测距技术类型及原理

微课：激光测距技术类型及原理

三维激光扫描技术是集成了多种高新技术的新型测绘技术，它主要是利用激光测距的原理。激光测距的技术类型主要有基于脉冲测距法、相位测距法、激光三角法、脉冲-相位式测距法四种类型。目前，测绘领域所使用的三维激光扫描仪主要是基于脉冲测距法，近距离的三维激光扫描仪主要采用相位测距法和激光三角法。

二维动画：激光测距技术原理

2.1.1　脉冲测距原理

脉冲测距技术是一种高速测时测距技术，其基本原理：激光器向目标发射一束很窄的激光脉冲，部分脉冲被目标物反射后返回到接收器，系统记录脉冲从发射到返回的时间 t，如图 2-1 所示。

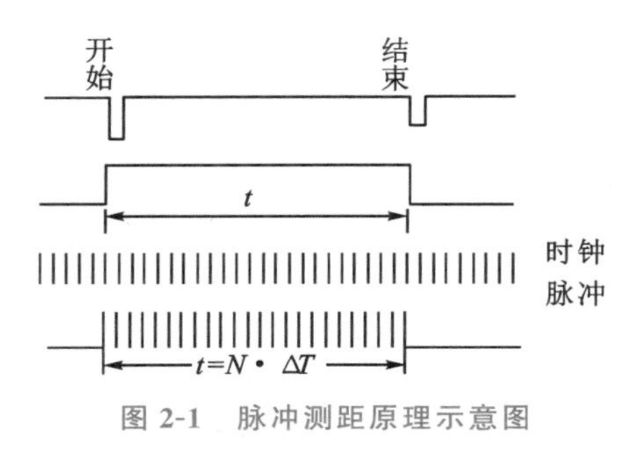

图 2-1　脉冲测距原理示意图

计算公式为

$$S=\frac{1}{2}c\cdot t \tag{2-1}$$

式中，c 为光的传播速度。

脉冲测距系统的测距范围可以达到几百米至上千米的距离，适用于超长距离的测量，但精度相对不高，并且随着距离的增加，精度会降低。

2.1.2　相位测距原理

相位测距基本原理：相位式三维激光扫描仪发射出一束不间断的整数波长的激光，通过计算从物体反射回来的激光波的相位差，计算目标物和激光器之间的距离 D，如图 2-2 所示。

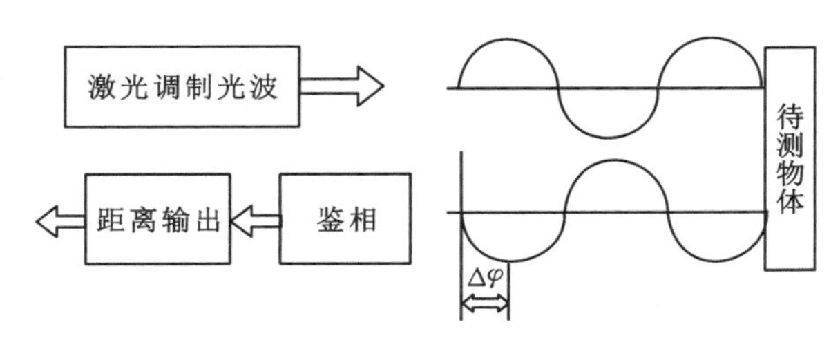

图 2-2　相位式测距原理示意图

计算公式为

$$D=\frac{1}{2}c\cdot t_{2D}=\frac{c}{2f}\left(N+\frac{\Delta\varphi}{2\pi}\right)=\frac{\lambda}{2}\ (N+\Delta N) \tag{2-2}$$

式中，c 为光传播速度，t_{2D} 为光传播时间，N 为波段周期数，ΔN 为未整数波段数。相位式测距主要用于中等距离的扫描测量系统，在 100m 距离内测量，精度可达毫米级。

2.1.3　激光三角法测距原理

激光三角测距基本原理：由激光器发射一束激光投射到待测物体表面，待测物体表面的漫反射经成像物镜成像在光电探测器上，光源、物点和像点形成了一定的三角关系，其中光源和传感器上的像点位置是已知的，由此可以计算出物点所在的位置。激光三角测距法的光路按入射光线与被测物体表面法线的关系可分为直射式和斜射式两种。

1. 直射式三角测距法

该测距法的半导体激光器发射光束经透射镜会聚到待测物体上，经物体表面反射

（散射）后通过接收透镜成像在光电探（感）测器（CCD或PSD）敏感面上，工作原理如图 2-3 所示。

位移量（或变形量）的计算公式为

$$x=\frac{ax'}{b\sin\theta-x'\cos\theta} \tag{2-3}$$

2. 斜射式三角测量法

该测距法的半导体激光器发射光轴与待测物体表面法线成一定角度入射到被测物体表面上，被测面上的后向反射光或散射光通过接收透镜成像在光电探（感）测器敏感面上。工作原理如图 2-4 所示。

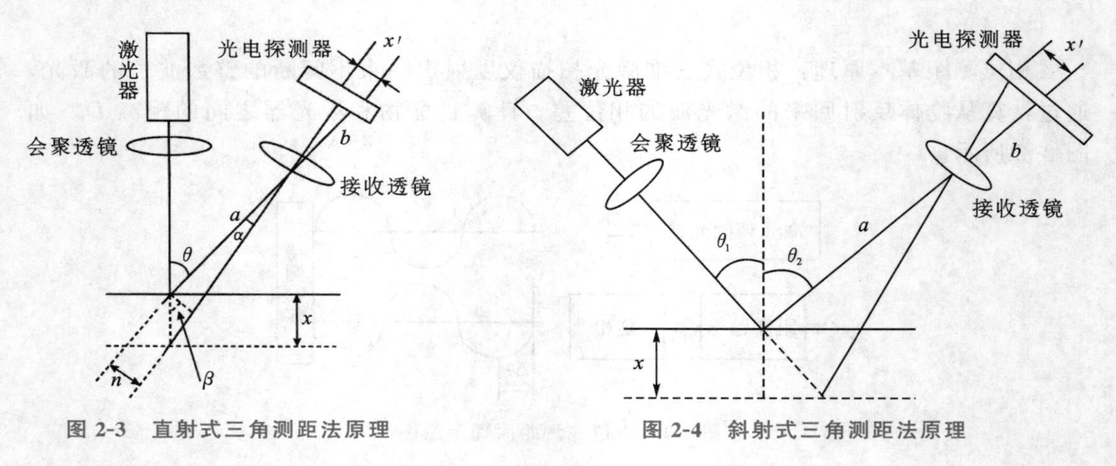

图 2-3　直射式三角测距法原理　　　图 2-4　斜射式三角测距法原理

位移量的计算公式为

$$x=\frac{ax'\cos\theta_2}{b\sin(\theta_1+\theta_2)-x'\cos(\theta_1+\theta_2)} \tag{2-4}$$

激光三角测距法扫描范围一般为几米到数十米，主要应用于工业测量和逆向工程重建中，精度可以达到亚毫米级。

2.1.4　脉冲-相位式测距原理

将脉冲测距与相位测距结合起来，产生了脉冲-相位式测距，先利用脉冲测距实现距离的粗测，再利用相位测距实现对距离的精密测量。

2.2　地面三维激光扫描系统组成及工作原理

本节地面三维激光扫描系统指的是地面架站式、固定的三维激光扫描系统，一般由三维激光扫描仪、计算机、电源供应系统、相机、搭载平台以及系统配套的软件构成。

2.2.1　地面三维激光扫描系统概念及组成

地面三维激光扫描系统通常是将扫描仪搭载在一个地面固定的承载平台上（如三脚架），扫描仪在二维平面上旋转的同时，激光棱镜在垂直方向转动，实现三维信息的获取，通过单站扫描、多站拼接的方式来获取激光点云数据。主要设备包括三维激光扫描仪、扫描仪工作平台、软件控制平台、数据处理平台、标靶球、三脚架、相机以及电源和其他附件设备，如图 2-5 所示。随着技术的发展，有些地面三维激光扫描系统还装载有 GNSS 设备。

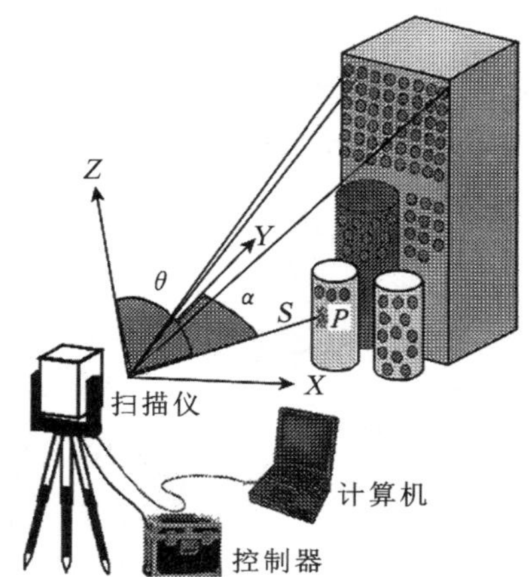

图 2-5　地面三维激光扫描系统组成

1. 激光测距系统、激光扫描系统

激光测距系统、激光扫描系统是三维激光扫描仪工作最核心的部分。

（1）激光测距系统：主要采用脉冲式测距原理和相位式测距原理，目前市场上的三维激光扫描仪主要采用脉冲式测距原理。

（2）激光扫描系统：主要部件是扫描镜，可以使激光光束在预设范围内沿水平方向和垂直方向发生偏转。根据采用的扫描镜不同，可分为平面镜偏转、多边形镜偏转和棱镜偏转；根据扫描镜的运动方式，可以分为震荡偏转和旋转偏转。激光扫描系统可以由两个震荡镜和一个旋转镜（多边形或平面）或一个震荡镜和伺服系统构成，因此可以得到光束在水平方向和垂直向的偏转方式。

2. 扫描控制平台及数据处理软件

地面三维激光扫描控制系统主要由计算机及相应的软件构成，用于控制整个扫描过程并记录点云数据。

不同厂家生产的仪器配有不同的数据处理软件，主要有点云数据处理功能，实现点云数据去噪、配准、合并、数据点三维空间量测、可视化、三维建模、纹理分析处理和数据转换等功能。

3. 标靶

标靶是具有几何中心的、可用于校准的扫描目标，由特殊材料制作成特殊形状，通过提取标靶的中心点作为同名点辅助点云数据配准。

标靶通常分为平面标靶、球面标靶、圆柱标靶。工作中常用平面标靶和球面标靶作为扫描目标，如图 2-6 所示。

（1）平面标靶一般用高对比特性的材料制成，靶心位置一般需要较高密度点云数据才能确定，具有较好的朝向。

（2）球面标靶一般用高反射特性的材料制成，由于球形具有各向同性的特性，从任意方向都可以得到球心坐标，所以在靶面点较少的情况下，仍然可以获得较好的拟合结果。

（3）圆柱标靶和球面标靶相似，只需要侧面信息就可以获得圆柱中轴线，以中轴线作为几何配准不变量。

4. 三脚架

三脚架主要包括外壳、底座和适配器，用于固定三维激光扫描仪并可调整高度和倾斜度，常见三脚架如图 2-7 所示。

图 2-6　常用的平面标靶和球形标靶

图 2-7　几种常见的三维激光扫描仪三脚架

2.2.2　地面三维激光扫描系统工作原理

虚拟仿真：地面三维激光扫描系统工作原理

地面三维激光扫描仪具有不同的视场角，从设备外形来看，主要分为全景式、窗口式和半球式。地面三维激光扫描仪具备单线扫描、拍照式扫描、全景扫描等不同工作方式，各种扫描方式主要是通过控制设备旋转以及旋转的角度来实现的。经典的全景式地面激光扫描仪，激光信号由激光测距仪发出，经棱镜折射，通过旋转垂直旋转平台来改变垂直发射角度，通过旋转水平旋转平台来改变水平发射角度，实现在垂直和水平方向上的轮廓采样，如图 2-8 所示。单线扫描是通过旋转激光发射棱镜而保持设备自身固定，即不进行水平旋转。拍照式扫描则是控制设备在水平方向旋转特定的角度。

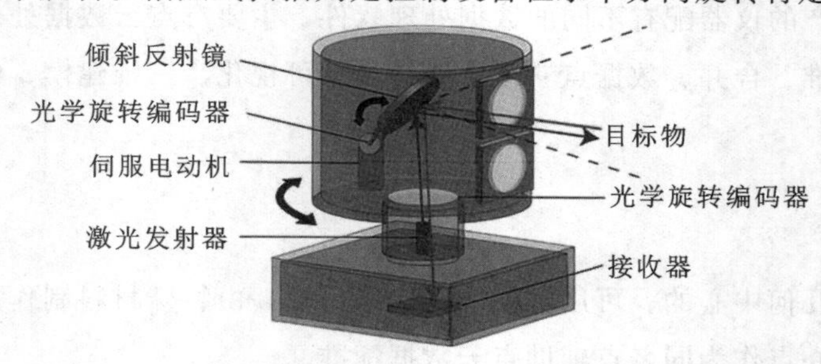

图 2-8　地面三维激光扫描系统水平和垂直扫描示意图

地面三维激光扫描仪内部的伺服马达系统精密控制多面反射棱镜的快速转动，使脉冲激光束沿 X、Y 两个方向进行线阵列或面阵列扫描，发射器发出一束激光脉冲信号，经过物体反射后传回接收器，通过时间差，计算出目标点 P 与扫描仪之间的距离 S，精密时钟控制编码器在扫描的同时，记录横向扫描角 α 和纵向扫描角 β，如图 2-9 所示。

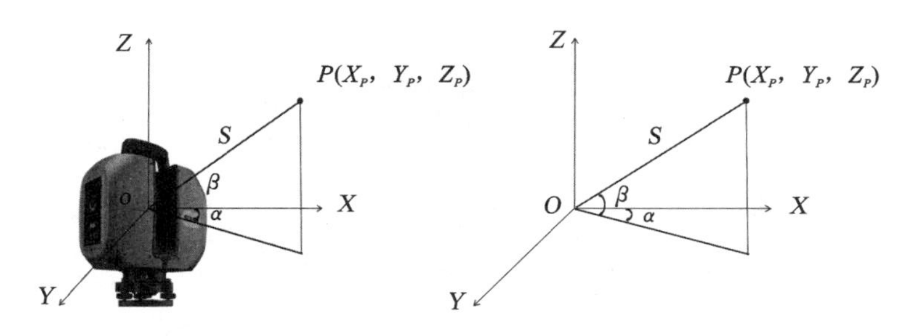

图 2-9　地面激光扫描仪测量基本原理

根据几何关系可以计算出 P 点的三维坐标（X_P，Y_P，Z_P），计算公式如下：

$$\begin{cases} X_P = S\cos\beta\cos\alpha \\ Y_P = S\cos\beta\sin\alpha \\ Z_P = S\sin\beta \end{cases} \tag{2-5}$$

地面三维激光扫描仪的原始观测数据主要包括激光光束的横向扫描角 α 和纵向扫描角 β、仪器到扫描点的距离值 S、实体表面点的反射强度，通过内置或外置数码相机获取实体影像信息，得到扫描点的颜色信息（R、G、B）。前三个数据用于计算扫描点的三维坐标值，反射强度、颜色信息用于点云数据后续处理，提供实体位置信息和彩色纹理信息等。

2.3　机载三维激光扫描系统组成及工作原理

2.3.1　机载三维激光扫描系统概念及组成

微课：机载三维激光扫描系统概念及组成

机载三维激光扫描系统（简称机载 LiDAR）是以飞机（有人机、飞艇、无人机、动力三角翼等）作为承载平台，以激光扫描测距仪为传感器，从空中对地面进行扫描探测，获取地面三维空间点云信息以及强度信息、地面影像信息的一种新型测量手段。机载激光扫描系统组成主要包括：

（1）激光扫描仪，测定激光发射参考点到地面激光脚点之间的距离；

（2）INS，确定系统姿态参数；

（3）GPS 接收机，测定激光信号发射点的空间位置；

（4）成像装置，用于拍摄地面目标的多功能相机；

（5）同步控制装置，确保 GPS 接收机、IMU 和激光扫描测距系统三者之间时间精度同步。

图 2-10 所示为机载 LiDAR 的系统组成，图 2-11 所示为大飞机机载 LiDAR 设备组成，图 2-12 所示为无人机 LiDAR 系统。

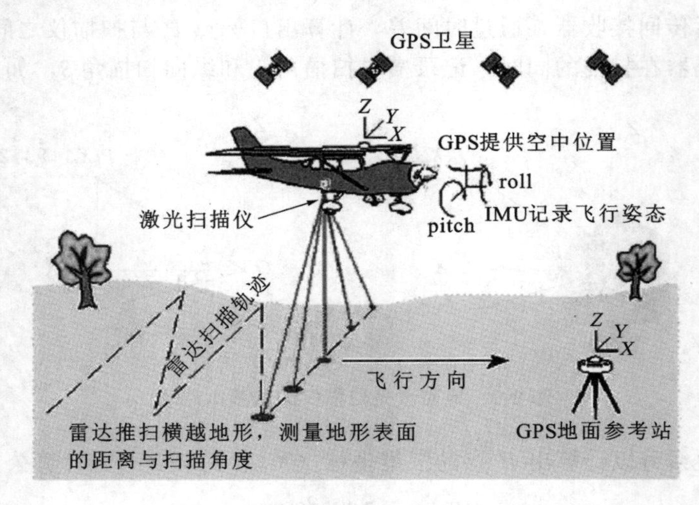

图 2-10　机载 LiDAR 的系统组成

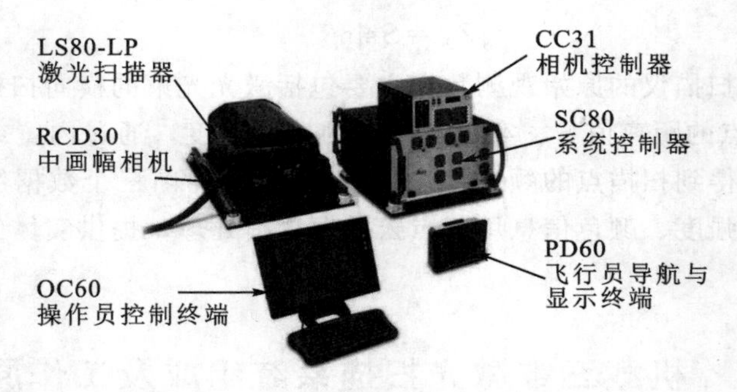

图 2-11　Leica 机载激光雷达系统 ALS80

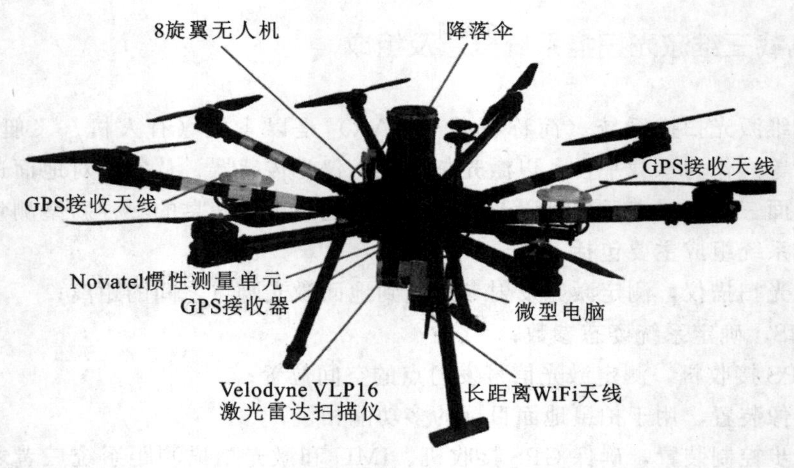

图 2-12　无人机 LiDAR 系统

2.3.2　机载三维激光扫描工作原理

微课：机载三维激光扫描系统工作原理

1. 激光测距系统

虚拟仿真：机载三维激光扫描工作原理

激光测距系统由激光测距单元、光学机械扫描单元和同步控制处理单元三个部分组成。

（1）激光测距单元：由激光发射器和激光接收器组成，利用激光测定激光发射器到目标之间的距离。

（2）光学机械扫描单元：通过棱镜和转动机械控制激光发射器发出的激光的方向，将单一方向的测距转变为某些范围角度的测距，实际扫描范围取决于光学机械扫描单元的构造。目前机载 LiDAR 系统典型的扫描方式共有四种：摆镜式扫描（也称振荡式扫描）、旋转正多面体扫描、章动式扫描以及光纤扫描。

①摆镜式扫描：在两个方向来回摆动，对地面产生的扫描线是双向的，而且飞行方向与扫描方向垂直，所以形成“Z”字形扫描线，如图 2-13 所示。

②旋转正多面体扫描：由于旋转棱镜只绕一个方向旋转，而激光束也是从一个方向射过来，当激光束到达旋转棱镜的边缘时，激光束回到初始位置再从一个方向扫描，激光脚点就会在地面形成单向扫描线平行轨迹，如图 2-14 所示。

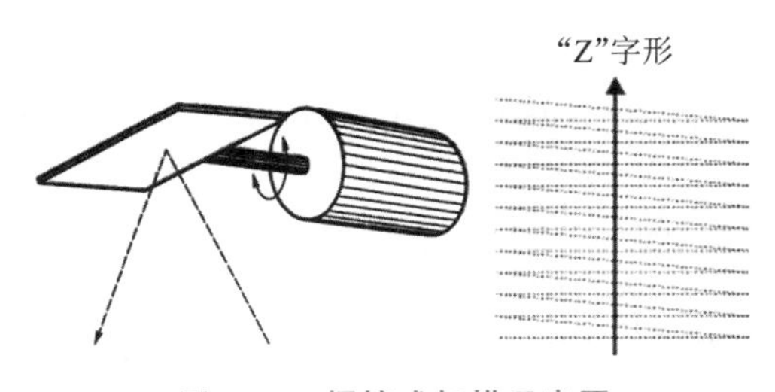

图 2-13　摆镜式扫描示意图

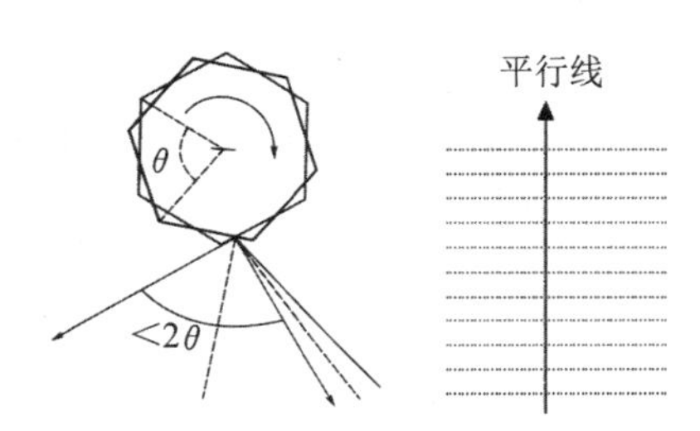

图 2-14　旋转正多面体扫描示意图

③章动式扫描：由于激光束照射到反射镜上，经过反射指向地面，每旋转一周，激光束就会在地面上形成椭圆形激光脚点轨迹，如图 2-15 所示。

④光纤扫描：要求发射光路和接收光路是一套系统，相同的光纤扫描线组被安置在接收和发射镜的焦平面上，借助于 2 个旋转镜，在发射和接收路径处的每条光纤都会按照顺序被同步扫描，最终形成的是平行的激光脚点，如图 2-16 所示。

（3）同步控制处理单元：主要用于协调各测量单元的运行，并记录 3 个测量系统的相关数据，包括激光扫描数据、激光脉冲信号发射时刻与脉冲传播时间、GPS/IMU 导航数据等，并用来生成激光脚点的三维坐标。同时，控制装置也可在数据采集的同时，提供 GPS/IMU 与传感器的工作状况以及飞行平台的轨迹等有效的实时监控信息，供飞行员实时调整飞机的姿态和飞行方向，确保数据的采集工作按预定轨迹进行。

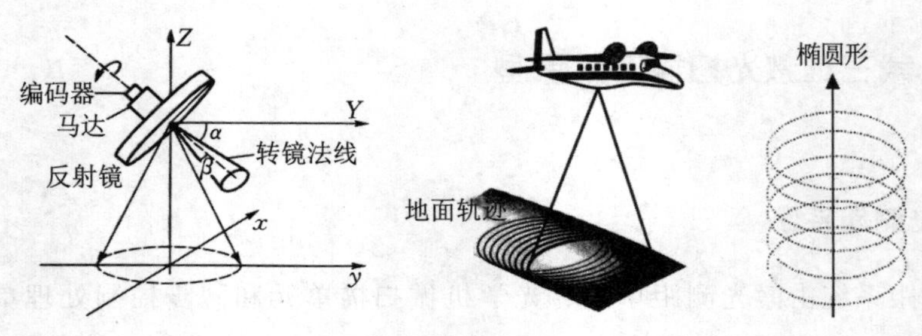

图 2-15 章动式扫描示意图

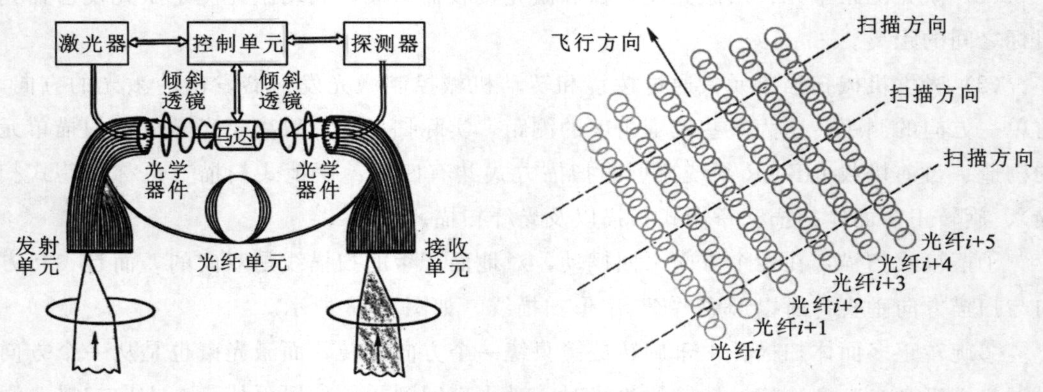

图 2-16 光纤扫描示意图

2. 定位定向系统

定位定向系统（POS）由惯性导航系统（INS）和差分全球定位系统（也称差分GPS）组成。

1）惯性导航系统

惯性导航系统是20世纪初发展起来的导航定位技术，主要用于获取被测物体在运动过程中的旋转角速度和加速度，其核心部件是惯性测量单元（IMU），通常包括3个加速度仪和3个陀螺仪以及计算处理元件。惯性导航系统记录了载体的精确位置、对地速度、姿态和航向等信息，这些信息可以计算出载体飞行的航迹和每一刻的状态，并用于后续数据解算。INS获取飞行平台瞬间的姿态参数，主要包括俯仰角（pitch）、侧滚角（roll）和航向角（yaw），这三个姿态角的精度直接关系到激光脚点的精度。

2）差分 GPS

差分GPS是GPS的一种特定模式，利用两台或两台以上的接收机确定自身的空间位置和移动速度。根据定位方法的不同，又可分为实时差分动态定位和后处理差分动态定位两种模式。

（1）实时差分动态定位：利用安装在一个运动载体上的GPS信号接收机及安装在地面基准站上的另一台GPS接收机联合测量飞行器的实时位置，从而记录运行轨迹，如图 2-17 所示。

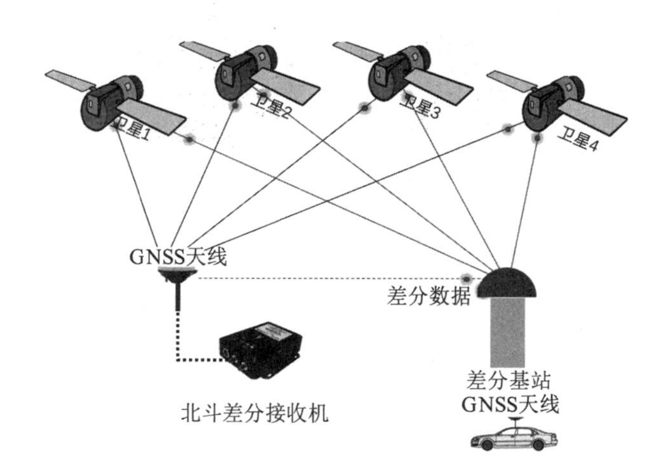

图 2-17 实时差分动态定位

(2) 后处理差分动态定位：通常在飞机上装有 1～2 个 GPS 接收器，在地面同步设立 1 个或多个 GPS 基准站，通过地面基准 GPS 星历数据和飞机上的 GPS 接收机数据，利用差分解算软件联合解算，得到非常高的定位精度，如图 2-18 所示。

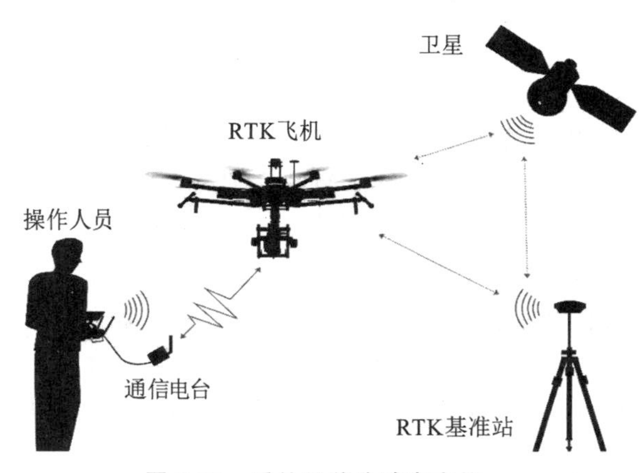

图 2-18 后处理差分动态定位

3. 成像装置

成像装置是指在激光扫描仪获取地面物体的三维坐标信息的同时获取地物的光谱信息和纹理信息，一般是配置数码相机等传感器，与机载 LiDAR 测距系统集成一体，二者使用共同的时序同步控制系统，通过采集时间将各传感器的数据归一化。

2.3.3 机载三维激光点云坐标解算原理

机载三维激光扫描系统固定在飞行平台上，三维激光扫描仪、GPS 和 INS 具有不同的坐标系统，如图 2-19 所示。为了对采集的数据进行融合处理，在时间同步的基础上，需对这些数据进行空间配准，将三维激光扫描仪极坐标转换为WGS-84坐标。涉及的坐标系统包括三维激光扫描极坐标系、三维激光扫描直角坐标系、IMU直角坐标系、平台参考坐标系、WGS-84坐标系。点云数据解算的坐标转换过程：三维激光扫描极坐标系→三维激光扫描直角坐标系→IMU坐标系→平台参考坐标系→WGS-84坐标系。

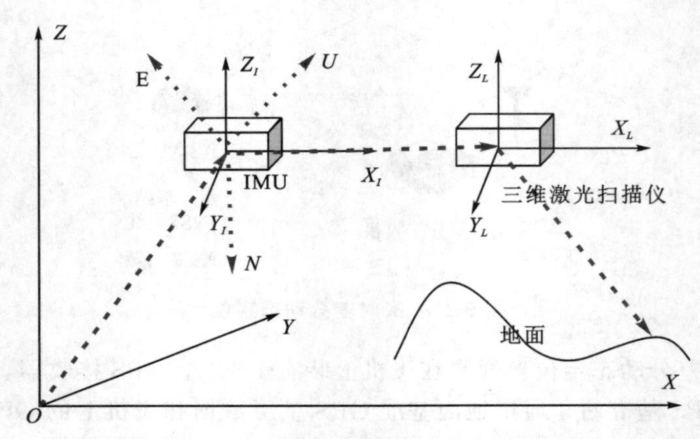

图 2-19　机载激光扫描系统安装位置示意图

1. 坐标系定义

(1) 三维激光扫描极坐标系（γ，ϕ，θ）：以三维激光扫描仪激光脉冲发射点为坐标原点，γ 为激光脉冲发射点与扫描目标间的几何距离，ϕ、θ 分别为三维激光扫描极坐标系下激光脉冲的方位角和高度角。

(2) 三维激光扫描直角坐标系（X_L，Y_L，Z_L）：以三维激光扫描仪激光脉冲发射中心为坐标原点，以扫描仪运动方向为 X 轴，Y 轴指向激光脉冲发射方向，Z 轴垂直于 XOY 平面向上，构成右手直角坐标系。

(3) IMU直角坐标系（X_I，Y_I，Z_I）：以IMU中心为坐标原点，X、Y、Z 轴方向与三维激光扫描仪三轴方向相互平行。

(4) 平台参考坐标系（X_R，Y_R，Z_R）：以IMU上两个GPS天线的中心为坐标原点，Z 轴与参考椭球的法线重合，X 轴与 Z 轴垂直，指向正东方向，Y 轴垂直于 XOZ 平面，指向正北方向。

(5) WGS-84坐标系（X，Y，Z）：以地球质心为坐标原点，Z 轴指向BIH定义的协议地球极（CTP）方向，X 轴指向BIH的零子午面与CTP赤道的交点，Y 轴与 X 轴、Z 轴构成右手直角坐标系。

2. 坐标系转换

(1) 三维激光扫描极坐标系转换到三维激光扫描直角坐标系：

$$\begin{cases} X_L = \gamma\cos\phi\sin\theta \\ Y_L = \gamma\cos\phi\cos\theta \\ Z_L = \gamma\sin\theta \end{cases} \tag{2-6}$$

式中，γ 为激光脉冲的扫描距离；ϕ 为扫描脉冲的方位角；θ 为扫描脉冲的高度角；(X_L，Y_L，Z_L) 为地物点在三维激光扫描直角坐标系下的坐标。

(2) 三维激光扫描直角坐标系转换到 IMU 直角坐标系：

$$\begin{bmatrix} X_I \\ Y_I \\ Z_I \end{bmatrix} = \boldsymbol{R}_{IL} \begin{bmatrix} X_L \\ Y_L \\ Z_L \end{bmatrix} + \begin{bmatrix} \Delta X_{IL} \\ \Delta Y_{IL} \\ \Delta Z_{IL} \end{bmatrix} \tag{2-7}$$

式中，ΔX_{IL}、ΔY_{IL}、ΔZ_{IL} 是 2 个坐标系原点之间的位置偏移量；α、β、γ 为三维激光扫描直角坐标系与 IMU 直角坐标系之间的安置角度；R_{IL} 为 α、β、γ 组成的旋转矩阵。安置角度与偏移量的初值可在传感器安装之后测量获取，精确值可由系统检校获取。

$$\begin{aligned} \boldsymbol{R}_{IL} &= \begin{bmatrix} 1 & 0 & 0 \\ 0 & \cos\gamma & -\sin\gamma \\ 0 & \sin\gamma & \cos\gamma \end{bmatrix} \begin{bmatrix} \cos\beta & 0 & \sin\beta \\ 0 & 1 & 0 \\ -\sin\beta & 0 & \cos\beta \end{bmatrix} \begin{bmatrix} \cos\alpha & -\sin\alpha & 0 \\ \sin\alpha & \cos\alpha & 0 \\ 0 & 0 & 1 \end{bmatrix} \\ &= \begin{bmatrix} \cos\gamma\cos\beta & -\cos\alpha\sin\gamma+\sin\alpha\sin\beta\cos\gamma & \sin\alpha\sin\gamma+\cos\alpha\sin\beta\cos\gamma \\ \cos\beta\sin\gamma & \cos\alpha\cos\gamma+\sin\alpha\sin\beta\sin\gamma & -\sin\alpha\cos\gamma+\cos\alpha\sin\beta\sin\gamma \\ -\sin\beta & \sin\alpha\cos\beta & \cos\beta\cos\alpha \end{bmatrix} \end{aligned} \tag{2-8}$$

(3) IMU 直角坐标系转换到平台参考坐标系：

$$\begin{bmatrix} X_R \\ Y_R \\ Z_R \end{bmatrix} = \boldsymbol{R}_{RI} \begin{bmatrix} X_I + \Delta X_{RI} \\ Y_I + \Delta Y_{RI} \\ Z_I + \Delta Z_{RI} \end{bmatrix} \tag{2-9}$$

式中，$\boldsymbol{R}_{RI}$ 是由 IMU 姿态参数 roll、pitch、heading 组成的旋转矩阵；ΔX_{RI}、ΔY_{RI}、ΔZ_{RI} 是 2 个 GPS 天线中心点与 IMU 中心之间的偏移量。

(4) 平台参考坐标系转换到 WGS-84 坐标系：

$$\begin{bmatrix} X_{84} \\ Y_{84} \\ Z_{84} \end{bmatrix} = \boldsymbol{R} \begin{bmatrix} X_R \\ Y_R \\ Z_R \end{bmatrix} + \left(\begin{bmatrix} X_{GPS} \\ Y_{GPS} \\ Z_{GPS} \end{bmatrix} + \begin{bmatrix} \Delta X_{GR} \\ \Delta Y_{GR} \\ \Delta Z_{GR} \end{bmatrix} \right) \tag{2-10}$$

式中，$\boldsymbol{R}$ 是子午线收敛角组成的旋转矩阵；ΔX_{GR}、ΔY_{GR}、ΔZ_{GR} 是 GPS 相位中心与 IMU 中心之间的平移参数。

综上所述，机载三维激光扫描点云数据三维坐标解算的数学模型：

$$\begin{bmatrix} X_{84} \\ Y_{84} \\ Z_{84} \end{bmatrix} = \boldsymbol{R} \left[\boldsymbol{R}_{RI} \left[R_{IL} \begin{bmatrix} X_L \\ Y_L \\ Z_L \end{bmatrix} + \begin{bmatrix} \Delta X_{IL} \\ \Delta Y_{IL} \\ \Delta Z_{IL} \end{bmatrix} \right] + \begin{bmatrix} \Delta X_{RI} \\ \Delta Y_{RI} \\ \Delta Z_{RI} \end{bmatrix} \right] + \left(\begin{bmatrix} X_{GPS} \\ Y_{GPS} \\ Z_{GPS} \end{bmatrix} + \begin{bmatrix} \Delta X_{GR} \\ \Delta Y_{GR} \\ \Delta Z_{GR} \end{bmatrix} \right) \tag{2-11}$$

式中，旋转参数 $\boldsymbol{R}$，$\boldsymbol{R}_{RI}$ 主要通过实时 POS 测量提供参数；安置角参数 $\boldsymbol{R}_{IL}$ 和平移参数 ΔX_{IL}、ΔY_{IL}、ΔZ_{IL}、ΔX_{RI}、ΔY_{RI}、ΔZ_{RI}、ΔX_{GR}、ΔY_{GR}、ΔZ_{GR} 通过检校和反算参数模

型计算获取。

通过上式可以精确计算出机载三维激光扫描点云数据的大地三维坐标值。

2.4 车载三维激光扫描系统组成及工作原理

车载三维激光扫描系统是以移动车辆为承载平台的激光扫描系统。相较于背包平台，车载平台能够更为快速、高效地获取激光雷达点云数据，具有采集方式灵活、点云密度高等特点，已广泛应用于城市中的公路测量、道路结构分析以及灾害评估等方面。

微课：车载三维激光扫描系统概念及组成

2.4.1 车载三维激光扫描系统概念及组成

车载三维激光扫描系统是将三维激光扫描设备、GPS卫星定位、惯性测量装置、里程计、360°全景相机、总成控制模块和高性能板卡计算机集成并封装于汽车的刚性平台之上，在汽车移动过程中，快速获取高精度定位定姿数据、高密度三维点云和高清连续全景影像数据，通过统一的地理参考和摄影测量解析处理，实现无控制的空间地理信息采集与建库。车载激光扫描系统主要分为硬件与软件两个组成部分。

1. 硬件部分

目前，主流的车载激光扫描系统主要由定位传感器POS、数据采集传感器和控制系统组成，其中定位传感器由差分GNSS（DGNSS）系统（包括GNSS基站和动态GNSS接收机）、惯性导航装置（IMU）和里程计（DMI）组成，数据采集传感器由激光扫描仪、CCD相机组成。控制系统由控制装置、测速仪、移动测量平台等组成，如图2-20所示。

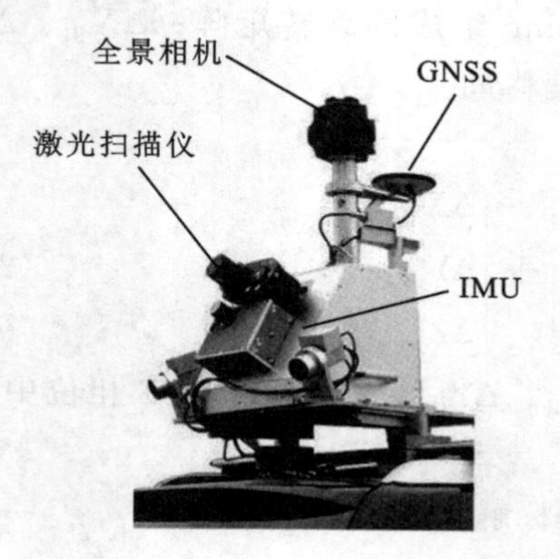

图2-20 车载激光扫描系统硬件构成

各部分的主要功能如下：

(1) GNSS系统：后处理差分动态定位GNSS接收机相位中心的坐标，为数码相机拍照提供时间信息。

(2) 惯性导航装置（IMU）：实时获取IMU的空间姿态参数。

（3）里程计（DMI）：获取前进方向的载体位移量。

（4）激光扫描仪：用于测量地面点在扫描仪内置坐标系中的坐标。

（5）CCD 相机：用于获取对应的彩色影像，为数据处理提供影像数据，可以用来给点云着色或者制作视频，也可以根据相片的内外方位元素和相对关系来解算物点坐标；数码相机可以是面阵 CCD，也可以是线阵 CCD。

（6）控制装置：主要包括控制设备、存储设备和显示设备。控制设备主要用来对各传感器进行启动、数据采集、参数设置和关闭等操作。存储设备用来记录相机、激光扫描仪、DGNSS、IMU 采集到的数据。显示设备用来显示系统各部件的工作情况。

（7）测速仪：实时测得系统速度。

（8）移动测量平台：搭载设备和人员，所有的数据获取设备都安置在车辆顶部的装备架上。

2. 软件部分

软件是车载激光测量系统的重要组成部分，是系统应用的基础，一般分为数据采集处理软件和应用软件。数据采集处理软件一般与硬件捆绑销售，目前国外各车载系统的数据格式都是自定义未公开的，使得相应的数据处理软件不具有通用性。

2.4.2　车载三维激光扫描系统工作原理

微课：车载三维激光扫描系统工作原理

车载三维激光扫描系统工作原理是将激光扫描仪、GPS 和 IMU 同时搭载在测量车上，在测量车移动过程中不断记录测量车的位置和姿态信息，车载激光雷达扫描仪随测量车的移动不断记录脉冲发射器的测距值及其在扫描线中的索引值，通过该索引值计算该点与初始方向上的夹角，并结合车载系统的校验参数和所记录的测量车的位置和姿态信息，计算点云数据的三维空间坐标。

虚拟仿真：车载三维激光扫描工作原理

假设被测量点为 P 点，坐标设为（X，Y，Z），GPS 所获得的车辆坐标记为（X_G，Y_G，Z_G）；IMU 和 GPS 获得姿态角，即激光扫描仪和大地坐标轴夹角（θ_y，θ_p，θ_r），如图 2-21 所示。

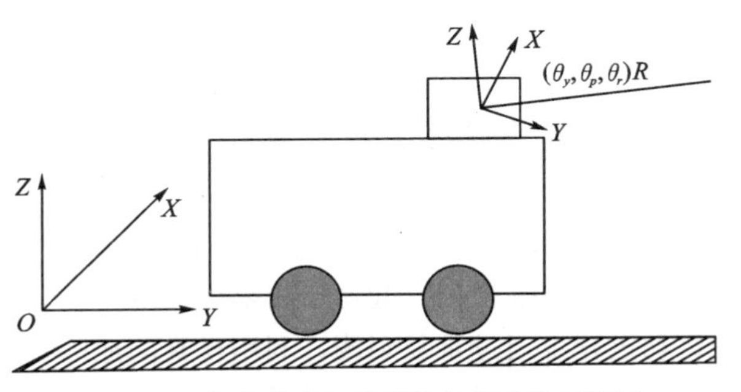

图 2-21　车载激光扫描系统测量原理示意图

测量点相对激光扫描系统的相对坐标设为（X_1，Y_1，Z_1），可由激光雷达扫描仪测

得的目标距离和目标视线角度计算得到，目标点的位置计算公式为

$$\begin{bmatrix} X \\ Y \\ Z \end{bmatrix} = \begin{bmatrix} a_1 & a_2 & a_3 \\ a_4 & a_5 & a_6 \\ a_7 & a_8 & a_9 \end{bmatrix} - \begin{bmatrix} X_1 \\ Y_1 \\ Z_1 \end{bmatrix} + \begin{bmatrix} X_G \\ Y_G \\ Z_G \end{bmatrix} \tag{2-12}$$

式中，

$$\begin{cases} a_1 = \cos\theta_r \cos\theta_r + \sin\theta_p \sin\theta_r \\ a_2 = \sin\theta_r \cos\theta_r - \cos\theta_r \sin\theta_p \sin\theta_r \\ a_3 = \cos\theta_p \sin\theta_r \\ a_4 = -\cos\theta_p \sin\theta_r \\ a_5 = \cos\theta_r \cos\theta_p \\ a_6 = \sin\theta_p \\ a_7 = \sin\theta_r \sin\theta_p \sin\theta_r - \cos\theta_r \sin\theta_r \\ a_8 = -\cos\theta_r \sin\theta_p \cos\theta_r - \sin\theta_r \sin\theta_r \\ a_9 = \cos\theta_p \cos\theta_r \end{cases} \tag{2-13}$$

$$\begin{cases} X_1 = D\sin H \cos A \\ Y_1 = D\sin H \sin A \\ Z_1 = D\cos H \end{cases} \tag{2-14}$$

其中，D 为激光雷达扫描仪获得的目标距离；A 为激光达扫描仪的视线角度；H 为高低角度。

计算车载激光雷达所获得点云数据的空间绝对坐标的关键步骤之一，可获得激光雷达传感器的实时姿态信息和车辆实时行进轨迹。其中，激光雷达传感器的实时姿态信息可从 IMU 的测量数据中获取；而车辆的实时行进轨迹可通过结合 IMU 所记录的轨迹信息与 GPS 实时差分所获取的位置信息，利用扩展卡尔曼滤波（EKF）算法进行最优化估算。

2.5 SLAM 三维激光扫描系统组成及工作原理

微课：SLAM三维激光扫描系统概念及组成

2.5.1 SLAM 三维激光扫描系统概念及组成

SLAM（simultaneous localization and mapping，同步定位与建图）最早由 Hugh Durrant-Whyte 和 John J. Leonard 提出，起源于机器人领域，指的是机器人从未知环境的未知地点出发，在运动过程中通过重复观测，利用得到的地图特征来定位自身的位置和姿态，然后再根据自身位置构建周围环境的增量式地图，从而可以达到同时定位和地图构建。

SLAM 三维激光扫描系统主要是背包式、手持式（也有无人机载和车载）的激光

扫描系统，利用 SLAM 技术，激光扫描仪在不采用 GPS 的情况下实现激光雷达点云的快速、连续获取。相比常规地面架站式扫描仪，SLAM 三维激光扫描系统具有便携、可连续移动扫描、受测区环境影响小、内业数据处理简便、可改装等优势，可大大降低劳动强度并提升作业效率。

通常来说，SLAM 三维激光扫描系统包括硬件和软件部分，其中，硬件部分由激光雷达传感器、惯性测量单元（IMU）、微型计算机和便携手持平板显示器等组成，如图 2-22、图 2-23 所示；软件部分主要包括扫描控制软件和后期解算软件。

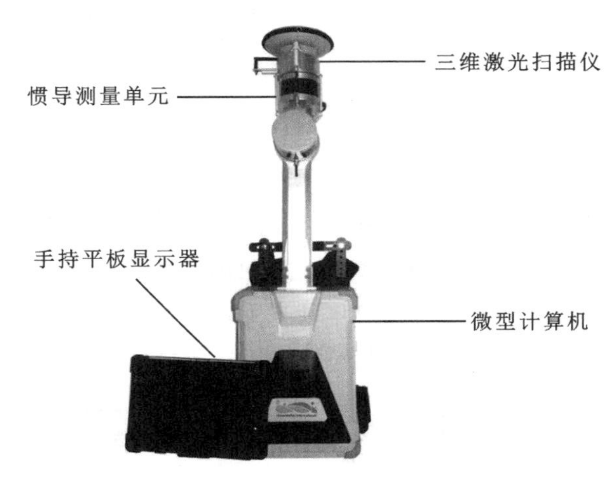

图 2-22　背包 SLAM 三维激光扫描系统实体图

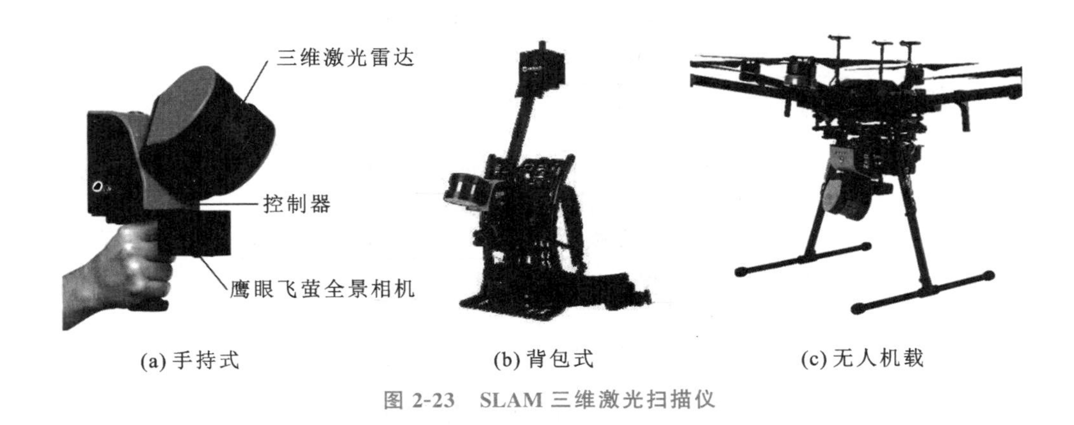

图 2-23　SLAM 三维激光扫描仪

2.5.2　SLAM 三维激光扫描技术特点

由于 SLAM 技术无需 GNSS 信号，对工作环境又有极强的适应性，基于 SLAM 技术的移动测量系统在测绘领域特点突出。

（1）外业数据采集速度极快，可快速获得所需点云数据，无需进行类似航空摄影测量的空三运算及长耗时的成果模型搭建，数据精度高。

(2) 内业点云预处理时间短，自动化程度高，硬件投入少（无需集群处理），单台高配工作站当日可完成全部内业数据解算。

(3) 操作简单易学，无需换站，连续采集，具有连贯性，无需 GNSS 辅助定位，可实现室内室外一体化扫描作业。

(4) SLAM 技术的测绘移动测量扫描仪在任意环境中长时间工作故障率低，在精度要求较高的重点区域，可与固定测站式三维激光系统配合使用，既能保证精度，又能保证效率。

(5) 陆地作业，在禁空区无需空域申请，环境干扰较少，可随时进行外业数据采集。

微课：SLAM 三维激光扫描工作原理

2.5.3 SLAM 三维激光扫描工作原理

SLAM 三维激光扫描系统的工作核心是 SLAM 算法，主要是根据在离散时间域（时间间隔为 t）上的一系列激光雷达观测 o_t（距离和角度）来反算传感器的位置 x_t，并更新地图观测 m_t，即 $P(m_t, x_t | o_t)$。其主要过程可以分为四步：特征提取、数据关联、状态估计和地图更新，如图 2-24 所示。

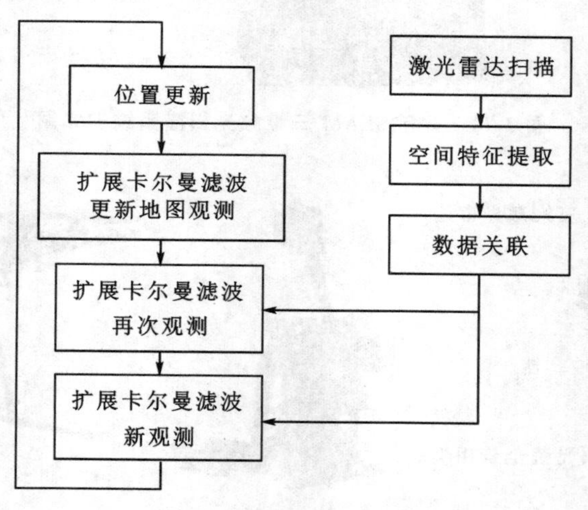

图 2-24 SLAM 算法过程

特征提取的主要目的是通过识别观测环境中的显著地物特征点来反算激光雷达传感器所在的位置。目前，能够实现从激光雷达点云快速识别地物特征点的算法有很多，比较常用的算法有 Spike 算法和 RANSAC 算法等。

数据关联过程主要是将不同时刻激光雷达传感器提取到的地标信息进行关联的过程。目前采用的方法是计算最短距离，并通过后续验证环节来完成。

状态估计主要是根据上述不同时刻的特征点和 IMU 所记录的轨迹信息优化激光雷达传感器的轨迹信息。利用空间后方交会原理，可以通过上述特征提取和特征关联过程中所保留的特征库反推在时间节点 t 时刻激光传感器所在的空间位置，如图 2-25 所示。

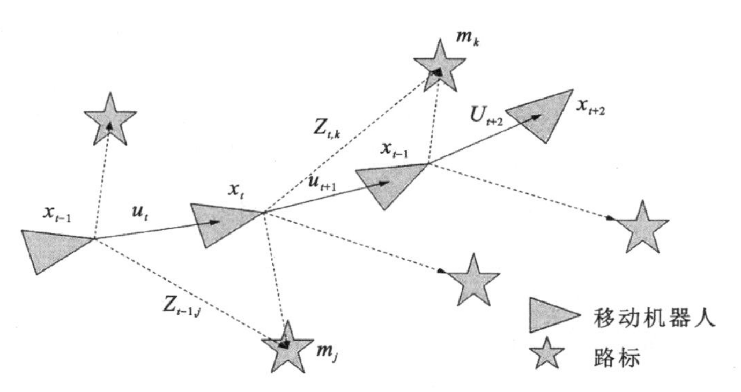

图 2-25　SLAM 理论技术模型

地图更新的过程是根据上述优化后的轨迹和速度信息，重新计算激光雷达扫描点的空间位置信息，即对地图进行位置更新。

2.6　激光点云数据格式与特点

微课：激光点云格式及特点

2.6.1　点云数据格式

三维激光扫描仪获取的原始数据为目标地物表面海量三维点集合，其中包含每个点的空间坐标（X、Y、Z）和反射强度（intensity）等信息，通常称为点云（point cloud）。点云数据格式一般分为通用格式和扫描仪硬件厂商自定义的点云格式两种。自定义的点云格式因扫描仪硬件厂商或者数据处理软件厂商工作便利或者产品特点而各不相同。表 2-1 所示为常见的仪器品牌自定义点云格式和普通格式。

表 2-1　常见的激光点云格式

仪器名称	自定义格式	普通格式
Trimble	TZF、RWP、JOB、JXL	LAS、PTC、TXT、CSV、DXF
Leica	LGS	LAS、ASCII、LandXML、PTZ、3DD、DXF
Optech	IXF	LAS、ASCII、PF
Riegl	3DD	LAS、ASCII、VRML、OBJ、DXF、PTC

Riegl 定义了 3DD 点云格式，Trimble 定义了 RWP 格式，FARO 采用了自定义的 FLS 点云格式，激光雷达点云数据处理软件 LiDAR 360 采用了自定义的 LiData 点云格式。一般而言，这些自定义点云格式均可转换为通用的点云格式。本节着重介绍通用点云格式。

1. LAS 格式

LAS 文件格式是一种用于交换三维点云数据的公共文件格式，由美国摄影测量和遥感学会于 2003 年发布。该格式不仅可以用于激光雷达点云数据，还支持其他任何三维 xyz 元组。经过改进目前已有 1.0、1.1、1.2、1.3、1.4 版本，其中 1.4 文件主要有以下四部分：

(1) 公共数据块（public header block，PHB）：主要包括版本号、时间、缩放因子、偏移值、范围等描述数据整体情况的信息。如表 2-2 所示。

表 2-2　公共数据块

名　称	格　式	长　度	是否必需
File Signature（“LASF”）	char [4]	4 bytes	YES
File Source ID	unsigned short	2 bytes	YES
Global Encoding	unsigned short	2 bytes	YES
Project ID-GUID Data 1	unsigned long	4 bytes	NO
Project ID-GUID Data 2	unsigned short	2 bytes	NO
Project ID-GUID Data 3	unsigned short	2 bytes	NO
Project ID-GUID Data 4	unsigned char [8]	8 bytes	NO
Version Major	unsigned char	1 byte	YES
Version Minor	unsigned char	1 byte	YES
System Identifier	char [32]	32 bytes	YES
Generating Software	char [32]	32 bytes	YES
File Creation Day of Year	unsigned short	2 bytes	YES
File Creation Year	unsigned short	2 bytes	YES
Header Size	unsigned short	2 bytes	YES
Offset to Point Data	unsigned long	4 bytes	YES
Number of Variable Length Records	unsigned long	4 bytes	YES
Point Data Record Format	unsigned char	1 byte	YES
Point Data Record Length	unsigned short	2 bytes	YES
Legacy Number of Point Records	unsigned long	4 bytes	YES
Legacy Number of Point by Return	unsigned long [5]	20 bytes	YES

续表

名　　称	格　　式	长　　度	是否必需
X Scale Factor	double	8 bytes	YES
Y Scale Factor	double	8 bytes	YES
Z Scale Factor	double	8 bytes	YES
X offset	double	8 bytes	YES
Y Offset	double	8 bytes	YES
Z Offset	double	8 bytes	YES
Max X	double	8 bytes	YES
Max Y	double	8 bytes	YES
Max Z	double	8 bytes	YES
Min X	double	8 bytes	YES
Min Y	double	8 bytes	YES
Min Z	double	8 bytes	YES
Start of Waveform Data Packet Record	unsigned long long	8 bytes	YES
Start of First Extended Variable Length Record	unsigned long long	8 bytes	YES
Number of Extended Variable Length Records	unsigned long	4 bytes	YES
Number of Point Records	unsigned long long	8 bytes	YES
Number of Points by Return	unsigned long long [15]	120 bytes	YES

(2) 可变长数据记录（variable length records，VLR）：是 LAS 文件具有扩充性的呈现，其中包含一些变长类型数据，如坐标投影信息和用户信息等，如表 2-3 所示。

表 2-3　可变长数据记录

名　　称	格　　式	长　　度	是否必需
Reserved	unsigned short	2 bytes	NO
User ID	char [16]	16 bytes	YES
Record ID	unsigned short	2 bytes	YES
Record Length After Header	unsigned short	2 bytes	YES
Description	char [32]	32 bytes	NO

(3) 点数据记录 (point data records, PDR): LAS文件按每条扫描线排列方式存放数据,包括激光点的三维坐标、回波、强度、扫描角度、分类、飞行航带、飞行姿态、GPS时间、点颜色等信息,如表2-4所示。

表2-4 点云数据记录

名 称	格 式	长 度	是否必需
X	long	4 bytes	YES
Y	long	4 bytes	YES
Z	long	4 bytes	YES
Intensity	unsigned short	2 bytes	NO
Return Number	3 bits (bits 0—2)	3 bits	YES
Number of Returns (Given Pulse)	3 bits (bits 3—5)	3 bits	YES
Scan Direction Flag	1 bit (bit 6)	1 bit	YES
Edge of Flight Line	1 bit (bit 7)	1 bit	YES
Classification	unsigned char	1 byte	NO
Scan Angle Rank (—90 to +90) -Left Side	signed char	1 byte	YES
User Data	unsigned char	1 byte	NO
Scan Angle	short	2 bytes	YES
Point Source ID	unsigned short	2 bytes	YES
GPS Time	double	8 bytes	YES

(4) 扩展的变长记录 (extended variable length records, EVLRs): 类似于变长记录,但可以存储更多信息,如表2-5所示。

表2-5 扩展的变长记录表

名 称	格 式	长 度	是否必需
Reserved	unsigned short	2 bytes	NO
User ID	char [16]	16 bytes	YES
Record ID	unsigned short	2 bytes	YES
Record Length After Header	unsigned short	2 bytes	YES
Description	char [32]	32 bytes	NO

2. LAZ 格式

LAZ 格式是针对 LAS 文件的无损压缩格式，LASzip 压缩器是无损、非渐进、流式、保留原有点顺序、支持随机访问的。编码和解码速度为 100 万～300 万点/秒，可以将原有 LAS 文件大小压缩到 7%～25%，默认分块点数量为 5000 万。

3. ASCII 格式

ASCII（American Standard Code for Information Interchange，美国标准信息交换标准码）格式是一种常见的点云数据存储格式，包括 ASC、XYZ、TXT、PTC、PTS、PTX 等文件格式。ASCII 类型文件一般包括两部分：第一部分是头文件，说明数据信息；第二部分记录点的几何坐标、强度、颜色等信息，一般每一行对应点云中的一个点。ASCII 格式记录方式灵活，读写较为方便，是硬件厂商普遍采用的数据格式，但其读写速度慢，占用空间大，难以进行海量点云数据的存储和处理。

4. PCD 格式

PCD 是 PCL 官方指定格式，优点是支持 n 维点类型扩展机制，发挥 PCL 的处理性能。PCD 格式文件的文件头用于确定和声明文件中存储点云数据的某种特性，描绘点云的整体信息，必须用 ASCII 码。PCD 文件存储的数据可以用 ASCII 格式，每点占据一行，用空格键或 Tab 键分开，没有其他任何字符；也可以用二进制存储格式。

5. PTX 和 PTS 格式

PTX 和 PTS 是 Leica 扫描仪及配套软件使用的文件格式，均采用文本格式存储。PTX 格式采用了单独扫描的概念，每个文件中可以有一组或多组点云。一般每个扫描站点为一组，每组点云都提供了单独的头信息，包括行列数、扫描仪位置、扫描仪主轴和转换矩阵等。基于头信息和存储的点坐标，除了可以计算激光点在统一坐标系中坐标，还可以恢复每个激光点的扫描线信息。PTS 格式不保存原始的扫描站点信息，相比 PTX 格式更为简单，第一行为点云数量，其后每一行为一个单独激光点信息，包括坐标、强度、RGB 等信息。

2.6.2　点云数据特点

作为一种新兴的三维数据获取手段，激光雷达技术在农业、林业等诸多行业得到广泛应用，因此深入理解其数据特点能够更好地处理并应用激光雷达点云数据。点云数据具有如下特点：

（1）海量数据：三维激光扫描仪采样频率高，每秒钟扫描上万点乃至百万点。

（2）三维数据：与传统二维影像不同，三维激光扫描仪获取的是能够反映地物三维坐标的信息。

（3）数据分布不均匀：一般而言，数据点密度随着离扫描仪的距离增加而下降。

（4）离散分布：三维激光扫描点云数据是离散分布的。

（5）强度信息：除了三维空间坐标信息，三维激光扫描仪还能够记录激光脚点反射的回波强度信息，已有研究人员将强度信息应用于点云滤波和分类，但由于目前缺乏必要的标定手段，强度信息未能得到大范围应用。

复习与思考题

1. 简述激光测距技术的原理及类型。测绘常用的三维激光扫描仪主要有哪些类型？
2. 简述地面三维激光扫描系统的组成及工作原理。
3. 简述机载三维激光扫描系统的组成及工作原理。
4. 简述车载三维激光扫描系统的组成及工作原理。
5. 简述三维激光扫描获得的点云数据格式及其特点。

思政点滴

李德仁：巡天问地　助力“遥感强国”

从百姓出行到智慧城市，从资源调查到环境监测，从灾害评估到防灾减灾……高分辨率对地观测体系是我国经济社会发展不可或缺的战略基石。

两院院士、武汉大学教授李德仁几十年如一日，致力于提升我国测绘遥感对地观测水平，攻克卫星遥感全球高精度定位及测图核心技术，解决遥感卫星影像高精度处理的系列难题，带领团队研发全自动高精度航空与地面测量系统。

2024 年 6 月 24 日，李德仁荣获 2023 年度国家最高科学技术奖。

一、坚持自主创新，攻克卫星遥感核心技术

在我国遥感卫星核心元器件受限、软件受控的条件下，李德仁及团队攻克卫星遥感全球高精度定位及测图核心技术，使国产卫星影像自主定位精度达到国际同类领先水平；主持研制了我国自主可控的 3S 集成测绘遥感系列装备和地理信息基础平台，引领传统测绘到信息化测绘遥感的根本性变革；创立了误差可区分性理论和粗差探测方法，解决测量数据系统误差、粗差和偶然误差的可区分性这一测量学界的百年难题。

作为国际著名测绘遥感学家、我国高精度高分辨率对地观测体系的开创者之一，李德仁及团队研制遥感卫星地面处理系统，始终坚持自主创新，实现了从无到有、从有到好的跨越式发展。

二、追上世界先进水平，“我的目标是国家急需”

“一个人要用自己的本领为国家多做事。把自己的兴趣、所长和国家需求结合在一起，正是我所追求的。”回忆在科研道路上的选择，李德仁这样说。

1939 年，李德仁出生于江苏，自小成绩优异。1957 年中学毕业后，他被刚成立一年的武汉测量制图学院航测系录取。

中华人民共和国成立初期，我国大规模经济建设和国防建设急需地图资料，发展测绘技术迫在眉睫。

“我的目标是国家急需，治学方向应符合强军、富国、利民的需求。”怀揣这样的理想，1982 年，李德仁赴联邦德国交流学习。

当时，导师给了他一个航空测量领域极具挑战的难题：找到一个理论，能同时区分偶然误差、系统误差和粗差。李德仁像海绵一样吸取知识，每天工作十几个小时，最终仅用不到两年的时间就找到了问题的解决方法，并用德语完成了博士论文，第一时间回到祖国。

回国后，李德仁带领团队经过科学调研，决心自主突破与研发高分辨率对地观测系统。

2010 年，我国高分辨率对地观测系统重大专项（简称高分专项）全面启动实施。

随着高分专项的实施，我国遥感卫星研究实现了从有到好的跨越式发展，卫星分辨率提高到了民用 0.5 米，追上世界先进水平。

从跋山涉水扛着机器测量，到航空遥感，再到卫星遥感，再到通信、导航和遥感一体融合。在中国人“巡天问地”的征程上，李德仁仍未停步。

三、给本科新生授课，“我的责任是传授学问”

在武汉大学，有一门被学生们誉为“最奢侈的基础课”，由李德仁等 6 位院士联袂讲授的课程“测绘学概论”。这门有 28 年历史的基础课程，每次上课都座无虚席。

“未来世界科技的竞争，关键是人才竞争。”李德仁认为，要把测绘科学能为国家“干什么”、学科所能达到的“高度”告诉学生，引导他们主动思考、勇于攀登。

2024 年 5 月，“珞珈三号”科学试验卫星 02 星顺利进入预定轨道，这颗卫星具有 0.5 米分辨率全色成像功能，首席科学家正是李德仁的学生，中国科学院院士龚健雅。

谈及学生们的研究，李德仁如数家珍。迄今他已累计培养百余位博士，其中 1 人当选中国科学院院士，1 人当选中国工程院院士。

“我的责任是传授学问。”李德仁说，“学生各有建树，就是我的最大成果。”

武汉大学已建成世界上规模大、门类全、办学层次完整的测绘遥感学科群，遥感对地观测学科在世界大学排名中心等学科排名中连续多年名列全球第一。

项目3　不同平台三维激光扫描设备

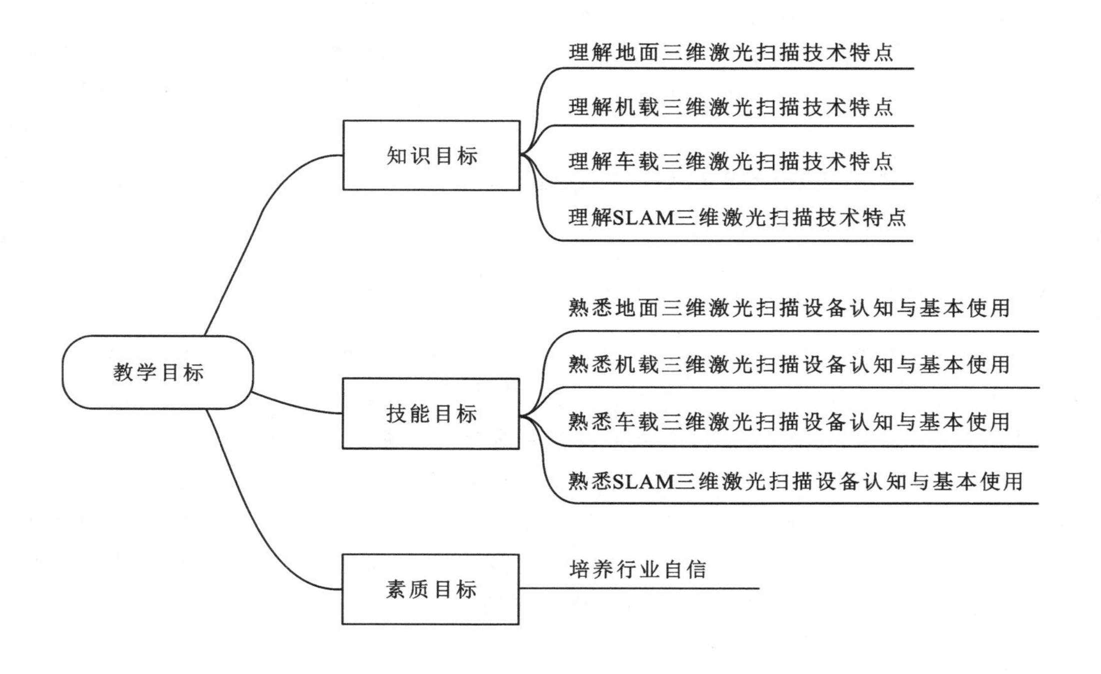

3.1　地面三维激光扫描设备

3.1.1　主要参数介绍

地面三维激光扫描系统的主要参数有扫描视场角、脉冲频率和扫描频率、测量距离与测距精度、回波次数等。

（1）扫描视场角通常分为水平视场角和垂直视场角，水平视场角是指激光扫描仪在水平方向上扫描覆盖的角度范围；垂直视场角是指激光脉冲在垂直方向扫描覆盖的角度范围。

（2）脉冲频率是指地面激光扫描系统脉冲在单位时间内发射的激光束的数量。

（3）扫描频率是指单位时间内完成的扫描行数。当脉冲频率提高时，激光发射的频率也会相应增加，导致激光脚点的密度增大。较高的扫描频率意味着每秒可以完成更多的扫描线，从而优化效果。脉冲频率和扫描频率共同决定了单次扫描中可以获取的激光点数量。

(4) 测量距离是指激光雷达能够测量的最近距离和最远距离，它主要受到激光发射频率的影响。

(5) 测距精度是指激光雷达测量的准确度，主要受计时准确性和激光发射波长的影响。相比之下，相位式比脉冲式测距具备更高的测距精度，但是在最大测距距离上远低于脉冲式测距。

(6) 回波次数是针对记录离散点云数据的地面激光扫描传感器的技术指标，多次回波信号中蕴涵着丰富的地物三维结构信息，对三维森林结构参数的提取有着重要的作用。

微课：地面三维激光扫描设备介绍

3.1.2 国外常见地面三维激光扫描设备

1. 奥地利 Riegl（瑞格）系列产品

Riegl 是国际领先的机载、移动、地面、工业和无人激光扫描解决方案尖端技术供应商。Riegl 近 40 年来一直生产商业 LiDAR 系统，并专注于多波长脉冲飞行时间激光雷达技术。Riegl 于 1998 年成功推出了首台三维激光扫描仪，1999 年推出了 LPM-2K 扫描仪，2002 年推出了 LMS-Z360 扫描仪，之后陆续推出多种型号的扫描仪，2017 年推出了长距离超高速的地面三维激光扫描系统 VZ-2000i，采用能与互联网进行交互的全新处理框架，结合最新的 LiDAR 波形处理技术，同时配有 RiSCAN pro 标准处理软件。如图 3-1 所示为 Riegl 公司主要的三维激光扫描仪。

(a) VZ-400 (b) VZ-1000 (c) VZ-2000 (d) VZ-4000 (e) VZ-6000

图 3-1 Riegl 公司地面激光扫描仪

Riegl 激扫描仪具备以下主要特点：扫描速度快、拼接时间短、产品质量优良、功能丰富、配套软件多样、合作厂家广泛、产品种类繁多、产品信誉良好。其设备实际所能达到的技术指标均优于厂家公开的技术指标。具体性能参数见表 3-1。

表 3-1 Riegl公司地面三维激光扫描仪主要技术参数

面市时间	1999年	2001年	2003年	2008年	2010年	2011年	2012年	2014年	2015年	2017年
产品型号	LPM-2K	LMS-Z210	LMS-74201	VZ-400	VZ-1000	VZ-4000	VZ-6000	VZ-2000	VZ-400i	VZ-2000i
测距范围(m)	10～2500	4～400	2～1000	1.5～600	2.5～1400	5～4000	5～6000	2.5～2050	1.5～800	1.0～2500
扫描速度(点/秒)	—	12000	11000	300000	300000	300000	300000	400000	500000	500000
扫描精度(mm)	50/100m	15/100m	10/50m	3/100m	5/100m	15/150m	15/150m	8/150m	5/100m	5/100m
扫描视场范围(°)	360×195	360×80	360×80	360×100	360×100	360×60	360×60	360×100	360×100	360×100
角度分辨率(″)	—	18	9	优于1.8	优于1.8	优于1.8	优于1.8	优于1.8/5.4	优于1.8/2.5	优于1.8/2.5
扫描数据存储	—	外接电脑存储	外接电脑存储	内置32GB闪存	内置32GB闪存	内置80GB固态硬盘	内置80GB固态硬盘	内置64GB闪存	内置256GB固态硬盘	云储存：Amazon S3；FTP-Server，Microsoft Azure
尺寸(mm)	232×300×320	200×438	210×463	180×308	200×380	236×226×450	236×226×450	200×308	206×308	206×308
重量(kg)	14.6	14.5	16	9.3	9.8	14.5	14.5	9.9	9.7	9.8

2. 美国Trimble系列产品

Trimble公司成立于1978年，是美国一家从事测绘技术开发和应用的公司，主要生产GPS相关产品。2000年收购了瑞典的光谱精仪（捷创力）公司，提升了其在激光产品和全站仪等光学产品方面的技术水平。2003年7月收购了加拿大Applanix公司，进入惯性导航/GPS结合技术领域。2012年4月收购谷歌旗下的3D绘图软件Sketchup。

Trimble GX三维激光扫描仪使用高速激光和摄像机捕获坐标和图像信息。Trimble FX扫描仪为工业、造船和海上平台环境所设计，其主要特点是一键自动建模，并可与Trimble其他测量仪器联合作业，数据兼容。TrimbleTX5扫描仪提供一个面向广泛扫描应用的革命性多功能三维解决方案，仪器参数与FARO公司Focus 3D扫描仪相同。数据采用SCENE软件处理和配准，后续导入Trimble RealWorks Survey软件上，以产生最终成果，如检测结果、测量结果或三维模型。数据也可以传输到三维AutoCAD软件包中，提供给第三方设计软件。

2013年，Trimble公司推出了TX6与TX8激光扫描仪，并可结合Trimble RealWorks软件的建模、分析和数据管理工具。2016年，Trimble公司推出了SX10影像激光扫描仪，将传统的全站仪测量功能与三维扫描技术相互结合，能够有效采集高密度3D扫描数据，改善Trimble VISION影像和高精度全站仪数据，为测绘、工程建设等专业人士提供相对可靠的解决方案，如图3-2所示为Trimble公司主要的三维激光扫描仪。

(a) GX (b) FX (c) TX5 (d) TX8 (e) SX12 (f) X7

图 3-2 Trimble公司地面激光扫描仪

Trimble三维激光扫描仪的主要技术参数见表3-2。

表 3-2 Trimble公司地面三维激光扫描仪主要技术参数

面市时间	2007年	2008年	2012年	2013年	2016年	2020年
仪器类型	GX Advance	FX	TX5	TX8	SX10	X7
最大测程(m)	350	140	120	120	600	80
扫描速度(点/秒)	5000	1200000	976000	1000000	26600	500000

续表

面市时间	2007 年	2008 年	2012 年	2013 年	2016 年	2020 年
扫描精度（mm）	1.4/50m	1.5/50m	1.1/25m	2/120m	1mm＋1.5ppm	2.4/10m，3.5/20m，6.0/40m
角度精度（″）	12	8	—	16	1	21
扫描视场范围（°）	360/60	360/270	360/300	360/317	360/300	360/282
扫描方式	脉冲	相位	相位	相位与脉冲	线扫描	相位
激光波长（nm）	532	685	905	1500	1550	1550
尺寸（mm）	323×343×404	425×164×237	240×200×100	335×386×242	275×155×315	178×353×170
重量（kg）	13	11	5	10.7	7.5	5.8

3. Leica（徕卡）系列产品

徕卡测量系统贸易有限公司隶属于海克斯康，HDS 高清晰测量系统部门是 Leica 三维激光扫描系统的研发部门，该部门的前身是 1993 年成立的 Cyra 技术公司，2001 年徕卡测量系统贸易有限公司收购了该公司。1995 年推出了世界上第一个三维激光扫描仪的原型产品；1998 年推出了第一台三维激光扫描仪实用产品 Cyrax 2400，扫描速度为 100 点/秒；2001 年推出了第二代产品 Cyrax 2500，扫描速度增加到 1000 点/秒。Cyrx 2500 即为徕卡 HDS 2500 及后来的 HDS 3000 的前身。此外，还开发了后处理软件 Cyclone，该软件具有扫描、拼接、建模、数据管理和成果发布等功能。2015 年推出了第八代三维激光扫描仪 ScanStation P30/P40。2017 年推出了全新迷你三维激光扫描仪 BLK 360。2018 年推出了长测程三维激光扫描仪 ScanStation P50，扫描距离达 1000 米以上。2018 年，全新打造了极速智能三维激光扫描仪 RTC 360。徕卡 RTC 360 融合了徕卡三大核心先进技术：TruRTC 实景获取、VIS 视觉追踪技术、SmartReg 智能拼接技术，使徕卡 RTC360 三维激光扫描仪与徕卡 Cyclone FIELD 360 外业操控软件、Cyclone REGISTER 360 智能拼接软件完美集合，提供了智能、简单、高效、极速的三维激光扫描解决方案。如图 3-3 所示为 Leica 公司主要的三维激光扫描仪。

Leica 公司三维激光扫描仪的主要技术参数见表 3-3。

图 3-3　Leica 公司地面激光扫描仪实物图

表 3-3　Leica 公司地面三维激光扫描仪主要技术参数

面市时间	2006 年	2011 年	2011 年	2017 年	2018 年	2018 年
仪器型号	HDS 6000	ScanStation C5	HDS 8800	BLK 360	ScanStation P50	RTC 360
点位精度（mm）	6/50m	6/50m	—	8/20m	2/50m	1.9/10m
距离精度（mm）	6/50m	4	10/200m；50/2000m	7/20m	3mm+10ppm	1mm+10ppm
角度精度（″）	25	12	36	—	8	18
扫描距离（m）	79	35	2000	0.6～60	0.4～1000	0.5～130
扫描速率（点/秒）	500000	25000	8800	360000	1000000	2000000
扫描视场角（°）	360/310	360/270	360/80	360/300	360/290	360/300
扫描模式	相位式	脉冲式	脉冲式	脉冲式	脉冲式	相位式
数据存储容量	60GB 内置硬盘	80GB 固志硬盘	笔记本电脑	超过 100 站点数据	256GB 内置固态硬盘或外接 USB	256GB、USB 3.0 可插拔的工业级闪存驱动器

续表

面市时间	2006年	2011年	2011年	2017年	2018年	2018年
仪器尺寸(mm)	244×190×352	238×358×395	455×246×378	100×165	238×358×395	120×240×230
仪器重量(kg)	12	13	14	1	12.25	5.35

4. FARO公司FARO Focus系列产品

FARO公司成立于2004年，FARO Focus激光扫描仪专为建筑、工程、建造、公共安全和取证以及产品设计等行业的室内外测量应用而设计。这些设备用于实现世界数字化，获取用于分析、协作和作出决策的信息，以改进和确保项目、产品的总体质量。FARO公司Focus激光扫描仪提供诸多高级功能，除了增强的距离、角度精度和量程外，其现场补偿功能可确保高质量的测量，而外部配件扩展区和HDR功能使扫描仪非常灵活，如图3-4所示。

图3-4 FARO Focus激光扫描仪

FARO Focus激光扫描仪的主要技术参数见表3-4。

表3-4 FARO Focus激光扫描仪主要技术参数

设备型号	FARO FocusM 70	FARO FocusS (70/150/350)	FARO FocusS (150 Plus/350 Plus)
产地	美国	美国	美国
扫描距离(m)	0.6～70	0.6～70/150/350	0.6～150/350
扫描速率(点/秒)	50000	1000000	2000000
扫描视场范围(°)	360/300	360/300	360/300
测距误差(mm)	±3	±1	+1
最高分辨率	1.5mm@10m	1. 5mm@10m	1. 5mm@10m
全景像素	1.65亿	1.65亿	1.65亿
激光等级	一级	一级	一级
数据存储	SD卡	SD卡	SD卡
无线通信	WLAN	WLAN	WLAN
双轴补偿器范围(°)	±2	±2	±2
双轴补偿精度(角秒)	19	19	19

续表

设备型号	FARO FocusM 70	FARO FocusS (70/150/350)	FARO FocusS (150 Plus/350 Plus)
传感器	GNSS 高度计指南针	GNSS 高度计指南针	GNSS 高度计指南针
激光对中	否	否	否
反向安装	是	是	是
电池使用时间（h）	4.5（单块）	4.5（单块）	4.5（单块）
防护等级	IP54	IP54	IP54
重量（kg）	4.2（含电池）	4.2（含电池）	4.2（含电池）
工作温度（℃）	5～40	5－40	5～40
存放温度（℃）	－10～60	－10～60	－10～60
尺寸（mm）	230×103×183	230×103×183	230×103×183

3.1.3 国内常见地面三维激光扫描设备

目前，国内生产地面三维激光扫描仪的公司较少，随着地面三维激光扫描技术应用普及程度的提高，国内产品在中国市场占有率不断提高，比较有代表性的有南方测绘、中海达、思拓力等企业的产品。

1. 南方测绘系列产品

广州南方测绘科技股份有限公司（简称南方测绘）自主研发的全面国产地面三维激光扫描测量系统 SD-1500，使用高效能三维激光扫描模块，实现 1.5～1500m 测距范围，最高可达 2000000 点/秒，5mm@100m 精度，测量范围为 1.5～1500m，测量速度可达 2000000 点/秒，6kg 超轻主机适合中、长距离各类场景的综合使用。南方测绘地面三维激光扫描仪如图 3-5 所示。

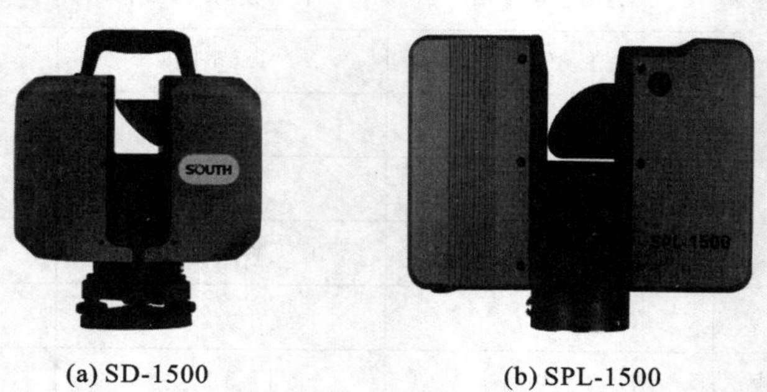

(a) SD-1500　　(b) SPL-1500

图 3-5　南方测绘地面三维激光扫描仪

南方测绘三维激光扫描仪主要技术参数见表 3-5。

表 3-5　南方测绘三维激光扫描仪主要技术参数

<table>
<tr><th colspan="2">指　　标</th><th>SD-1500</th><th>SPL-1500</th></tr>
<tr><td colspan="2">工作原理</td><td>脉冲式</td><td>脉冲式</td></tr>
<tr><td colspan="2">扫描范围（m）</td><td>1.5～1500</td><td>1.5～1500</td></tr>
<tr><td colspan="2">测距精度（mm）</td><td>5@100m</td><td>≤1+10ppm</td></tr>
<tr><td colspan="2">测量速度（点/秒）</td><td>2000000</td><td>2000000</td></tr>
<tr><td colspan="2">角精度</td><td>0.001°（水平）/0.001°（垂直）</td><td><18″</td></tr>
<tr><td colspan="2">扫描视场范围（°）（水平/垂直）</td><td>360/300</td><td>360/300</td></tr>
<tr><td colspan="2">激光等级</td><td>1 级激光</td><td>1 级激光（安全）</td></tr>
<tr><td colspan="2">激光波长（nm）</td><td>1550</td><td>1550</td></tr>
<tr><td colspan="2">光束发散角（mrad）</td><td>0.3</td><td>约 0.3</td></tr>
<tr><td colspan="2">通信接口</td><td>SD 卡、USB3.0、外部电源、外置相机</td><td>USB3.0、外部电源、千兆以太网</td></tr>
<tr><td colspan="2">数据存储</td><td>内置 1TB 固态硬盘
支持热插拔 U 盘、SD 卡</td><td>USB3.0U 盘</td></tr>
<tr><td colspan="2">相机</td><td>内置/外置</td><td>内置（1230 万像素×2），
全景照片像素超 2 亿</td></tr>
<tr><td colspan="2">控制方式</td><td>5 寸 HD（720×1280）触摸屏，通过 WLAN 连接配合 PC、平板电脑进行远程控制</td><td>5 寸 HD（720×1280）触摸屏，通过手机、平板电脑安装专用 App 无线连接进行远程控制</td></tr>
<tr><td rowspan="5">传感器</td><td>双轴补偿</td><td>±15°、精度 0.008°</td><td>±15°、精度 0.008°，
实时数据补偿</td></tr>
<tr><td>高度计</td><td>内置</td><td>支持</td></tr>
<tr><td>温度计</td><td>内置</td><td>支持</td></tr>
<tr><td>电子罗盘</td><td>内置</td><td>支持</td></tr>
<tr><td>GPS</td><td>内置支持 GPS（L1）和北斗（B1）</td><td>内置支持 GPS（L1）和北斗（B1）</td></tr>
<tr><td colspan="2">供电方式</td><td>电池或者外接电源（24～45V）</td><td>电池或者外接直流电</td></tr>
<tr><td colspan="2">平均功耗（W）</td><td>40</td><td>25</td></tr>
<tr><td colspan="2">电池续航（h）</td><td>5（支持热插拔）</td><td>4</td></tr>
<tr><td colspan="2">工作温度（℃）</td><td>-20～55</td><td>-20～60</td></tr>
</table>

续表

指　　标	SD-1500	SPL-1500
存储温度（℃）	－35～70	－35～70
防护等级	IP54	IP64
主机重量（kg）	7.3（不包括电池和基座）	6.0（含电池仪器），配置专用背包以便设备携带
尺寸（mm）	283×163×367 （包括手柄和基座）	247×107×202

2. 中海达 HS 系列产品

广州中海达卫星导航技术股份有限公司（简称中海达）成立于 1999 年，2012 年投资设立武汉海达数云技术有限公司，主营研发、生产及销售三维激光扫描仪系列产品。中海达自主研发的配套全业务流程三维激光点云处理系列软件，主要有 HD 3LS Scene、HD 3LS Scene _ G、HD PTCLOUD VECTOR FOR AUTOCAD、MAPCLOUD 3DVIRTUAL、HD CITY MODELING。中海达主要三维激光扫描仪如图 3-6 所示。

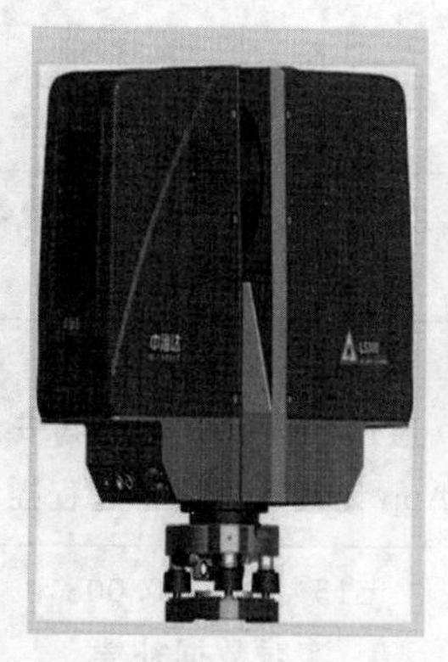

(a) LS-300

(b) HS 450

(c) HS 1200

(d) HS 1000i

图 3-6　中海达公司地面激光扫描仪实物图

中海达三维激光扫描仪主要技术参数见表 3-6。

表 3-6　中海达公司地面三维激光扫描仪主要技术参数

面市时间	2013 年	2014 年	2016 年	2020 年
仪器类型	LS-300	HS4 50	HS 1200	HS 1000i
扫描距离（m）	0.5～250	1.5～450	2.5～1200	2.5～1000

续表

面市时间	2013 年	2014 年	2016 年	2020 年
扫描速度	14400 点/秒	水平：36°/秒 垂直：3～150 线/秒	水平：36°/秒 垂直：3～150 线/秒	水平：36°/秒 垂直：3～150 线/秒
测距精度（mm）	25/100m	5/40m	5/40m	5/40m
角分率（″）	18	3.6	3.6	3.6
扫描视场范围（°）（水平/垂直）	360/300	360/100	360/100	360/100
数据存储（GB）	60（SSD）	240（SSD）	240（SSD）	240（SSD）
主机尺寸（mm）	400×300×200	188×318	188×318	188×318
重量（kg）	14.2（含电池）	10.5	10.5	10.5
激光类型	脉冲式	脉冲式	脉冲式	脉冲式

3. 思拓力 X 系列产品

广州思拓力测绘科技有限公司（简称思拓力）于 2011 年成立。2012 年推出了 STONEX X9 三维激光扫描仪，2013 年推出 X300 三维激光扫描仪，2015 年推出 X50 三维激光扫描仪，后续推出 X150 Plus、X300 Plus 三维激光扫描仪，如图 3-7 所示。

(a) X50

(b) X150 Plus

(c) X300 Plus

图 3-7　思拓力公司地面激光扫描仪实物图

思拓力公司仪器配套有 Si-Scan2.1 三维点云扫描软件，具有扫描数据配准与拼接技术、多站拼接技术、滤波与光顺技术、点云简化技术、三维建模技术（模型制作：三角网、实体模型）、纹理映射技术、自动化点云分类技术、特征物分析提取技术、二/三维一体化测图技术等功能，可最大限度地减少和简化数据后处理工作。

思拓力公司三维激光扫描仪主要技术参数见表 3-7。

表 3-7 Si-Scan2.1 三维点云扫描仪主要技术参数

仪器型号	X50	X150 Plus	X300 Plus
测距范围（m）	0.2～50	2～150	2～300
扫描速度（点/秒）	40000	40000	40000
扫描视场范围（°）（水平/垂直）	360/270	360/180	360/180
扫描精度（mm）	1/10m	4/50m	4/50m
数据存储	内置 32GB 板载 SSD 固态硬盘	内置 32GB 闪存（可扩展至 64GB）	内置 32GB 闪存（可扩展至 64GB）
仪器尺寸（mm）	—	215×170×430	215×170×430
主机重量（kg）	—	6.15	6.15

3.2 机载三维激光扫描设备

3.2.1 主要参数介绍

机载激光扫描系统主要参数包括飞行高度、视场角、扫描带宽、旁向重叠率、激光点密度、脉冲发射频率与功率、垂直分辨率和回波数等。机载激光系统数据获取是一个系统性工程，数据获取成本和数据质量均取决于这些机载激光系统参数的设置，这些参数之间具有强关联性。如图 3-8 所示。

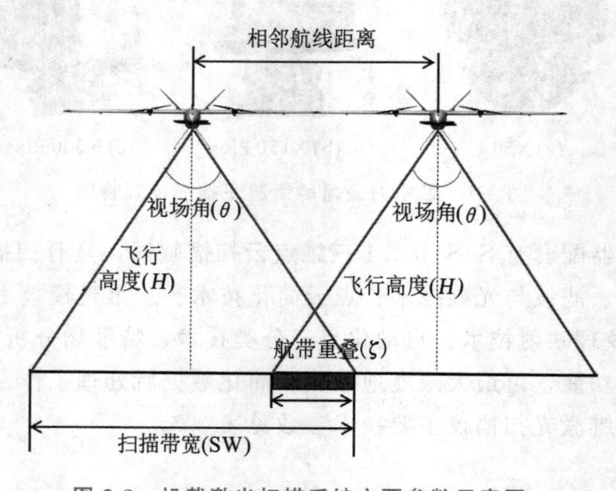

图 3-8 机载激光扫描系统主要参数示意图

1. 激光点密度

除了机载激光雷达系统的水平和垂直测量精度，激光点密度是评价机载激光雷达数据质量和选择后续处理方法的重要参数。激光点密度（即每平方米的激光点数量）的高低取决于飞行高度、飞行速度和脉冲发射频率。飞行高度越高、飞行速度越快、脉冲发射频率越低，机载激光系统获取的点密度就越低，飞行成本也越低。

2. 飞行高度

对于同一套机载激光雷达系统来说，最大和最小飞行高度取决于脉冲发射频率、视场角、飞行平台的类型、探测地区地形和对人眼的安全距离，在最大和最小飞行高度之间，飞机可以根据飞行成本和作业目的选择合适高度。

3. 脉冲发射频率和脉冲发射功率

脉冲发射频率是指相邻脉冲的时间间隔，而脉冲发射功率则是单位时间发射的激光雷达能量。对于现有机载激光系统设备而言，脉冲发射功率与脉冲发射频率决定了单次脉冲的能力，即决定了机载激光系统可测定的最远距离。

4. 旁向重叠度

飞行高度 H 和视场角 θ 共同决定了扫描带宽（SW），$\mathrm{SW}=2H\tan(\theta/2)$，如图 3-8 所示。旁向重叠率 ξ 取决于扫描带宽和两条相邻航线的距离 e，$\xi=1-e/\mathrm{SW}$。

5. 回波数

回波数即传感器可识别出的同一束激光所返回的回波数量，主要取决于传感器本身性能。在森林地区，一束激光发射后，可能依次触碰到树叶、树枝、树干和地面，因此，回波次数可以更好地帮助我们提取森林内部结构参数。

6. 垂直分辨率

垂直分辨率是脉冲在传播路径上所能区分不同目标间的最小距离。垂直分辨率主要是针对多次回波提出的，要识别激光脉冲在传播路径中碰到的不同物体、区分不同物体的回波，就必须考虑垂直分辨率。

3.2.2　国外机载三维激光扫描设备

微课：机载三维激光扫描设备介绍

1. Riegl VQ 系统

Riegl 机载激光扫描系统主要包括有人机载和无人机载，其中，有人机载主要包括 VQ-580II-S、VQ-1460、VQ-1260、VQ-1560i-DW、VQ-1560II-S、VQ-880-GII、VQ-

7801I-S、VQ-840-GL、VQX-1 Wing Pod 等，如图 3-9 所示，具体技术参数见表 3-8；无人机载设备主要包括 VUX-160-23、VUX-1LR-22、VUX-1UAV-22、VUX-120-23、VUX-240、VUX-SYS、miniVUX-1UAV、miniVUX-3UAV、miniVUX-SYS 等，如图 3-10 所示，具体参数见表 3-9。

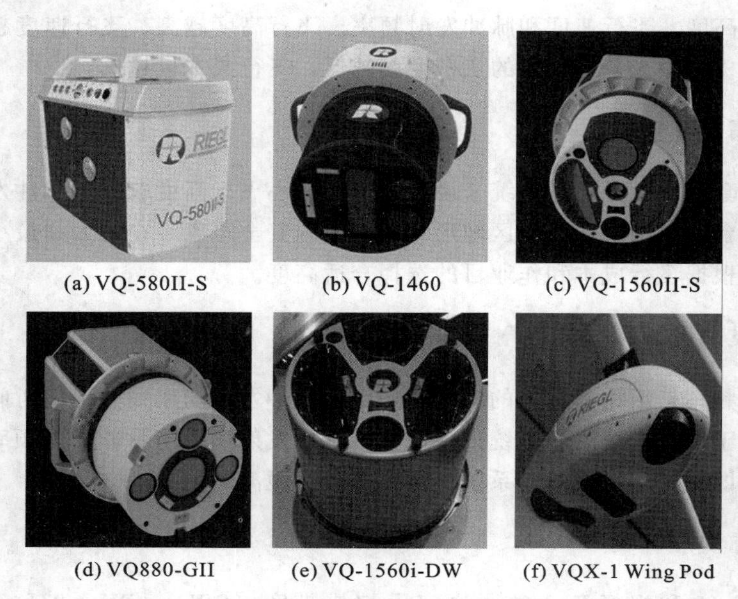

(a) VQ-580II-S (b) VQ-1460 (c) VQ-1560II-S

(d) VQ880-GII (e) VQ-1560i-DW (f) VQX-1 Wing Pod

图 3-9 Riegl VQ 系统有人机载激光雷达设备

表 3-8 Riegl VQ 系列有人机载激光设备主要技术参数表

设 备	VQ-580II-S	VQ-1460	VQ1560II-S	VQ880-GII	VQ-1560i-DW
最大激光发射频率（kHz）	2000	2×2200	2×2000	900	2×1000
测距（m）	3700	7900	7100	280	5800
测量精度（mm）	20	20	20	25	20
重复精度（mm）	20	20	20	25	20
激光波长	近红外	近红外	近红外	近红外	绿光，近红外
可接收回波次数	最大 15 次	最大 31 次	14 次	可接收无穷次回波	可接收无穷次回波
扫描仪机制	旋转棱镜	旋转棱镜	旋转棱镜	旋转多边形棱镜	旋转棱镜

续表

设　　备	VQ-580II-S	VQ-1460	VQ1560II-S	VQ880-GII	VQ-1560i-DW
扫描模式	平行线扫描	平行线扫描	平行线扫描	平行线扫描	单发射器呈平行线扫描，双发射器间呈交叉扫描行线扫描
扫描速度（线/秒）	30～300	72～600	40～600	10～200	40～600
角度测量分辨率（°）	0.001	0.001	0.001	0.001	0.001
重量（kg）	9.9	65	60	65	60～70

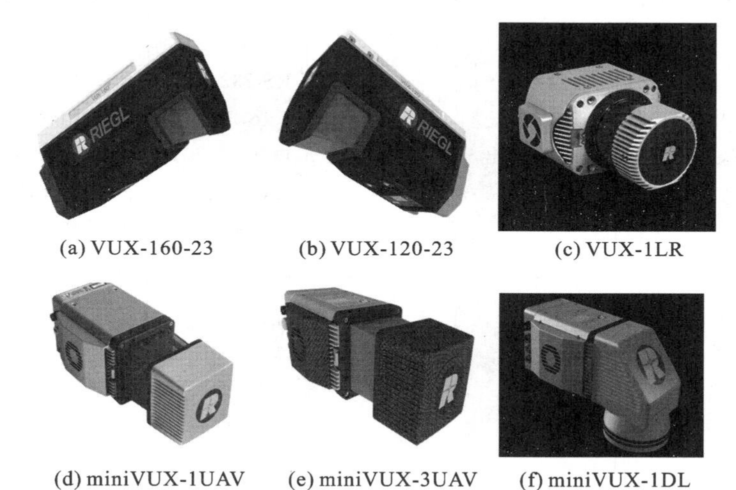

(a) VUX-160-23　(b) VUX-120-23　(c) VUX-1LR

(d) miniVUX-1UAV　(e) miniVUX-3UAV　(f) miniVUX-1DL

图 3-10　Riegl 无人机载激光雷达设备

表 3-9　Riegl 无人机载激光设备主要技术参数表

设　　备	VUX-160-23	VUX-120-23	VUX-120	miniVUX-1UAV	miniVUX-3UAV	miniVUX-1LR
激光发射频率（MHz）	2.4	200	1800	100	300	100
精度/重复精度（mm）	10/5	10/5	10/5	15/10	15/10	15/10
最大测量范围（m）	1800	1430	1430	330	330	500
最小距离（m）	5	5	5	3	3	5
视场角（°）	±50～100	±50～100	±50～100	360	360	360

续表

设　　备	VUX-160-23	VUX-120-23	VUX-120	miniVUX-1UAV	miniVUX-3UAV	miniVUX-1LR
扫描速度（线/秒）	50～400	50～400	50～400	10～100	10～100	10～100
扫描数据输出（Mbit/s）	2×LAN 10/100/1000	LAN 10/100/1000 或 USB 2.0	LAN 10/100/1000 或 USB 2.0	2×LAN 10/100/1000	2×LAN 10/100/1000	2×LAN 10/100/1000
内置存储器	1TB 固态硬盘	1TB 固态硬盘	1TB 固态硬盘	32G 存储卡	32G 存储卡	32G 存储卡
外置相机	2×TTL 输入/输出	TTL 输入/输出	TTL 输入/输出	2×GNSS RS-232 Tx&PPS，电源（USB 2.0），触发器，曝光	2×GNSS RS-232 Tx&PPS，电源（USB 2.0），触发器，曝光	2×GNSS RS-232 Tx&PPS，电源（USB 2.0），触发器，曝光
IMU 精度（横滚、俯仰精度/航偏精度）	0.005°/0.015	0.015°/0.035	0.015°/0.035	—	—	—
定位精度（m）	0.02～0.05	0.02～0.05	0.05（水平）0.1（垂直）	—	—	—
重量（kg）	2.65	2～2.2	2～2.2	1.55～1.6	1.55～1.6	1.55～1.6

2. IGS LiteMapper 系列

LiteMapper 是一套高频率、高精度机载全波形激光雷达系统，激光脉冲频率可达400Hz 并具备全波形分析功能，测程可达 3000m，联合 AEROcontrol 系统测点精度可达亚厘米级。与 DigiCAM 和/或 DiiTHERM 系统组合，可构成一套多通道、全方位空间信息获取系统。

主要技术指标、性能与特点如下：

(1) 回波为全波形，信息量极为丰富，尤其对于农作物、森林、植物等方面的应

用，可谓前景无限。

（2）频率高、点密度大、点地斑小、精度高。

（3）在厂家测试条件下，250m 长度上的测距绝对精度达 20mm，多次测量值间的精确度达 10mm。

（4）最大测程可达 3000m，此时，在物体反射率为 60%情况下，脉冲频率可达 80kHz。

（5）扫描角分辨率 0.001°。

（6）使用近红外激光，安全等级为 3R 级，最小适用距离为 30m。

（7）数据记录采用 DR560-RD 型航空数据记录器，容量为 1000GB，可记录 16 个飞行小时的航空数据，输入速率达 80MB/秒，支持 RAIDO 和 RAID1，并含有在线数据完整性检测功能等。

3. Optech Galaxy/Pegasus 系列

Teledyne Optech 公司成立于 1974 年，在激光雷达和摄影测量学以及辅助技术（例如 GPS、惯性测量系统和波形数字化）方面拥有数十年的经验。相继推出 Optech ALTM Titan 、ALTM Galaxy、Optech Pegasus 等产品，如图 3-11 所示。

(a) Optech ALTM Titan

(b) Optech ALTM Galaxy

(c) Optech Pegasus

图 3-11　Optech 机载激光雷达设备

Optech 机载激光设备的主要技术参数见表 3-10。

表 3-10　Optech 机载激光设备主要技术参数表

设　　备	Optech ALTM Titan	Optech ALTM Galaxy	Optech Pegasus
地形测绘激光	1550nm 红外 1064nm 近红外 532nm 可见光	1064nm 近红外	1064nm 近红外
激光发散角	Channel 1&2=0.35 mrad (1/e) Channel3=0.7 mrad (1/e)	0.25 mrad (1/e)	0.25 mrad (1/e)
作业范围	Topographic：300～2000 m AGL Bathymetric：300～600 m AGL	150～4700 m AGL	150～5000 m AGL

续表

设　备	Optech ALTM Titan	Optech ALTM Galaxy	Optech Pegasus
激光测距精度	—	<0.008m	—
扫描视角（FOV）	0～60°	0～60°	0～75°
扫描带宽	0～115%	0～115%	0～115%
扫描频率（Hz）	0～210	0～100	0～140
传感器扫描性能	最大 900	最大 1400	最大 800
绝对水平精度	1/7500×高度	1/7500×高度	1/7500×高度
绝对垂直精度（cm）	RMSE<5～10	RMSE<3～20	RMSE<5～20
回波探测	最多 4 个密度回波	最多 8 个距离测量值，包括最后回波	最多 4 个密度回波
反射强度	每个脉冲最多 4 个密度回波，包括最后回波 12 位	每个脉冲最多 8 个密度回波，包括最后回波 12 位	每个脉冲最多 4 个密度回波，包括最后回波 12 位
滚动补偿	SOMAG GSM3000/4000 compatible（optional）	可编程，±5°（FOV=50°），之后随 FOV 减少而增加	可编程，±37°（取决于 FOV）
最小目标分离距离（m）	1	<0.7	<0.7
数据存储	内部固态硬盘 SSD	内部固态硬盘 SSD	内部固态硬盘 SSD
重量（kg）	45	6.5	65
工作温度（℃）	0～35	0～35	−10～35

4. Leica TerrainMapper 系列

2018 年，Leica 发布最新款机载激光雷达系统 TerrainMapper（图 3-12），它拥有 2MHz 有效脉冲频率及高灵敏光学系统，能够在设定的点密度条件下，以最大幅面的效率获取到更多的飞行数据，并且在 300～5500mAGL 下可实现 35 倍多脉冲无测距限制的高效飞行效率。

2020 年，Leica 发布了全新一代的机载激光雷达系统：Leica TerrainMapper-2（图 3-13），其主要技术参数见表 3-11。

图 3-12　徕卡 TerrainMapper 机载激光雷达系统

图 3-13　Leica TerrainMapper-2 机载激光雷达系统

表 3-11　Leica 机载激光设备主要技术参数表

设　　备	Leica TerrainMapper	Leica TerrainMapper-2
激光波长（nm）	1064	1064
激光发散角（mrad）	0.25（$1/e^2$）	0.23（$1/e^2$）
作业范围（m）	300～5500AGL	300～5500AGL
激光测距精度（cm）	RMSE<1	RMSE<1
扫描视角（FOV）（°）	20～40	20～40
扫描带宽	最高可达 70%飞行高	最高可达 70%飞行高
扫描频率	最高 150Hz（9000 转/分），300 线/秒	可编程 60～150Hz，（120～300 线/秒）
传感器扫描性能（MHz）	最大 2	最大 2
绝对水平精度（cm）	<13	<13
绝对垂直精度（cm）	<5	<5
回波探测	最多可达 15 次回波信息，包括强度、脉冲宽度、区域的曲线和偏态波形属性	可编程的 15 次回波，包括强度；在低采样率下全波形记录选择；实时波形分析和脉冲提取；最大 35 倍多脉冲技术（MPiA）；多脉冲区域目标模糊度解算；无测距限制多脉冲技术（Gateless MPiA）
反射强度	14bit	14bit
滚动补偿	机械式，双向	机械式，像移补偿
最小目标分离距离（m）	0.5	0.5

续表

设　　备	Leica TerrainMapper	Leica TerrainMapper-2
数据存储	固态存储器 2400GB	2 块徕卡 MM30 大容量存储介质，单块 7680GB
重量（kg）	37～41	48
工作温度（℃）	0～35	−40～70

3.2.3　国内机载三维激光扫描设备

1. 数字绿土机载激光雷达系统

北京数字绿土科技股份有限公司（简称数字绿土）自主研发的硬件系统包括机载、车载、背包等多平台激光雷达扫描设备，以及点云和影像处理软件系统，如 LiDAR360 激光雷达点云数据处理平台等，被广泛应用于数字城市、智慧电力、地理信息、智慧农林、无人驾驶、高精度地图等专业领域。

数字绿土推出 LiAir 系列无人机激光雷达系统，主要包括 LiAir X2、LiAir X3、LiAir X3-H、LiAir 250Pro、LiAir 300、LiAir VH2、LiAir 220N 等，以及有人机载激光雷达系统 LiAir E1350，如图 3-14 所示。

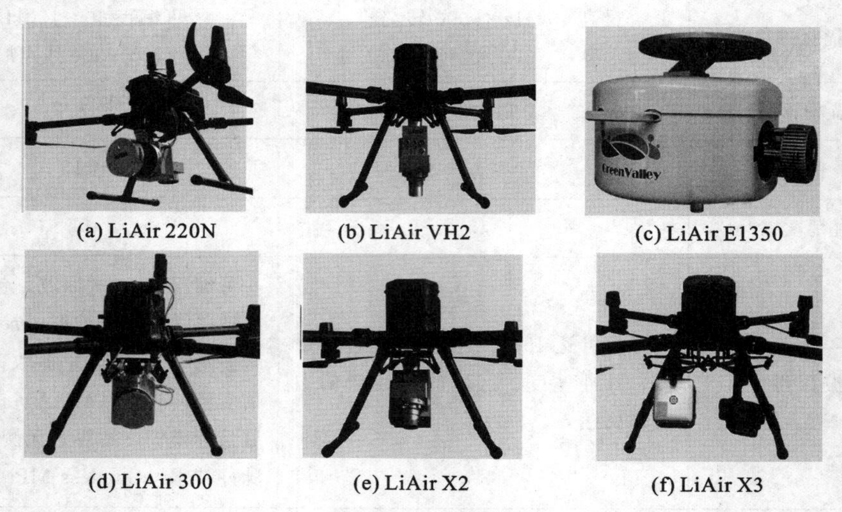

(a) LiAir 220N　(b) LiAir VH2　(c) LiAir E1350

(d) LiAir 300　(e) LiAir X2　(f) LiAir X3

图 3-14　数字绿土机载激光雷达系统

仪器设备的主要技术参数如表 3-12 所示。

表 3-12　数字绿土机载激光雷达系统主要技术参数

设　　备	LiAir 220N	LiAir VH2	LiAir 300	LiAir X2	LiAir X3
测程（m）	200@10%	190@10% 450@80%	300@90% 200@54% 80@10%	190@10% 450@80%	190@10% 450@80%
建议最大作业高度（m）	150	120	80	15（塔上）	15（塔上）
高程精度（cm）	±5	±5@70m	±5	±5@70m	±5@70m
典型作业速度（m/s）	5～10	5～10	5～10	4	2～6
波长（nm）	905	905	905	905	905
测距精度（cm）	±2	±2	±1	±2	±2
扫描方式	40 线重复扫描	重复扫描模式	32 线重复扫描	非重复花瓣扫描模式	非重复花瓣扫描模式
点频率	720000 点/秒（单回波），1440000 点/秒（双回波）	240000 点/秒（单回波）	640000 点/秒（单回波），1280000 点/秒（双回波），1920000 点/秒（三回波）	240000 点/秒（单回波）	240000 点/秒（单回波）
扫描视场范围（°）（水平/垂直）	360/40	70.4/4.5	360/40.3	70.4/77.2	70.4/77.2
回波数	2	3	3	1	1
GNSS	GPS，GLONASS，BDS	GPS，GLONASS，BDS	GPS，GLONASS，BDS	GPS，GLONASS，BDS	GPS，GLONASS，BDS
航向精度（°）	0.038	0.038	0.038	0.038	0.038
姿态精度（°）	0.008	0.008	0.008	0.008	0.008
重量（kg）	2.0（含相机）	0.9（无相机），1.1（含相机）	0.9（无相机），1.1（含相机）	1.1（无相机），1.3（含相机）	1.25（含相机）

2. 北科天绘机载激光雷达设备系统

北科天绘激光雷达产品包括机载（A-Polit）、车载（R-Angle）和点站式（U-Arm）系列，覆盖高、中、低空各类有人机及无人机平台、地面移动平台和各类工程测量应用。北科天绘有人机载激光雷达系统主要有 AP-1000、E+AP、AP-3500、AP-3500 系统集成等，如图 3-15 所示，主要技术参数见表 3-13 所示。

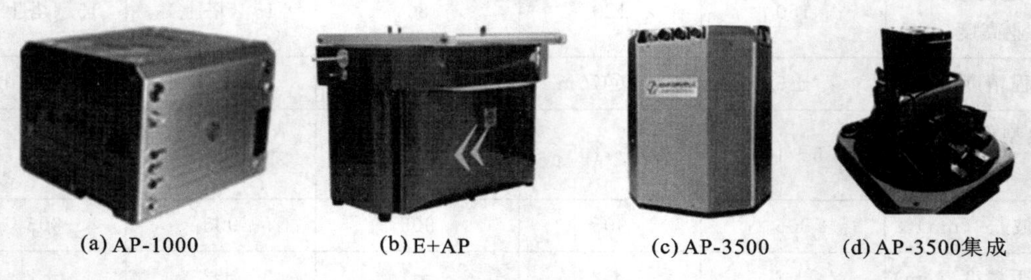

(a) AP-1000　(b) E+AP　(c) AP-3500　(d) AP-3500集成

图 3-15　北科天绘有人机载激光雷达系统

表 3-13　北科天绘有人机载激光雷达系统主要参数表

设　　备	AP-0600	AP-1000	AP-3500
最小测距（m）	3	5	50
典型作业航高（m）	100～200	100～600	3500
最大点频（MHz）	1	1	1
激光等级	Class I	Class I	Class IV
激光波长（nm）	1550	1550	1064
回波模式	多回波	多回波	多回波
光斑尺寸（mRad）	0.35	0.35	0.3
扫描视场（°）	70	75	70
条带宽度（m）	＞200@100m	＞460@300m	＞5000@3500m
扫描频率（Hz）	30～150	30～150	20～600
测距精度（mm）	10@100m	—	20～30@500 m
点分辨率（°）	0.005	0.005	0.005
扫描仪重量（kg）	＜3	3.2	20

北科天绘无人机载激光雷达系统主要有蜂鸟 Genius、云雀轻型无人机 LiDAR 系统等，如图 3-16 所示，主要的技术参数见表 3-14。

(a) 蜂鸟

(b) 云雀

图 3-16　北科天绘无人机载激光雷达系统

表 3-14　北科天绘无人机载激光雷达系统主要参数表

设　　备	蜂鸟 Genius 微型无人机 LiDAR 系统	云雀轻型无人机 LiDAR 系统
最大测距（m）	250	1500
典型作业航高（m）	50～150	100～700
激光采样频率	320kHz/640kHz	1MHz
系统高程测量精度（m）	<0.1	<0.05
测距精度（mm）	20@100m	10@100m
点密度（点/m^2）	>200	>100
系统重量（kg）	1.056（不带相机），1.57（带相机）	3.5（裸机），5.5（标准配置）
扫描视角范围（°）（水平/垂直）	360/30	70/40
激光回波数	双回波	多次回波
激光回波灰度级（bits）	8/12	8/12
IMU 更新频率（Hz）	200	600
定位模式	GPS L1/L2、GLONASS L1/L2、BDS B1/B2	GPS L1/L2、GLONASS L1/L2、BDS B1/B2
位置精度（后处理）（m）	0.02（平面），0.05（高程）	0.01（平面），0.02（高程）
航向精度（后处理）（°）	0.08	0.009（不失锁）
俯仰精度/横滚精度（°）	0.025	0.005（不失锁）

3. 飞马机载激光雷达系统

深圳飞马机器人科技有限公司立足国内航测遥感无人机领域，已发布了 F 系列、D 系列、V 系列、P 系列及 SLAM 手持激光扫描仪共 15 型智能航测/遥感/巡检/应急系统与 3D 移动测量平台，产品主要有 DV-LiDAR 10、DV-LiDAR 21/22、DV-LiDAR 30/40、

D-LiDAR 500、D-LiDAR 2000、D-LiDAR 2100、D-LiDAR 2200、D-LiDAR 3000 等，如图 3-17 所示，主要技术参数见表 3-15。

(a) DV-LiDAR 10　(b) DV-LiDAR 21　(c) DV-LiDAR 30

(d) D-LiDAR 500　(e) D-LiDAR 2000　(f) D-LiDAR 3000

图 3-17　飞马无人机激光雷达系统

表 3-15　飞马无人机载激光雷达系统主要参数表

设　备	DV-LiDAR 10	DV-LiDAR 21	DV-LiDAR 30	D-LiDAR 500	D-LiDAR 2000	D-LiDAR 3000
测量距离（m）	1500	800	1430	300	190@10% 450@80%	200@80%
高程精度（cm）	2	5	2	5@50m	3	5@50m
水平定位精度（cm）	1	5	1	5@50m	2	5@50m
测距精度（mm）	±5@100m	±10	±10@150m	20（＞50m）， 5（≤50m）	±20	±20
回波数量	7	7	15	3	3	2
点频（点/秒）	1000000	550000	1800000	单回波 640000 双回波 1280000 三回波 1920000	240000	340000
重量（kg）	3.92	3.5	3.45	1.06	0.68	1.24

4. 大疆创新机载激光雷达系统

大疆 L1 集成 Livox 激光雷达模块、高精度惯导、测绘相机、三轴云台等模块，搭配经纬 M300 RTK 和大疆智图，形成一体化解决方案，轻松实现全天候、高效率实时三维数据获取以及复杂场景下的高精度后处理重建，如图 3-18 所示，其主要技术参数见表 3-16。

图 3-18 大疆 M300 搭载 L1 激光雷达

表 3-16 大疆 L1 无人机载激光雷达系统主要参数表

设备	L1
测程（m）	450@80％ 190@10％
高程精度（cm）	5@50m
平面精度（cm）	10@50m
测距精度（cm）	3@100m
扫描模式	非重复扫描，重复扫描
回波数量	3
点云数据率（点/秒）	单回波：最大 240000 多回波：最大 480000
航向精度（°）	实时：0.3，后处理：0.15
俯仰/横滚精度（°）	实时：0.05，后处理：0.025
重量（g）	930±10

3.3 车载三维激光扫描设备

3.3.1 主要参数介绍

车载三维激光扫描设备的结构形式、激光等级、扫描速度、数据文件格式以及设备的便携性、操作简便性和售后服务等因素都会影响设备的使用性能和用户体验。其中，结构形式和激光等级会影响设备的性能和稳定性，而扫描速度则直接关系到扫描效率。此外，数据文件格式和是否兼容常见软件，会影响用户的使用体验。因此，在选择车载三维激光扫描设备时，需要考虑这些因素，以确保设备能够满足实际需求并提高工作效率。

1. 结构形式

车载三维激光扫描设备的结构形式是指其物理布局和组成方式，包括各个组件的排列、连接和互动方式。车载三维激光扫描设备的结构形式对于设备的性能、稳定性和易用性都有重要影响。

2. 激光等级

车载三维激光扫描设备的激光等级描述了激光的强度级别，以确保设备在使用过程中符合相关的安全标准。激光等级提高，设备的测量能力和安全性也会相应提高。

3. 扫描速度

车载三维激光扫描设备的扫描速度代表了设备每秒可以完成的测量次数，直接影响到扫描的效率。扫描速度越快，设备在单位时间内可以完成的测量任务就越多，工作效率越高。

4. 数据输出

车载三维激光扫描设备生成的数据文件格式以及是否兼容常见的 CAD/CAM 软件对于用户的使用体验有着重要影响。兼容性好的设备可以更好地融入用户的工作流程，提高工作效率。

5. 扫描模式

车载三维激光扫描设备的扫描模式决定了设备可以执行哪些类型的扫描操作，如表面扫描、点云扫描等。不同的扫描模式适用于不同的场景和需求，用户可以根据实际情况选择合适的扫描模式。

6. 景深

车载三维激光扫描设备的景深指的是设备能够清晰捕捉到的物体距离范围。景深越

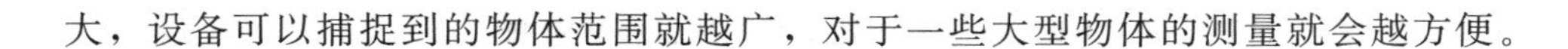

大，设备可以捕捉到的物体范围就越广，对于一些大型物体的测量就会越方便。

7. 精度

车载三维激光扫描设备的精度描述了设备的测量精度，通常以毫米为单位。精度越高，设备对于物体的测量结果就越准确，这对于一些需要高精度测量数据的行业来说尤为重要。

8. 功能

车载三维激光扫描设备所具备的各种高级功能，如动态扫描、组合装配或拆解扫描等，可以满足不同用户的需求，提高设备的使用价值。

9. 配套软件

与车载三维激光扫描设备一起使用的配套软件可以提供额外的功能和支持，帮助用户更好地使用和管理设备。这些软件通常具有数据管理、模型处理和分析等功能。

3.3.2　国外车载三维激光扫描设备

微课：车载三维激光扫描设备介绍

1. Riegl 车载激光扫描系统

Riegl 公司推出车载激光扫描系统主要有 VMY-1、VMY-2、VMX-2HA、VMQ-1HA、VMZ 等，如图 3-19 所示。仪器的主要技术参数见表 3-17。

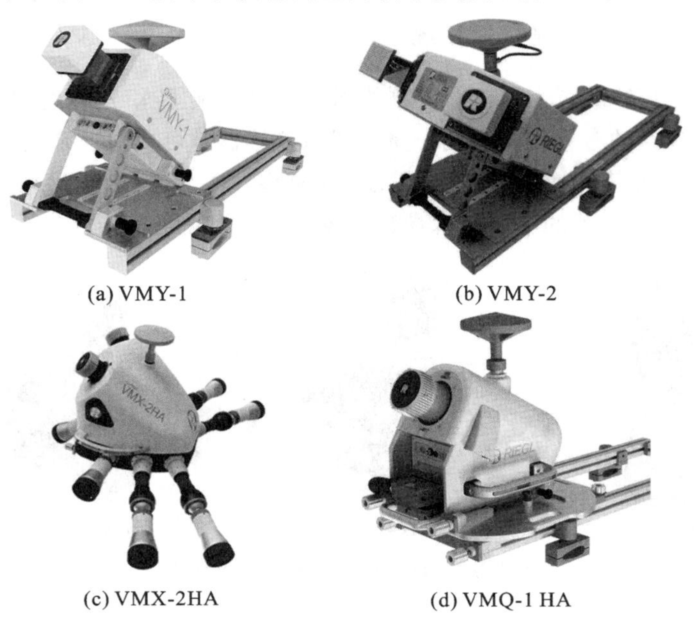

(a) VMY-1　(b) VMY-2

(c) VMX-2HA　(d) VMQ-1 HA

图 3-19　Riegl 车载激光扫描系统

表 3-17 Riegl 车载激光扫描系统主要技术参数

设 备	VMY-1	VMY-2	VMX-2HA	VMQ-1HA
激光安全等级	一级安全激光	一级安全激光	一级安全激光	一级安全激光
最大测量速度（kHz）	100 / 200 /300	200 / 400 / 600	1800	1800
最大测距（m）	270	270	475	475
测量精度（mm）	10	10	5	5
重复精度（mm）	10	10	3	3
视场角（°）	360	360	360	360
线扫描速度（线/秒）	125	250	500	250
绝对定位精度（mm）	typ. 20～50（A 型）/ typ. 20～30（B 型）	typ. 20～50（A 型）/ typ. 20～50（B 型）	typ. 20～50	typ. 20～50（A 型）/ typ. 20～50（B 型）
横滚/俯仰角精度（°）	0.015（A 型）/ 0.015（B 型）	0.015（A 型）/ 0.005（B 型）	0.005	0.015（A 型）/ 0.005（B 型）
航偏角精度（°）	0.05/ 0.025（A 型）/ 0.05（B 型）	0.05/0.025（A 型）/ 0.015（B 型）	0.015	0.05/0.025（A 型）/ 0.015（B 型）

2. Trimble MX 车载激光扫描系统

Trimble 的高级车载移动空间影像测绘系统集成了业界领先的地理参考影像技术，同时配备精密、高速的激光扫描和高分辨率成像传感器，可以快速采集大量精确的地理参考影像数据，并将其转换为信息丰富的 3D 模型，主要产品有 MX7、MX9、MX50 等，如图 3-20 所示。仪器的主要技术参数见表 3-18。

(a) Mx7　(b) Mx9　(c) Mx50

图 3-20 Trimble 车载激光扫描系统

表 3-18　Trimble 车载激光扫描系统主要技术参数

设　　备		MX7	MX9	MX50
激光扫描仪数量		0	2	2
激光类别		—	1，对人眼安全	1，对人眼安全
有效测量频率		—	600kHz、1MHz、2MHz、2.5MHz、3MHz、3.6MHz	320kHz 和 960kHz
扫描速度（双头系统）		—	500 扫描线/秒	240 扫描线/秒
最大扫描范围（m）目标反射率>80%		—	475	80
最小扫描范围		—	1	0.6m
每个脉冲最大目标数		—	可达 15[6]	1
准确度/精密度（mm）		—	5/3	2/2.5@30m
视场		—	360°	360°
GNSS 后处理精度	X、Y 位置（m）	0.020	0.020	0.020
	Z 位置（m）	0.050	0.050	0.050
	速度（m/s）	0.015	0.005	0.005
横滚角和俯仰角（°）		0.025	0.005	0.015
航向角（°）		0.060	0.015	0.025
数据采集最大车速（km/h）		—	—	110
传感器单元重量（kg）		11.3	37	23

3. Leica 移动激光扫描系统

Leica Pegasus：Two Ultimate 移动激光扫描系统（图 3-21），是移动测量引领者，它将三维激光扫描仪、高清相机、高精度惯导系统、GPS 融合在一起，能实时获取高精度点云及全景影像，并通过强大的后处理软件平台进行数据融合、数据信息提取、线化特征提取等一系列地理信息采集。该仪器的主要技术参数见表 3-19。

图 3-21　Leica Pegasus：Two Ultimate 移动激光扫描系统

表 3-19 Leica 车载激光扫描系统主要技术参数

设备		Leica Pegasus：Two Ultimate 移动激光扫描系统
扫描仪	激光扫描仪数量	1（单断面仪）/ 2（双断面仪）
	测距精度（mm）	1（单断面仪）/1（双断面仪）
	扫描速率（点/秒）	1010000（单断面仪）/2030000（双断面仪）
相机系统	相机像素	最多 9600 万像素，360°全方位覆盖，2400 万像素 360°全景相机，4800 万像素侧边相机，2400 万像素双路面相机（可选）
	相机数量	最多 8 个
	传感器	高灵敏度 CMOS 1200 万像素
	像元尺寸（μm）	3.45
	最大帧率	每个相机 8fps，等同于每秒 768M 像素
	覆盖范围（°）	360
GNSS/IMU/SPAN 传感器	IMU 频率（Hz）	200
	平均无故障时间（h）	35000
	陀螺偏差稳定性（±deg/hr）	0.75
	陀螺偏差漂移（deg/hr）	0.75
	陀螺角随机游走（deg/Vhr）	0.1
	陀螺标度因数（ppm）	300
	陀螺范围（±deg/s）	450
	加速度计偏差（mg）	1
	加速度计标度因数（ppm）	300
	加速度计范围（±g）	5
	GNSS 失锁 10s 后的位置精度	水平 RMS 0.01m，高程 RMS 0.02m；俯仰角/滚动角 RMS 0.004°，朝向角 RMS 0.013°
传感器平台	重量（kg）	51（不包括箱子），86（包括箱子）
	尺寸（cm）	60×76×68，断面仪版
典型精度	水平精度（m）	0.020 RMS
	高程精度（m）	0.015 RMS

3.3.3 国内车载三维激光扫描设备

1. SSW 车载激光建模测量系统

SSW 车载激光建模测量系统（图 3-22）由中国测绘科学研究院北京四维远见信息技术有限公司、首都师范大学三维信息获取与应用教育部重点实验室经过 6 年的开发、研制，获得多项专利，于2011年11月通过国家测绘地理信息局组织的鉴定。目前已实现批量生产和推广应用，是国内外水平较高的测量型面向全息三维建模的移动测量系统。

2. 华测 Alpha 3D 车载激光扫描测量系统

上海华测导航技术股份有限公司（简称华测）Alpha 3D 车载激光扫描测量系统（图3-23）集成了超强性能的组件，如高精度、长测程的激光传感器、高分辨率 HDR 全景相机、GNSS 设备以及高精度惯导系统，形成轻量化、一体化的牢固设计。其可在动态环境中连续获取海量空间数据，快速精确地完成测量工作。其主要技术参数见表3-20。

图3-22　SSW车载激光建模测量系统

图3-23　华测 Alpha 3D 车载激光扫描测量系统

表3-20　华测 Alpha 3D 车载激光扫描测量系统主要技术参数

设　备			华测 Alpha 3D 车载激光扫描测量系统
系统参数	激光器数量		单激光头，可升级至双激光头
	典型水平精度（m）		RMS<0.030
	典型垂直精度（m）		RMS<0.025
	数据存储		可插拔2TB固态硬盘，带 USB3.0 接口
	设备安装		车载独立设计，适用于道路、铁轨、船载
激光参数	激光等级		Class 1
	测量方式		TOF 时间测量法
	有效测量频率		300kHz、500kHz、750kHz 、1MHz
	最大测量范围（m）	反射率>80%	420、330、270、235
		反射率>10%	150、120、100、85
	最小测距（m）		1.2
	测量精度（mm）		5

续表

设　　备		华测 Alpha 3D 车载激光扫描测量系统
激光参数	重复测量准确度（mm）	2
	激光视场角	360°全范围
	激光扫描速率（点/秒）	1000000
	扫描线速（转/秒）	最高 250
结构尺寸	设备主机尺寸（cm）	51.3×31×67.2
	设备重量（kg）	19.2
	电池尺寸（cm）	62.9×49.7×35.3
	车顶扩展平台重量（kg）	最大 52（取决于电池容量型号）
	车顶平台重量（kg）	16.6
相机系统	相机类型	360 度全景相机，可外接扩展相机
	传感器数量	6
	CCD 尺寸	2048×2448，3.45μm 像元大小
	镜头（mm）	4.4
	分辨率	30MP（5MP×6 相机），10fps JPEG 格式压缩
	全景覆盖率	90%全景覆盖
	HDR 高动态范围	4 倍自动增益，曝光预设
位置和姿态系统	GNSS 系统	支持 GPS、GLONASS、Galile、BeiDou、SBAS、QZSS 星历，L-band，支持单/双天线
	IMU 更新率	标准 200Hz（用户可调 1～1000Hz）
	IMU 漂移稳定性（25℃）	0.05°/hr，1σ（典型值）
	IMU 零偏	±2°/hr
	IMU 比例因子	≤200ppm，1σ
	IMU 量程（度/秒）	±490
	角度随机游走	≤0.012°/h
	加速度计量程	±10g
	加速度计偏置	<0.05mg
	加速度计比例因子	≤100ppm/C，1σ（典型值）
	卫星失锁定位精度	水平精度 0.010m，垂直精度 0.020m，roll/pitch 角 0.005°，heading 角 0.017°
	车轮编码器（DMI）	可选

3. 南方测绘高精度三维激光移动测量系统

SAL-1500 是南方测绘自主研发的多平台三维激光移动测量系统 360 度视场角，无缝切换旋翼无人机、固定翼无人机、车载等多种平台，实现一机多用，满足多种作业场景需求，多旋翼、固定翼、车载快速切换，如图 3-24 所示。仪器的主要技术参数见表 3-21。

图 3-24　SAL-1500 高精度三维激光移动测量系统

表 3-21　SAL-1500 高精度三维激光移动测量系统主要参数表

设　　备	SAL-1500
扫描仪数量	1
测距离（m）	1.5～1500
整机重量（kg）	3.89
激光发射频率（点/秒）	最大 2000000
测距精度（mm）	15（单次）/5（重复）
角分辨率（°）	0.001
全景分辨率（像素）	4500 万
系统精度（cm）	±5（平面/高程）
扫描速度（线/秒）	200

3.4　手持 SLAM 三维激光扫描设备

3.4.1　主要参数介绍

视场角：传感器可感知的角度，包括垂直视场角和水平视场角。

密度：两个采样点之间的角度步长，纵向与横向密度有所不同，在整个系统中，视场角越大，密度一般就会越小。

分辨率：视场角与密度的乘积。

距离精确度：反映测量距离和实际距离的偏差，是传感器的一个重要参数。

距离分辨率：可分辨距离。

最小最大探测距离：可测量范围，根据传感器特性不同，可能与被观测物体材料、反射率以及环境光强度有关。

帧率：每秒的帧数，反映获取数据的速度。

微课：SLAM三维激光扫描仪介绍

3.4.2 GeoSLAM 手持激光扫描仪

ZEB-Horizon 手持三维激光扫描仪由 1 台二维飞行时差激光测距扫描仪与 1 个安装在电机驱动器上的惯性测量单元（IMU）刚性耦合组成（图 3-25），电机驱动器带动扫描头在运动过程中获取空间三维信息；采用三维 SLAM 算法，将二维激光扫描数据与 IMU 数据相结合，生成精确的三维点云。其主要技术参数见表 3-22。

图 3-25　ZEB-Horizon 移动三维激光扫描仪不同使用形式

表 3-22　ZEB-Horizon 手持三维激光扫描仪主要技术参数

指　　标	参　　数
最大测程（m）	100
相对精度（cm）	1.5～3

续表

指　　标	参　　数
扫描速度	300000 点/秒，160 线/秒
单线点数	937（0.38°间隔）
扫描视角（水平/垂直）(°)	360/270
工作时间	持续使用约 3h
数据大小（MB/min）	100～200
三维尺寸（mm）	216×108×266

3.4.3 Riegl SLAM 手持激光扫描仪

Riegl SLAM 是中观推出的首款针对大空间的手持激光 3D 扫描仪（图 3-26），它采用实时定位与建图技术（即 SLAM 技术），不依赖 GPS 等 GNSS 定位，在室内外等各种未知环境下，均可在移动中进行自身定位及增量式三维建图。其主要技术参数见表 3-23。

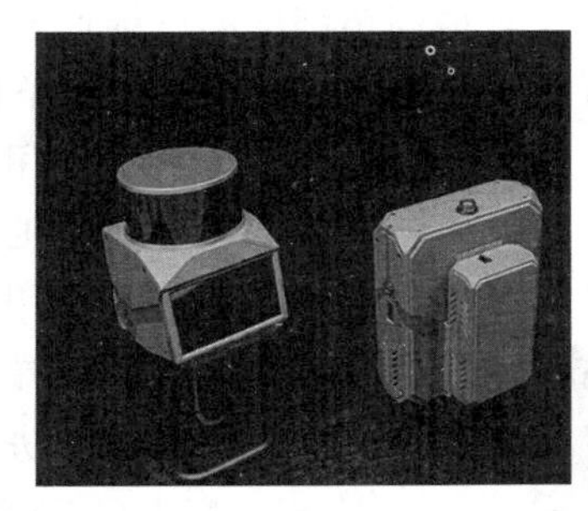

图 3-26　中观 Riegl SLAM 手持激光扫描仪

表 3-23　中观 Riegl SLAM 手持激光扫描仪主要技术参数

产品型号	Riegl SLAM	Riegl SLAM-S
扫描头	固定式扫描头	旋转式扫描头
工作范围（m）	0～120	
点精度（m）	0.7～2	
激光线数	16	32
扫描头数量	1	1
扫描速率（点/秒）	640000	320000
扫描视场范围（°）	360°/31°	360°/270°
定位方式	SLAM 技术（无需 GPS）	

续表

产品型号	Riegl SLAM	Riegl SLAM-S
解算方式	实时解算	
工作时间（h）	3（单块电池，使用温度10～30℃条件下）	
工作温度（℃）	－20～60	
固态硬盘容量（GB）	500	
激光等级	Class I（人眼安全）	
防护等级	IP54	
产品材质	铝合金骨架＋ABS外壳（高防护、高抗干扰）	
重量（kg）	1.6（手持端）	1.8（手持端）
预览方式	高清触摸屏	

3.4.4 SLAM 100手持激光扫描仪

SLAM 100是飞马推出的手持移动式激光雷达扫描仪（图3-27）。该系统具有360°旋转云台，可形成360°×270°点云覆盖，结合行业级SLAM算法，可在无光照、无GPS条件下获取周围环境高精细度的三维点云数据。选用3个500万像素摄像头，可形成水平200°、垂直100°超宽视场角，在光照条件下同时获取纹理信息，生产彩色点云和局部全景图。采用一体化结构设计，内置控制和存储系统、内置可更换锂电池，一键式启动作业，使数据获取更加高效、便携。可选用SLAM GO手机App软件，查看和管理工程，自动与云端工程信息同步显示，进行实时SLAM拼图和实时预览，进行固件升级和设备维护等操作。基于飞马SLAM GO POST软件模块，可实现数据后处理、彩色点云生产、数据拼接、数据优化、浏览和量测等功能。其具有便携性、无需GPS、可挂载多种平台等特点，可应用于传统测绘、封闭空间、数字三维、应急处突等场景。其主要技术参数见表3-24。

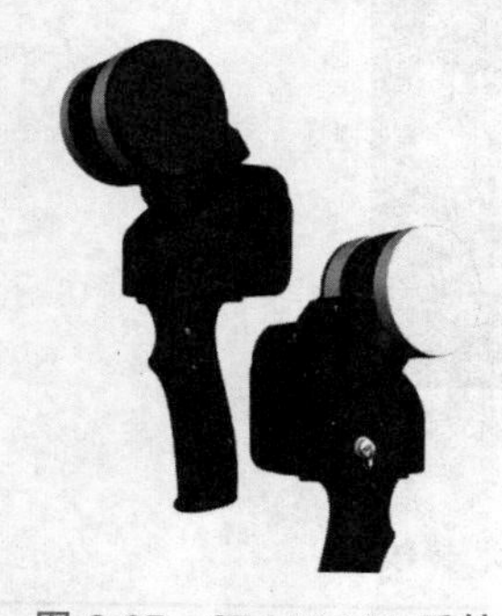

图3-27 SLAM 100手持激光扫描仪

表3-24 SLAM 100手持激光扫描仪主要技术参数

设　备	SLAM 100手持激光扫描仪
激光视场角	360°/270°
相机视场角	200°/100°
相对精度（cm）	2

续表

设　　备	SLAM 100 手持激光扫描仪
JD 精度（cm）	5
存储容量（GB）	32（标配）
供电方式	内部可更换锂电池、外部供电
外部供电电压（V）	20～30
内部电池（mAh）	3350×4
内部电池续航（h）	2.5
功耗（W）	25
工作温度（℃）	－10～＋45
工作湿度（RH）	＜85％
重量（g）	1588（不含电池）
尺寸（mm）	372×163×106（不含底座）
激光等级	Class I
激光通道数	16
测距（m）	120
点频（点/秒）	320000
回波强度（bits）	8
相机数量	3
相机分辨率	5000000
NFC	支持

复习与思考题

1. 列举几款地面三维激光扫描仪的厂家及代表产品。
2. 列举几款机载三维激光扫描仪的厂家及代表产品。
3. 列举几款车载三维激光扫描仪的厂家及代表产品。
4. 列举几款 SLAM 手持激光扫描仪的厂家及代表产品。
5. 简述点云密度的概念，以及激光扫描时点云密度具有的特点。

思政点滴

国产三维激光的崛起

在过去，三维激光扫描仪等高端测绘仪器只能依赖进口，进口产品价格高、售后服务难。南方测绘集团创始人马超是三维激光产品研发的带头人，他认为三维激光产业是高科技、重资产、长周期的产业，需要精细的加工能力。时至今日，我国三维激光产业发展已步入了世界先进行列。

马超参与过众多测绘装备国产化，他说："三维激光产品涉及的技术融合很多，包括光机电技术融合，操作系统融合，点云分类、轨迹解算、点云拼接与DLG作图融合，惯导、激光扫描、GNSS技术融合，需要协调大量的人力、物力。"马超抽调多个研发部门的精干力量组成了最早的三维激光研发队伍。在立项之初，南方测绘就做好了研发耗时长、资源投入大、数年无法盈利的准备。

确立从基础模块进行研发的基本思路之后，研发团队就开始进行整体和各功能单元模块的方案设计。经过大量反复的讨论、修改，逐步细化了实施方案，并着手设计第一台原型机。南方测绘组织了一批软件工程和软件算法的人才，持续对这部分业务进行攻坚克难，不断优化提升，相继开发出南方三维激光后处理软件、南方移动测量系统处理软件等软件。其中，在三维激光机载移动测量系统中，深度集成了无人机、北斗导航定位、三维激光扫描仪、影像、惯性导航单元以及其他传感器等，再配合自主研发的南方移动测量系统处理软件，使得产品操作更加便捷、安装更加简单、数据处理更加高效。

SAL-1500 无人机载三维激光扫描测量系统

SPL-1500 架站式三维激光扫描测量系统

南方测绘三维激光仪器的生产流程严格按照工序进行，前一道工序质检达100%合格通过才可进入下一道工序。从原料到生产，每一步严格把关，保证了产品的高稳定性。南方测绘推出首台架站式三维激光扫描仪，在不到一年的时间里又相继推出了体型更小、更为轻便的升级款架站式三维激光扫描仪，以及可用于车载、机载的移动式三维激光扫描仪。南方三维激光扫描仪自2020年推出、2021年正式上市销售，目前用户遍布各行各业，包括高校、测绘单位、建筑单位以及工业自动化领域。南方测绘的三维激光扫描仪在主要性能参数方面已经与国际先进产品相当，而架站式激光扫描仪的价格仅为进口产品的一半。

项目 4　地面三维激光扫描数据采集与处理

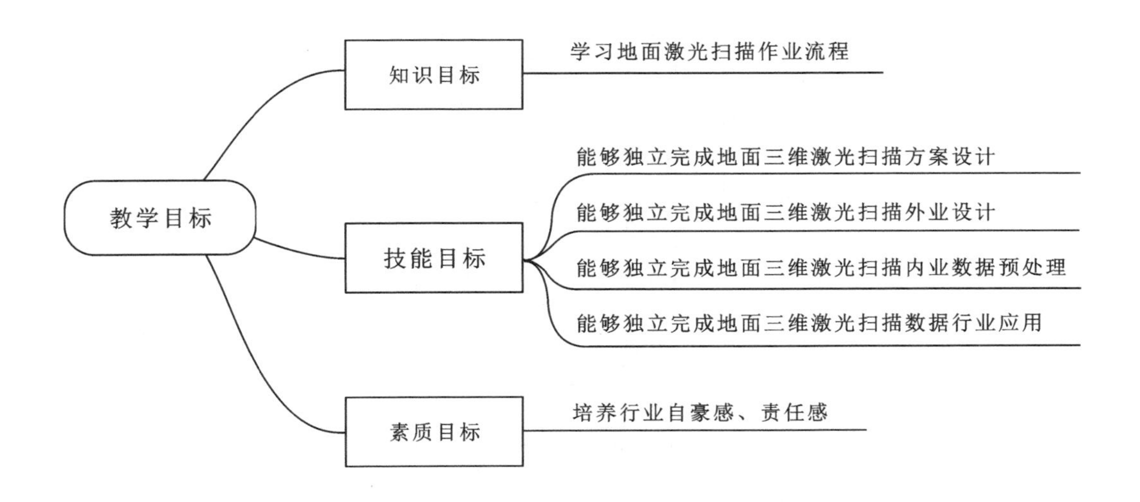

4.1　地面三维激光扫描作业流程

4.1.1　总体作业流程

微课：地面三维激光扫描作业流程

二维动画：地面三维激光扫描作业流程

《地面三维激光扫描作业技术规程》（CH/Z 3017—2015）中规定，地面三维激光扫描作业的总体工作流程应包括技术准备与技术设计、数据采集、数据预处理、成果制作、质量控制与成果归档。通常工作过程大致分为技术准备与技术设计、外业数据采集和内业数据处理三部分，如图 4-1 所示。

4.1.2　技术准备与技术设计

结合《地面三维激光扫描作业技术规程》（CH/Z 3017—2015）、《地面三维激光扫描工程应用技术规程》（T/CECS 790—2020），为确保作业能够顺利进行，首先需要做好相应的准备工作，并制订合理可行的扫描方案设计。

1. 技术准备

首先要收集测区以及周边的控制成果资料、测区 1∶500～1∶2000 比例尺地形图、

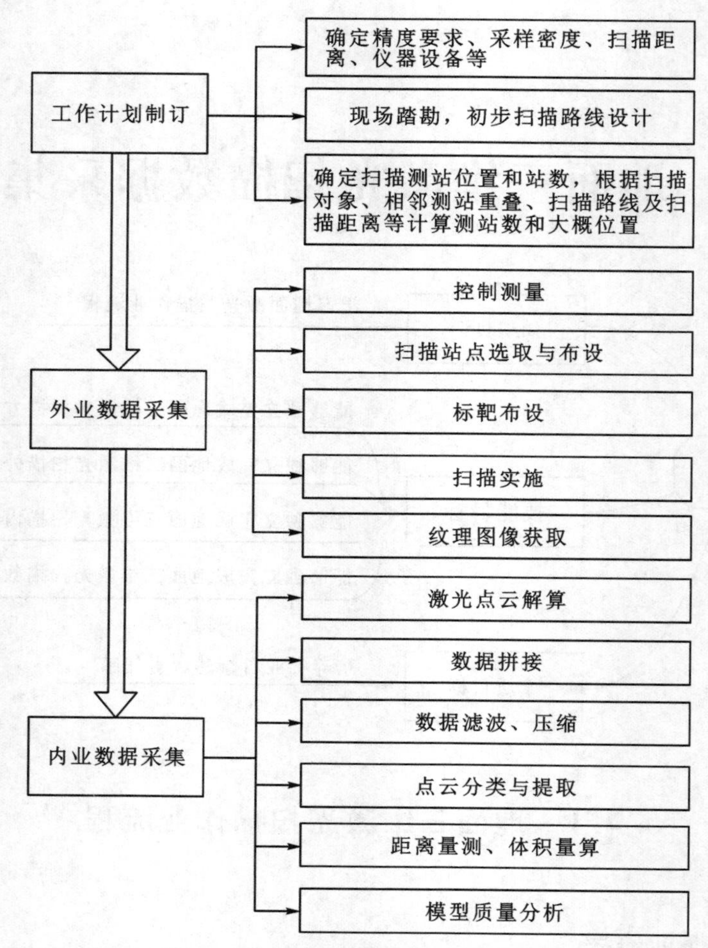

图 4-1　地面激光扫描总体作业流程图

数字高程模型、数字正射影像图、设计图、竣工图等成果资料，同时全面细致地了解测区的气象、通信、交通、人文和自然地理等信息。

为保证扫描路线及测站点规划的合理性，作业前需组织现场踏勘，核对已有资料的真实性和适用性，实地了解作业区域的自然地理、人文及交通状况，了解作业区的地形地貌、地面植被类型及稠密度等环境条件。若测区地形条件复杂或距离太远，现场实地踏勘有困难，则可以根据测区现有资料在图纸上进行工作方案初步设计，实地作业时再结合扫描对象及周边环境灵活调整。

扫描作业前，还需要根据作业区域的地形条件、已有成果明确点云密度及数据精度的要求，初步确定回波次数、扫描角度、扫描频率等相关参数。

2. 技术设计

技术设计应根据项目要求，结合已有资料、实地踏勘情况及相关的技术规范来编制。主要内容应包括项目概述、测区自然地理概况、已有资料情况、引用文件及作业依

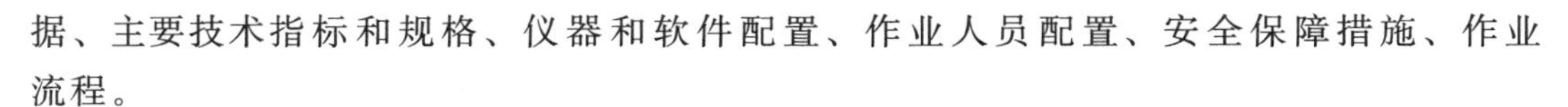

据、主要技术指标和规格、仪器和软件配置、作业人员配置、安全保障措施、作业流程。

（1）项目概述：明确项目来源、任务目的、工作范围、工作内容、工作量、完成期限等基本情况。

（2）测区自然地理概况：根据需要说明与设计方案或作业有关的测区自然地理状况，内容可包括作业区地形概况、地貌特征、困难程度、气候状况、交通状况，必要时应收集测区的工程地质与水文地质资料。

（3）已有资料情况：应说明已有资料的数量、形式、技术指标、质量状况和可利用情况。

（4）引用文件及作业依据：说明引用的标准、规范和其他技术文件，以及项目委托方提供的技术要求。

（5）主要技术指标和规格：说明采用的平面基准、高程基准和精度指标，成果的比例尺、格式和提交形式等内容。

（6）仪器和软件配置：确定满足工作需要的地面三维激光扫描仪、全站仪、GNSS接收设备、水准仪、数码相机、便携式电脑、存储介质的类型和数量及数据处理软件。

（7）作业人员配置：作业员应经过技术培训，培训合格后方能参与作业。扫描作业时，1台设备应配备不少于3名作业员。

（8）安全保障措施：扫描作业应考虑仪器工作温度要求，如果长时间暴露于太阳强光照射环境中，应为仪器遮阳。此外，激光会对人眼造成一定程度伤害，应避免人眼直视激光发射头。高空作业时，应保证留有足够的操作空间和架站区域，并检查平台稳定性，以确保仪器和人员安全。

（9）作业流程：主要包括控制测量、扫描站布测、标靶布测、点云数据及纹理图像采集、数据预处理、成果制作、质量控制与成果归档。

4.1.3　外业数据采集阶段

数据采集流程包括控制测量、扫描站布测、标靶布测、设站扫描、纹理图像采集、外业数据检查、数据导出备份。

（1）控制测量主要为外业扫描服务，一方面用于点云数据配准，起到联系和控制误差传递的作用；另一方面用于坐标转换，将扫描仪仪器坐标系点云数据转换成统一的大地坐标系点云数据。

（2）扫描站布测需要考虑站点位置设置的合理性与科学性，兼顾效率和精度，尽量达到用最少的测站数测出最全的目标。

（3）标靶是用于定位和定向的参数标志，按形态可分为平面标靶和球形标靶，标靶既可以用于点云配准，也可以用作坐标控制点。当采用基于标靶的点云数据采集方法时，需要进行标靶布测，需要考虑标靶布设的合理性，要保证同名标靶点的通视条件。

（4）地面三维激光扫描数据采集包括点云数据采集和影像数据采集。

(5) 地面三维激光扫描仪在获取三维点坐标的同时，也可根据反射激光的强弱获取扫描目标体的灰度值，如果扫描仪配置有数码相机，还可以得到真彩色点云数据。

(6) 扫描作业结束后，应将扫描数据导入电脑，检查点云数据覆盖范围完整性、标靶数据完整性和可用性，对缺失和异常数据应及时补扫。

(7) 扫描完成后，将数据导出到电脑，在对点云数据进行处理前，还需要对原始点云数据进行备份。

4.1.4 内业数据处理阶段

地面三维激光扫描仪在获取高精度的点云数据时，除了扫描仪自身构造、性能的影响外，还会受到多种外界因素（如植被的覆盖、施工粉尘、移动的车辆、人员等）的影响，造成点云数据产生噪点，需在后期数据处理中剔除，同时多测站点云数据的配准、坐标转换、纹理映射等也是后期点云数据处理的重要工作内容，以便输出多种不同格式的成果，满足空间信息数据库的数据源和不同应用的需求。

数据预处理流程包括点云数据配准、坐标系转换、降噪与抽稀、图像数据处理、彩色点云制作。

4.2 地面三维激光扫描外业数据采集

4.2.1 数据采集方法概述

地面三维激光扫描仪的外业数据采集方法主要有三种：基于标靶的数据采集方法、基于地物特征点的数据采集方法、基于全站仪模式的数据采集方法。

微课：基于标靶的三维激光扫描方法

1. 基于标靶的数据采集方法

当需要多测站扫描才能获取目标对象完整的点云数据，或者需要将扫描数据转换到特定的坐标系中时，都会涉及坐标转换问题，需要测量一定数量的公共点来计算坐标变换参数。为了保证转换精度，公共点一般采用特制的反射材料制成的标靶。运用基于标靶的数据采集方法，测站和标靶位置可以根据扫描对象的结构特征，选择开阔区域任意设置。该方法的关键在于每一扫描站的标靶个数应不少于 4 个，且要保证相邻两扫描站的公共标靶个数应不少于 3 个，目的是后期通过公共标靶实现各测站点云数据配准。

虚拟仿真:基于标靶的激光扫描方法

基于标靶的数据采集方法的优势在于扫描测站可以任意架设，但要求相邻测站扫描区有共同的反射标靶，该方法一般也不需要相邻测站间有重叠区域，通常适用于扫描区域较小的单一扫描工程，点云配准精度高。

微课：基于地物特征点的三维激光扫描方法

2. 基于地物特征点的激数据采集方法

基于地物特征点的数据采集方法的基本思想：根据相邻测站获取的点云数据重叠区

域内共有地物特征点进行点云配准。地物特征点可以是特征点、面及其他扫描仪可以识别的特殊标志。在外业数据采集时，扫描仪可以根据情况架设在任意位置进行扫描，不需要后视定向点，也无须布设标靶，其核心是要求满足相邻扫描站间有效点云的重叠度不低于 30%，困难区域不低于 15%，且重叠区域尽量选择在光滑、规则、裸露较好的部位。

虚拟仿真:基于地物特征点的三维激光扫描方法

该方法外业测量简单方便，布设方式灵活，适用于大范围的扫描工程，以及特征明显的工程，在作业效率上具有绝对优势。

3. 基于全站仪模式的数据采集方法

微课：基于全站仪模式的三维激光扫描方法

基于全站仪模式的数据采集方法类似于常规全站仪测量的方法，其作业方法多样，可以在已知点设站，在另一控制点上进行定向，在第三个控制点检核无误后，即可进行点云数据采集；也可以采用后方交会的方法进行任意设站而获取点云数据。各控制点的坐标需要采用其他方法进行测量，如导线测量、GNSS 测量等。

虚拟仿真:基于全站仪模式的三维激光扫描方法

不论哪种基于全站仪模式的数据采集方法，都不需要相邻扫描区的重叠度，获取的点云数据无须进行配准和坐标转换，可以直接得到相应的测量坐标系，操作简单，适用于大面积或带状工程的数据采集工作。

4.2.2　扫描站点选取与布设

1. 扫描站点选取

在实际外业数据采集过程中，通常需要布设多个扫描站点对被测物体进行扫描采集，才能确保获取完整的物体表面数据。因此，在多角度获取三维数据过程中，需考虑站点位置设置的合理性与科学性。合理的扫描站点选取不但可以提高效率、节省时间、减少扫描盲区，而且可以提高扫描数据的质量，改善点云数据配准的精度。结合三维激光扫描仪的特点，在选择扫描站点时应注意以下几个方面：

（1）数据的可拼接性。为了获取完整的目标对象数据，通常需要进行多测站扫描，为了保证扫描数据能表现物体的连续性，需要注意相邻两站之间所扫描的被测物体数据须部分重合，以确保数据可进行拼接。对于基于点云重叠数据进行配准的扫描设备，要求满足相邻扫描站间有效点云的重叠度不低于 30%，困难区域不低于 15%；对于基于标靶进行点云配准的扫描设备，应至少存在 3 个或 3 个以上的同名标靶点。因此，扫描站点选取时，应考虑相邻测站点云数据的可拼接性。

（2）架站间距。扫描站点应均匀分布在被测物体周围，即相邻两站之间的间距应尽可能保持一致或接近。若整体扫描站点之间的间距相差较大，会直接增加扫描数据的复杂性，在进行多站点数据拼接匹配过程中就容易产生较大的拼接误差，不能确保满足成果精度。

（3）光入射角。根据激光特性，发射出去的激光在扫描目标体表面反射形成回波信号，从而完成测距过程。激光在扫描目标体表面入射角较大的情况下，其回波信号较弱或难以返回，这种条件下测得的数据精度较差。因此，在扫描站点选取时，应使激光扫描设备的激光束方向尽量垂直于被测物体，尽量避免扫描设备发射的激光在目标体表面产生过大的入射角度，这样扫描距离最近、精度最高。

（4）重叠部位。对于基于点云数据进行配准的扫描站点选取，需重点考虑相邻两测站的重叠区域。为了保证点云配准精度、避免产生较大的配准误差，重叠区域宜选择光滑、规则的物体表面，尽量避免不稳定、受风易动的区域以及有大量植被等的部位。

（5）扫描测站的稳定性。选择扫描站点时，应尽量选在视野开阔、地面稳定的安全区域，尽可能减少因振动而产生的扫描误差。

（6）重叠度。点云配准需要保证相邻测站间有足够的重叠度。若是重叠度过低，会导致数据配准误差大甚至造成点云配准失败；若是重叠度过高，则会增加测站数导致工作效率低，且配准次数越多，产生误差的概率越大。因此，应在数据的全面性与配准精度之间取得平衡，设置合理的站点，达到尽可能少的测站数，获得尽可能全面的点云数据。

2. 扫描站点布设

扫描站的布设应符合下列规定：

（1）扫描站应设置在通视条件好、视野开阔、地面稳定、无振动的安全区域，避开地基不稳固且及易受大型作业机械和车辆活动影响的区域。

（2）扫描站扫描范围应覆盖整个扫描目标物，均匀布设，且设站数目尽量减少。

（3）对于目标物结构复杂、通视困难或线路有拐角的情况，应适当增加扫描站，以保证扫描数据完整性。

（4）必要时可搭设平台或架设扫描站，登高作业操作空间应满足使用要求，设站区域或平台应具有稳固性。

4.2.3 标靶布设

当在外业数据采集场景中难以找到合适的特征点时，可以采用标靶辅助采集。标靶是数据整理过程中进行点云配准的重要标志，主要考虑标靶与扫描站点的位置关系、标靶摆放位置、标靶数量、通视条件等。标靶布设应遵循下列原则：

（1）为实现不同测站点云数据的配准，每一扫描站的标靶数量应不少于 4 个，相邻两扫描站的公共标靶数量应不少于 3 个，因此购置仪器时一般至少要配置 4 个标靶。如果有条件，可以多配置几个，因为野外操作很容易失去标靶信息（风导致标靶抖动、翻倒，车辆行驶的阻挡等），使用多个标靶的优点是能克服外界不可预计因素的影响，可以根据具体情况选择性使用标靶信息，同时也会提高工作效率。

（2）放置标靶时，应注意标靶能够良好被识别，不要被物体遮挡，且安放位置要确保扫描数据期间的稳定性。

（3）标靶应在扫描范围内均匀布置且高低错落，为提高配准精度，尽量不要将标靶放在一条直线上，且标靶之间应有高度差。

4.2.4　架设扫描仪

使用三脚架将扫描仪架设在选定的扫描站点处后，仪器安置的主要工作包括接电源、插入存储卡、对中（在需要条件下）、整平（确保在倾斜补偿范围内），虽然需要的时间很短，但是一定要注意仪器安全、规范操作。开机后先预热和静置3～5分钟再开始扫描工作，以防止激光发射产生大量热能遇冷空气，造成激光头损坏。扫描仪扫描作业过程中应避免仪器振动，同时激光头不得近距离直接对准棱镜等强反射物体。每站扫描作业结束，待检查确认获取的点云数据完整无误后，再进行迁站。

三维激光扫描仪属于精密贵重电子设备，在出厂之前是经过精密调校的，因此在运输搬运过程中应尽量轻拿轻放，减少仪器的振动；尽量不要触碰扫描窗口；仪器本身虽具有一定的防水、防尘能力，但要注意防止仪器浸入水中；在设备开始数据采集前，应对激光扫描仪的外观、通电情况进行检查和测试。

4.2.5　扫描实施

1. 基于标靶的实施过程

下面以Trimble TX8扫描仪为例简述主要操作步骤。

（1）架设仪器，摆放标靶。将三脚架安置在预先设定好的架站点位，确保三脚架稳定且架头水平后，将扫描仪安置其上，轻轻地拧紧连接螺旋，借助仪器上的水平气泡将设备整平，根据需要也可以进行对中。扫描仪架设完毕后，将电池和存储数据的U盘插入仪器内部。在仪器安置的同时，在扫描对象的附近摆放不少于3个球形标靶，标靶要在扫描范围内均匀布置、高低错落，且一定要放在比较稳定的地方，保证与扫描仪通视，更重要的是，要考虑与下一站的通视，保证相邻两扫描站的公共标靶数量应不少于3个。

（2）参数设置。确认仪器安置完毕后，点击仪器操作面板上端的电源开关按钮开机，扫描仪开机后，首先需要新建一个工程，接下来进行自动补偿设置、扫描参数设置、扫描范围选择、工程编辑等操作。

（3）检查环境。参数设置完成后，扫描开始前还需再检查一下周围环境，扫描仪扫描作业过程中激光头不能近距离直接对准棱镜等强反射物体，以免损伤激光发射器。

（4）站点扫描。当检查完环境且确认仪器参数设置正确后，点击操作主界面中的“Scan”按钮开始执行扫描。扫描完成后，还需要对标靶进行精确扫描。仪器在扫描过程中会有扫描进程显示以及完成扫描所需的剩余时间，如果有问题可以暂停或取消扫描。当扫描结束后，及时检查扫描数据质量，如不合格，则需要重新扫描。

当前站点扫描完成后移至下一站点，重复步骤（1）～（4），直至所有待测目标被扫描完成。当全部扫描工作完成后，数据会直接存储在U盘中，检查数据质量没有问题后，关闭仪器，放入仪器箱中，结束作业。

进行基于标靶的数据采集时应注意：

①为了保证后续工作顺利完成，应在大比例地形图、平面图或草图上标注扫描站位置、测站编号、标靶位置及编号、扫描仪品牌与型号、扫描时间、扫描操作人、参数设置等。

②当确认测站相关工作完成无误后，可以将仪器搬移到下一测站，是否关机取决于仪器 的电源情况、两站之间的距离、仪器操作要求等因素。根据扫描对象的情况决定是否移动及如何移动标靶。

③仪器在扫描操作时，尽量避免因风、施工机械等外界环境的影响而引起的地面颤动，造成三脚架晃动，应选择合适的时机扫描。

2. 基于地物特征点的实施过程

下面以Trimble X7扫描仪为例简述主要操作步骤。

（1）架设仪器。连接扫描仪之前，应当确定三脚架稳定且云台呈水平状态。将三脚架放在云台上，一只手握住提柄，另一只手托住底座，小心将仪器中心对准云台的中心位置，一只手仍然放在提柄上，将三脚架接头拧入仪器底部螺纹接口，固定仪器；也可用快速释放器开关进行快速安装与拆卸。扫描仪架设完毕后，安装好电池和存储数据的U盘。

（2）参数设置。开启Trimble Perspective外业软件，进入软件操作界面。进入新建项目界面创建新项目，输入新建项目名称，也可输入文字、平板拍照作为项目备注信息；打开连接界面，选择要连接的仪器，控制器所及范围内的仪器序列号将显示出来以供连接；建立了Wi-Fi连接后，仪器和无线信号图标将变为绿色，电池图标将显示仪器中的电池电量；打开扫描设置，根据作业需要选择合适的扫描参数。

（3）检查环境。参数设置完成后，扫描开始前还需再检查周围环境，扫描仪扫描作业过程中激光头不能近距离直接对准棱镜等强反射物体，以免损伤激光发射器。

（4）开始扫描。创建或加载了项目并选择了所需的扫描和影像获取模式之后，开始扫描。扫描工作完成之后，仪器将自动开始影像拍照模式，在影像拍照期间，已完成扫描的数据会自动下载到控制器中。自动下载后的数据自动显示在控制器软件操作界面，可实时浏览与查看，并不影响拍照的工作同时进行。影像拍照模式完成后，仪器响起一声蜂鸣声，LED灯恢复绿色指示灯，即确认所有扫描和拍照工作已完成，软件将显示自动下载及图像下载完成提示。在完成下一个测站扫描之后，软件可自动实现两个测站的数据配准，且自动显示测站数据的配准信息，显示数据的配准精度与重叠度及配准时间。

一测站扫描结束并检查无异常后，将扫描仪搬到下一个测站，重复步骤（1）～（4），直到完成所有测站的扫描。如果测区成果需要绝对坐标系，在测量的过程中，需要在整个测区实际扫描并用传统测量方法测得 3 个以上的已知点，既可以是标靶，也可以是特殊标志，以便于后期将成果转换到绝对坐标系下。当全部扫描工作完成后，检查数据质量，将数据导出到 U 盘。整理相关仪器部件，放入仪器箱，结束作业。

采用地物特征法时应注意：

①相邻测站有效点云重叠率不低于 30%，以保证数据处理的拼接精度。

②重叠区域宜选择光滑、规则的物体表面，尽量避免不稳定、受风易动的区域以及有大量植被等的部位。

③对于目标物结构复杂、通视困难或线路有拐角的情况，应适当增加扫描站以保证数据完整性。

④扫描参数选择：外业数据采集时，主要考虑扫描精度和扫描效率，因此参数设置的关键点主要是设置点间距。不管扫描的目的是什么，点间距越密，反映的物体细节越详细，点云数据质量越高，但是扫描所需时间也越长，速度也越慢。因此，并不是数据采集得越多越详细越好，应根据扫描目的依据相应的规范在采样间距与扫描效率之间取得一个平衡，既保证扫描精度满足任务需求，又要减少作业时间提高效率。

⑤为了保证后续工作顺利完成，应在大比例地形图、平面图或草图上标注扫描站位置、测站编号、扫描仪品牌与型号、扫描时间、扫描操作人、参数设置等绘制扫描路线草图，以便于辅助内业数据的处理。

3. 基于全站仪模式的实施过程

参照传统全站仪的架站方法，即已知方位角、已知后视点以及后方交会的方法，将仪器架设在已知点上，通过已知点的坐标实现高精度的不同测站的数据拼接。已知点的坐标可以通过全站仪或者 GPS 提前获取，在现场只需在设站时输入坐标即可，使用这些设站方法后，数据处理时无需再进行拼接，直接进行后续的点云等处理工作（图 4-2）。主要步骤如下：

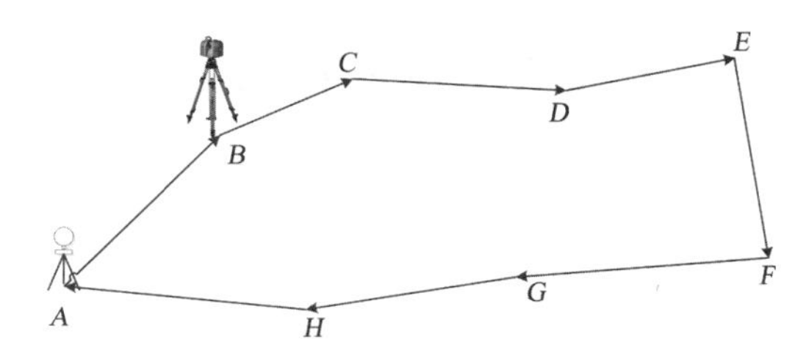

图 4-2　全站仪法导线布设示意图

（1）现场布设临时导线点，即仪器架设点（A、B、C）。

（2）仪器架设在 B 点，定向 A 点所架标靶，此时使用已知方位角设站方法，给定一个方位角，如定义 $0°00'00''$。

（3）完成 B 点设站后即可开始扫描，同时扫描下一站 C 点标靶作为前视。

（4）将仪器搬至 C 点，使用已知后视点设站方法，扫描前视 B 点标靶完成定向后，即可进行后续扫描，同时扫描前视点 D 标靶。

(5) 依次完成各个站的设站和扫描任务，直到前视点为 A 点为止，这样就完成了一个闭合导线测量，不仅完成了导线测量，同时也完成了各个站的扫描任务，当然，在整个导线测量中需要量取仪器高和标靶高，以确保获取正确的高程值。

使用全站仪法时应注意：

①站与站之间必须保持良好通视，以便于扫描仪进行相邻站点标靶的定向观测。

②站与站之间虽然不需要满足拼接需求的30%重叠度，但是要注意保证点云的完整性。

③地面点标志依据项目的面积与进度等因素确定保存的时间，采用不同类型的点标志。

④扫描过程中，应避免三脚架晃动，以保证测量精度；避免扫描范围内出现人员或者悬浮物，尽量减少噪声点；尽量让待测目标保持静止状态，以避免被测目标产生分层、偏移等现象。

4.2.6 纹理图像数据获取

地面三维激光扫描仪在获取点的三维坐标的同时，也可根据反射激光的强弱获取扫描目标体的纹理信息。纹理信息主要是通过数码相机获取彩色影像，将目标体的彩色影像与点云数据进行纹理映射匹配，并将二维数码照片的像素点色彩信息与对应物体的三维点坐标进行匹配计算，两者叠加后的点云数据就包含了彩色信息，称为真彩色点云数据。

点云数据彩色信息能更全面地反映物体的表面细节。点云数据彩色信息获取主要采用内置相机和外置相机两种方式，获取纹理图像时，应保证相邻两幅图像的重叠度不低于30%，并且应避免逆光或光线较暗造成的图像质量损失。

4.3 地面三维激光扫描数据处理

微课：地面三维激光扫描数据预处理流程

4.3.1 数据预处理流程

1. 点云数据处理软件简介

点云数据处理软件是三维激光扫描系统的重要构成部分。目前点云数据处理软件可以分为两种类型：一种是扫描仪自带的控制软件，另一种是专业数据处理软件。前者一般是扫描仪随机自带的软件，既可以用来获取数据，也可以对数据进行一般处理，如Riegl扫描仪附带的软件Riscan Pro、FARO的FAROScene、徕卡的Cyclone以及美国Trimble的PointScape点云数据处理软件等；后者主要用于点云数据的处理和建模等方

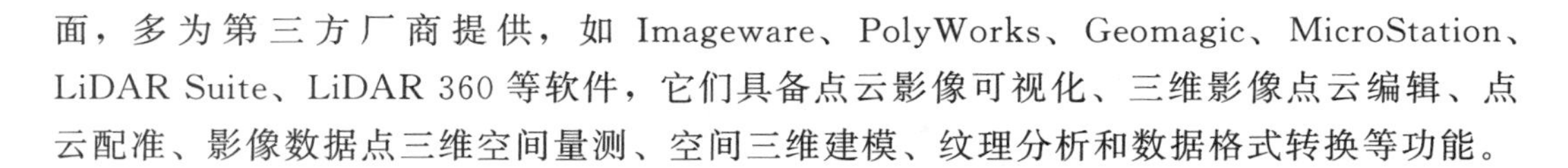

面，多为第三方厂商提供，如 Imageware、PolyWorks、Geomagic、MicroStation、LiDAR Suite、LiDAR 360 等软件，它们具备点云影像可视化、三维影像点云编辑、点云配准、影像数据点三维空间量测、空间三维建模、纹理分析和数据格式转换等功能。

2. 数据预处理流程

根据《地面三维激光扫描作业技术规程》(CH/Z 3017—2015)，数据预处理流程包括点云数据配准、坐标系转换、降噪与抽稀、图像数据处理、彩色点云制作。

4.3.2　点云配准

微课：地面三维激光扫描点云解算及配准

由于目标物的复杂性，通常需要从不同方位扫描多个测站才能把目标物扫描完整，每一测站扫描数据都有自己的坐标系统。把不同扫描测点获取的三维激光扫描点云数据变换到同一坐标系的过程，称为点云配准，又称为点云拼接。

《地面三维激光扫描作业技术规程》(CH/Z 3017—2015) 中定义了点云配准的概念：三维激光扫描仪获取的以离散、不规则方式分布在三维空间中的点的集合。点云数据配准是点云数据处理过程中非常重要的环节，配准后数据精度直接影响后续的应用质量，其原理为七参数坐标转换原理，即 3 个平移参数、3 个旋转参数和 1 个尺度参数。常见的配准算法主要有四元数配准算法、六参数配准算法、七参数配准算法、迭代最近点算法 (ICP) 及其改进算法。

点云数据配准时应符合下列要求：①当使用标靶、特征地物进行点云数据配准时，应采用不少于 3 个同名点建立转换矩阵进行点云配准，配准后，同名点的内符合精度应高于空间点间距中误差的 1/2；②当使用控制点进行点云数据配准时，应利用控制点直接获取点云的工程坐标进行配准。

4.3.3　点云去噪

微课：地面三维激光扫描点云去噪

地面三维激光扫描仪在获取高精度的三维扫描数据时，会受到多种外界因素如植被的覆盖、施工粉尘、移动的车辆、人员等的影响，造成点云数据产生噪点，需在后期数据处理中剔除。

产生噪点的因素主要分为三类：①由扫描系统本身引起的误差，如扫描设备的测距、定位精度、激光光斑大小、角精度以及扫描仪振动等；②由被测物体表面引起的误差，如被测物体的反射特性、表面粗糙度、表面材质、距离和角度等；③由外界随机因素形成的随机噪点，如在外业数据采集时，汽车、行人、空中飘浮的粉尘、飞虫等在扫描设备和扫描目标之间移动，都会产生噪声。

一般情况下，针对噪点产生的不同原因，可适当采用相应办法消除。第一类噪点可通过调整仪器设备位置、角度、距离等办法进行消除；第二类噪点是系统固有噪点，可以通过调整扫描设备或利用一些平滑或滤波的方法过滤掉；而第三类噪点则需要通过人工交互的办法解决，对于植被，可采样通过设置灰度阈值进行植被剔除，或者人工选择剔除。

微课：地面三维激光扫描点云数据缩减

4.3.4 点云缩减

三维激光扫描仪可在短时间内获取大量的点云数据，目标物要求的扫描分辨率越高、体积越大，获得的点云数据量就越大。大量的数据在存储、操作、显示、输出等方面都会占用大量的系统资源，使得处理速度缓慢、运行效率低下，故需要对点云数据进行缩减。数据缩减是对密集的点云数据进行缩减，从而实现点云数据量的减小，通过数据缩减，可以极大地提高点云数据的处理效率。数据缩减有如下两种方法：

（1）在数据获取时对点云数据进行简化。根据目标物的形状以及分辨率的要求，设置不同的采样间隔来简化数据，同时使得相邻测站没有太多的重叠，这种方法效果明显，但会大大降低分辨率。

（2）在正常采集数据的基础上，利用一些算法来进行缩减。常用的数据缩减算法有基于 Delaunay 三角化的数据缩减算法（主要方法有包络网格法、顶点聚类法、区域合并法、折叠法、小波分解法）、基于八叉树的数据缩减算法、点云数据的直接缩减算法。

理想的点云压缩方法应做到用尽量少的点来表示尽量多的信息，目标是在给定的压缩误差范围内找到具有最小采样率的点云，使由压缩后点云构成的几何模型表面与原始点云生成的模型表面之间的误差最小，同时追求更快的处理速度。

点云数据优化一般分两种：去除冗余和抽稀简化。冗余数据是指多站数据配准后虽然得到了完整的点云模型，但是也会生成大量重叠区域的数据。这种重叠区域的数据会占用大量的资源，降低操作和储存的效率。某些非重要测站的点云可能会出现点云过密的情况，可采用抽稀简化。抽稀简化的方法很多，简单的如设置点间距，复杂的如利用曲率和网格等方法。

微课：地面三维激光点云数据分割与分类

4.3.5 点云数据分割

点云数据分割可以进行关键地物提取、分析和识别，分割的准确性直接影响后续任务的有效性，具有十分重要的意义。点云数据分割应该遵守以下准则：

（1）分块区域的特征单一且同一区域内没有法矢量及曲率的突变。

（2）分割的公共边尽量便于后续的拼接。

（3）分块的个数尽量少，可减少后续的拼接复杂度；分割后的每一块要易于重建几何模型。

点云数据分割的主要方法有以下三种：

（1）基于边的分割方法。此方法需要先寻找出特征线。寻找特征线时要先找到特征点，目前最常用的提取特征点的方法为基于曲率和法矢量的提取方法，通常认为曲率或者法矢量突变的点为特征点。提取出特征线之后，再对特征线围成的区域进行分割。

（2）基于面的分割方法。此方法是一个不断迭代的过程，找到具有相同曲面性质的点，将属于同一基本几何特征的点集分割到同一区域，再确定这些点所属的曲面，最后由相邻的曲面决定曲面间的边界。

（3）基于聚类的分割方法。此方法就是将相似的几何特征参数数据点分类，可以根据高斯曲率和平均曲率来求出其几何特征再聚类，最后根据所属类来分割。

目前的点云数据分割技术是以典型的算法为基础进行粗略分割，辅以人工手动参与，将最终的结果用于后续的点云数据成果制作中。

4.3.6　点云分类

1. 基于语义规则的点云分类

根据各类地物的空间分布特点设定一系列规则，如高程阈值、线性约束、空间位置关系约束等，实现场景地物的逐一要素提取，主要包括基于模型拟合和基于聚类的点云分类算法。

（1）基于模型拟合的点云分类算法，可有效分割出符合模型几何形态的点云，如直线、平面、圆柱等。该方法利用原始几何形态的数学模型作为先验知识对点云进行分割，将具有相同数学表达式的点云归入同一几何形态区域，这些能够被拟合的点即为可构建模型的点，如电力线、建筑物屋顶等。

（2）基于聚类的点云分类算法，通过分析点云局部特征，将具有相同特征的点划分至同质区域来实现，一般将类间距离阈值或者预定的类别数目作为迭代终止条件。目前，常用的聚类方法有谱聚类、K-Means 聚类、DBSCAN 聚类和均值漂移聚类等。

2. 基于机器学习的点云分类

根据特征提取方式的不同，基于机器学习的点云分类算法可分为基于经典机器学习和基于深度学习。基于经典机器学习的点云分类方法需要针对场景中的目标地物自定义特征并进行特征提取，然后使用支持向量机、随机森林、贝叶斯等分类器实现分类。基于深度学习的点云分类算法则不需要人工定义特征，而是直接将原始点云输入深度神经网络中，自动进行特征提取并构建分类模型，以此实现点云分类。

（1）基于经典机器学习的点云分类算法，根据目标地物特点设计并提取特征，构建多维特征向量；将特征向量输入至分类器进行训练，构建点云分类模型；提取测试数据特征并输入点云分类模型，最终完成对测试数据的分类。

（2）基于深度学习的点云分类算法，可从数据中自动学习特征，不再依赖于人工设计，广泛应用于图像处理领域。然而，传统的深度学习模型要求输入数据具有规则的结构（如图像可被视为一个由像素组成的规则矩阵），而点云具有非结构化、无序、离散等特点，无法直接使用传统的深度学习模型。

4.4 地面三维激光扫描误差分析与质量控制

4.4.1 天空环境对激光信号的影响

激光扫描系统在测量过程中不可避免地会受到周围环境的影响，尤其是星载和机载LiDAR系统。图4-3显示了太阳光和激光在大气、地表、传感器间的能量传输过程。可见，激光脉冲在传输过程中除了与地表进行相互作用外，还会受到大气影响。此外，传感器还会接收来自太阳的信号，包括太阳光经大气、地表散射后到达激光器的信号等。

图4-3 太阳光和激光在大气、地表、传感器间的能量传输过程示意图

1. 激光信号的大气衰减

激光扫描系统采用的激光波长较短，大气对其信号的吸收和散射较强，因此激光扫描系统的性能对大气甚为敏感，尤其是大气中雨、尘埃、雾、霾等物质对激光的干扰作用极为明显，主要表现有：①能量衰减：大气气体分子和气溶胶粒子、尘埃、雾、雨等对激光信号的吸收和散射导致激光能量衰减；②激光折射：大气密度分布不均导致激光沿光路发生折射。此外，大气湍流效应会导致光束横截面上能量分布起伏以及光束的扩展和漂移，光束传输路径上的大气吸收会引起空气密度梯度和折射率的改变（即大气热晕效应），导致光束的非线性热畸变效应等。

2. 太阳光对激光信号的影响

太阳光的存在使得激光辐射传输过程可看作“2个光源+1个传感器”的遥感配置，其中激光光源可以看作向固定立体角区域发射激光的点光源，其发射的激光仅持续较短的时间。而太阳光源则是从无限远的地方向地表发射太阳能量，在不考虑大气散射下，到达地表的太阳光可看作具有相同方向的平行光束，且太阳光持续存在。当太阳光照射到激光扫描系统接收视场范围内时，可能会被激光扫描系统的接收器接收（图4-4）。

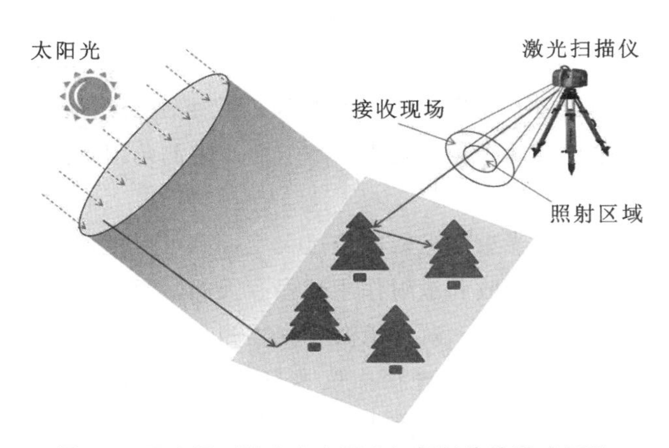

图4-4　双光源（激光十太阳光）辐射传输遥感原理

大光斑激光雷达（光斑直径＞10m，通常搭载在星载机载平台上）具有较大的激光照射区域和较大的接收视场，能够被激光扫描系统接收的太阳能量也较强。小光斑激光雷达（光斑直径＜10m，通常搭载在机载、地面平台上）照射区域和接收视场都较小，只有很少的太阳光能够进入接收系统，因此太阳光对小光斑激光扫描信号的影响较小。

4.4.2　地面三维激光扫描数据误差来源

微课：地面三维激光扫描数据误差来源及控制方法

地面三维激光扫描仪在数据采集过程中很容易受到外界因素的干扰，这些因素将会在某种程度上影响点云数据的采集质量，对精度产生影响。而错误的数据或误差较大的数据对用户而言是没有意义的，直接影响到后续数据成果，因此，需要进行点云数据误差分析。

点云数据的误差来源主要包括仪器误差和环境误差，仪器误差也称为扫描系统误差，该项误差可分为系统误差和偶然误差。系统误差引起三维激光扫描点的坐标偏差，可以通过公式改正或修正系统予以消除或减小。所以，偶然误差是激光扫描系统的主要误差来源，经综合分析，它包括仪器自身的误差、仪器架设产生的误差、数据去噪建模产生的误差、距离误差、植被覆盖处的噪声误差。

1. 分站扫描采集数据误差

分站扫描采集数据误差包括激光测距误差和扫描操作引起的误差。激光测距除受系统误差影响外，还会受到测量环境的影响，如大气的能见度、杂质颗粒的含量、环境中不稳定因素、测量对象表面状况等。操作误差主要是激光斑点大小、强度、分布密度的变化而导致的误差。

2. 仪器误差

（1）激光束发散角误差。光斑大小是影响地面三维激光扫描误差的重要因素之一，由激光光斑中心位置来确定水平角和垂直角，从而产生测角误差，进而影响激光扫描点定位误差。

（2）激光测距误差。激光束往返两次经过大气，不可避免地受到大气干扰。由于激光束波长较短，大气对它的吸收和散射作用较强。因此，激光在传播过程中会受到大气衰减效应和大气折射效应的影响，从而给激光扫描测量带来一定误差。

（3）扫描角误差。由于受到激光扫描仪本身精确性的限制，角度测量也会引起误差。角度测量影响精度主要包括激光束水平扫描角测量和竖直扫描角测量两种。角度测量引起的误差主要是受扫描镜片的镜面平面角误差、扫描镜片转动的微小震动、扫描电机的非均匀转动控制等因素的影响。仪器误差一般可以通过仪器生产厂家来解决，计量检定人员采用一定的检定设备进行检查后对仪器进行改善。

3. 数据处理误差

（1）坐标系统转换误差。由于地面三维激光扫描系统采用的是以扫描仪的几何中心为原点的空间坐标系（X，Y，Z），因此要把采集的数据转换到绝对的大地坐标系中，才能为实际的工程需要提供所需的数据。坐标系的转换主要是确定平移参数、旋转参数和比例因子。对于不同的坐标系，这些参数是不同的，由扫描仪坐标系向大地坐标系的转换处理，其中角度的选择直接影响模型转换的精度，最终影响点云数据的精度。

（2）扫描仪定位和定向误差的影响。市场上大多数扫描仪具有定向功能，在应用扫描仪获取数据时，同样存在仪器的对中、整平问题以及仪器后视定向的误差等，这些因素同样会影响扫描仪数据获取的精度。在数据获取过程中，量测的方位角误差受到扫描仪定位精度和后视定向精度的共同影响。

（3）点云拼接误差。点云拼接是主要误差源，拼接方案直接决定测量精度的级别，例如基于常规测量数据的控制点拼接精度为厘米级，基于点云特征点拟合数据拼接精度为毫米级。

（4）基于点云数据的数据加工误差。基于点云数据加工生成三维模型、立面图、线划图等成果，在加工过程中存在人为加工误差和数据的误差积累。

4.4.3 地面三维激光扫描数据误差控制方法

通过对地面三维激光扫描误差累积过程的分析，地面三维激光扫描精度主要从数据采集、拼接、后续处理三个方面进行控制。

1. 分站扫描采集数据精度控制

分站扫描采集数据是在扫描仪默认坐标系下的相对三维坐标，数据精度主要取决于激光测距干扰引起的误差和扫描仪操作引起的误差。

2. 适宜的环境

环境包括大气环境、测量对象表面状况等。一般尽可能选择在天气晴朗、大气环境稳定、能见度高、0～40℃气温的环境中扫描作业，以减少大气中水汽、杂质等对于激光传输路径以及传输时间的影响；对于目标对象的透射或者镜面反射表面，要做处理后扫描测量，以防止丢失信号、弱激光信号对精度的影响；尽可能避免非静态因素，例如人流、车流、风等的影响。

3. 激光斑点大小信号强弱控制

扫描前期的测站布设、扫描范围的圈定和采样密度都会影响到激光束到达目标对象表面的面积大小，斑点面积越小，对于特征点线数据的测量越精细。但是，很难做到精细控制，只能宏观控制。激光斑点大小会随着距离的增长、激光束和目标对象表面夹角的变大而增大，常规情况下必须对大范围的目标对象分块扫描，以保证扫描仪和目标对象正对。

4. 点云数据拼接精度控制

对扫描数据进行融合处理，不同坐标系统之间转换误差主要影响因素是同名点坐标的选取和测量的准确程度。点云数据的拼接尽可能避免和减少低精度测量设备的介入。

4.5　实　　训

4.5.1　地面三维激光扫描方案设计

【实训目的】初步了解地面三维激光扫描作业流程，掌握地面三维激光扫描仪进行建筑物扫描的方法。

【实训设备】Trimble X7 三维激光扫描仪、三脚架。

【实训内容】地面三维激光扫描仪基本作业流程及实施方法。

根据需要的精度和扫描范围选择合适的激光扫描仪，这里选择 Trimble X7 三维激光扫描仪。

三维激光扫描主要由三种扫描方式，即基于地物特征点的扫描方式、基于标靶的扫描方式和基于全站仪模式的扫描方式。这里选择基于地物特征点的扫描方式。

1. 实地踏勘选点

对扫描区进行实地踏勘，核实现场情况。选点时，保证每一站都能获取尽量多的点云数据，尽量避开树、雨棚等遮挡激光的地物。

2. 规划扫描区域

确定要扫描的地面区域，例如道路、建筑物或地形。根据扫描区域的大小和复杂度确定扫描仪的扫描范围，如图 4-5 所示。

地面激光扫描作业流程如图 4-6 所示。

图 4-5　测站点及路线规划

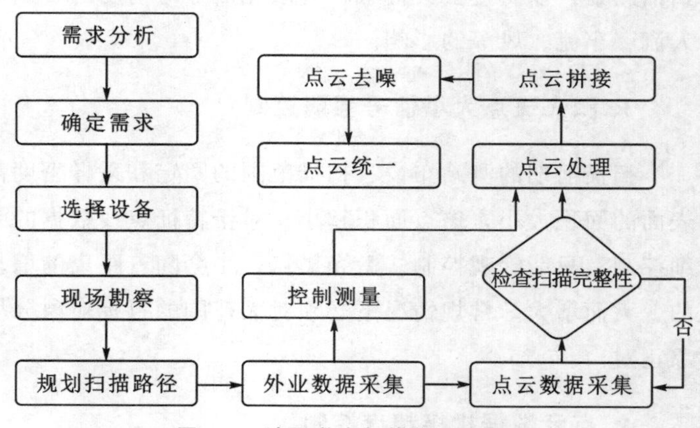

图 4-6　地面激光扫描作业流程图

4.5.2　地面三维激光扫描外业扫描

天宝X7教学操作视频

【实训目的】初步了解地面三维激光扫描作业流程，掌握地面三维激光扫描仪进行建筑物扫描的方法。

【实训设备】Trimble X7 三维激光扫描仪、三脚架。

【实训内容】地面三维激光扫描仪基本作业流程。

1. 准备工作

(1) 检查电池电量：当按下按钮时，电池（图 4-7）上的 4 个 LED 将显示电量等级。每个 LED 对应 25%的电量，当电量为 100%时，所有 4 个 LED 都发出稳定的绿色光。如果电池完全耗尽电量，所有 LED 都不亮（低于 10%的电池电量可能不足以开启仪器）。

图 4-7　电池

（2）检查机身SD卡的剩余容量：当SD卡剩余容量过小时，设备会报错、不能进行扫描工作，检查完毕后将SD卡插入机身（在插入或取出存储卡之前，请确保仪器已关机）。

（3）检查三脚支架：确认三脚支架能稳定、牢固地支撑设备进行扫描工作。

2. 外业采集

（1）安置三脚架：

①将三脚架腿调到所需的高度。转动三脚架腿的锁定装置，使架腿可以均匀地延长，然后拧紧锁定装置，使架腿安全紧固。

②将三脚架腿分开到足够大的跨度，以便增大其稳定性。

③尽可能在水平且稳定的表面上安置。

④确保三脚架云台明显呈水平状态，如有必要，调整架腿高度。

（2）安置仪器：

①打开背包，将快速释放器卡扣打开。

②一只手握住提柄，另一只手托住底座，将仪器放在三脚架云台上，并合上快速释放器卡扣，以此固定仪器，如图4-8所示。

（3）插入电池：

①向下压电池舱锁使它解锁，并打开电池仓。

②把电池顺着电池舱插入，电池接点应朝向仪器底部并且面朝内侧。

③关闭电池仓，如图4-9所示。

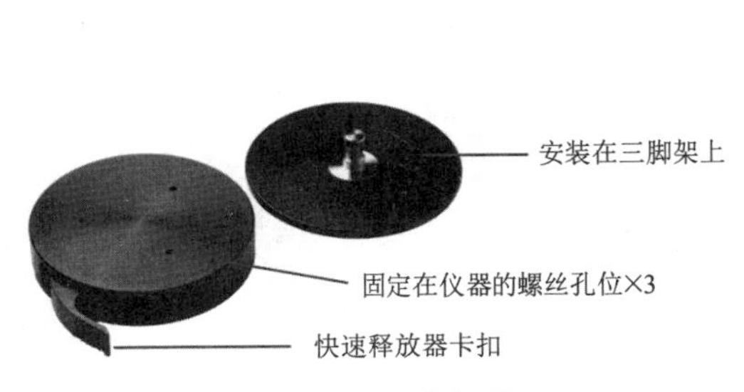

图4-8　安装仪器

图4-9　关闭电池仓

（4）仪器开机：插入电池后，短按“开/关”键即可开启仪器电源。

（5）连接控制器：为了用外业软件操作仪器，必须将仪器连接到控制器。控制器可以是Trimble T10平板电脑或运行外业软件的同类Windows 10平板电脑。仪器启动后，可以通过WiFi或USB 2.0线用外业软件进行连接。

①开启Trimble Perspective外业软件，如图4-10所示。

②如果没有项目或需要创建一个新的项目，点击“新建”，在弹出的“新建”窗口输入项目名称（名称可以是中文、英文或者数字）；点击“创造”，新创建的项目将被加载，如图4-11所示。

图 4-10　Trimble Perspective 软件页面

图 4-11　新建项目

③建立了 WiFi 连接后，仪器和无线信号图标将变为绿色，点击图标，将显示仪器中的电池电量、WiFi 信号强度和设备机身 SD 卡的储存情况，如图 4-12 所示。

图 4-12　建立 WiFi 连接

(6) 扫描参数设置：

①在扫描之前，必须为扫描时间参数和扫描影像参数进行设置。如果要打开扫描设置，单击“开始扫描”按钮上方的下拉箭头，如图 4-13 所示。

图 4-13　点击“开始扫描”按钮上方的下拉箭头

扫描时间将定义两种扫描模式的密度和点数。选择一个预设的扫描时间，扫描模式将自动设置，也可以在两种模式中进行选择（点数和点间距会根据时间和扫描模式的改变而改变），如图 4-14 所示。

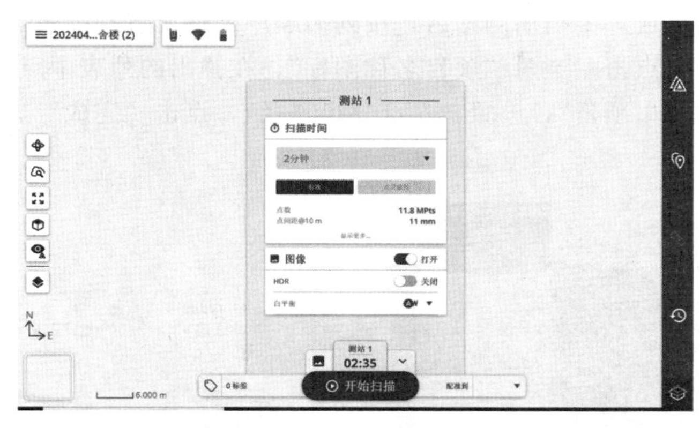

图 4-14　扫描参数设置

②扫描影像参数设置：选择启用影像获取功能，将影像模式设为“开启”。获取的影像可用于创建全景影像或为扫描数据着色。

（7）获取数据：创建或加载了项目并设置了所需的扫描和影像参数之后，点击“开始扫描”。一声蜂鸣音表示扫描已启动。如果要停止或暂停数据获取，单击“停止”或“暂停”，如图 4-15 所示。

图 4-15　获取数据

完成一个扫描测站后，将扫描仪搬到下一站开始扫描（相邻测站间需要有不少于 30%重叠区域），本站扫描完成后自动与上一站进行配准，实时显示质量控制信息，最后一站扫描完成时即可获取整体配准后的点云，如图 4-16 所示。

图 4-16　配准后的点云

（8）创建彩色点云：所有站点扫描完成后点击右侧“站点管理”，选择“扫描站点”，在“细节”中选择“处理图像”，在“图像处理选项”界面选择“彩色点云”，勾选“创建高质量全景图”，点击“处理”，等待创建彩色点云完成，如图 4-17 所示。

按上述方法，完成一个扫描测站后，按列表顺序处理所有扫描站点，直至完成。

（9）成果导出：点击左上角“项目名称图标”，在弹出的列表中点击“完成并导出”项目选项，勾选“导出项目”，设置“选择导出路径”，点击“完成”进行成果导出，如图 4-18 所示。

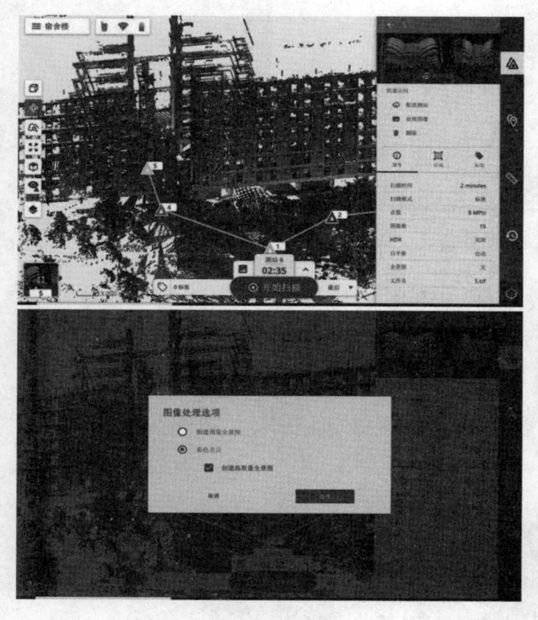

图 4-17　创建彩色点云

图 4-18　成果导出

成果文件夹及其中的文件如图 4-19 所示。

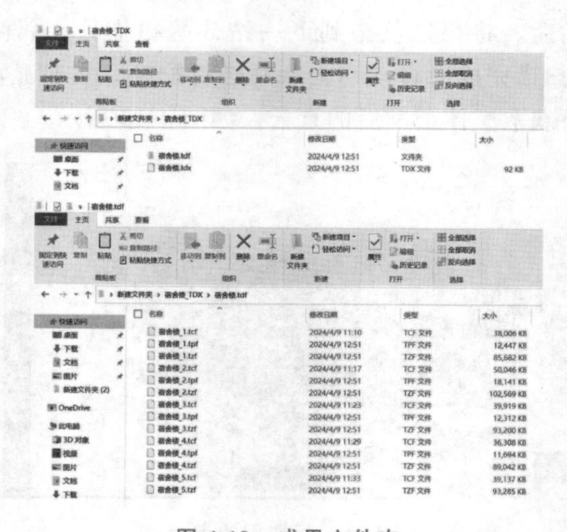

图 4-19　成果文件夹

4.5.3　地面三维激光扫描内业数据预处理

【实训目的】了解地面三维激光扫描数据处理流程，掌握利用三维激光数据处理软件进行点云数据预处理。

【实训设备】Trimble RealWorks 软件。

【实训内容】地面三维激光扫描数据预处理作业流程及实施方法。

Trimble RealWorks 是一款强大的点云数据处理软件，可以在点云数据中提取出丰富的信息，用于生成高质量的三维模型，下面介绍如何使用 Trimble RealWorks 导入点云数据，并进行点云配准。

1. 数据准备

地面激光扫描配准

外业采集完后，将点云数据导出。如图 4-20 所示。

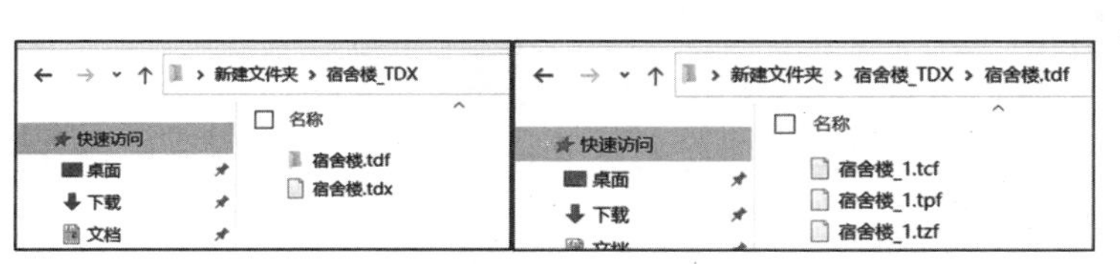

图 4-20　点云数据文件

2. 数据加载

双击打开 RealWorks 软件，在“开始”选项下选择“输入”按钮，点击“打开”，在数据选择界面选择后缀名为“. tzf”的原始文件，如图 4-21 所示。

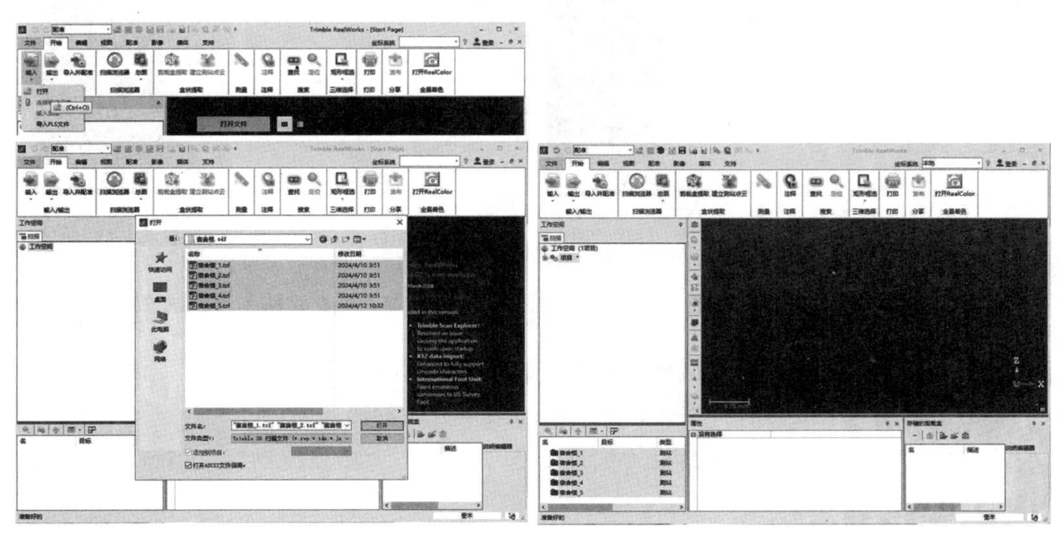

图 4-21　加载数据

①原始数据解压：从 Trimble X7 平板中导出的数据是压缩数据，因此在处理前需要解压；

在左侧“工作空间”中点击“项目”，在项目列表中全选测站，点击“开始”选项下“建立测站点云”按钮，如图 4-22 所示。

在弹出的提示框中点击“好”，将项目保存至指定目录，如图 4-23 所示。

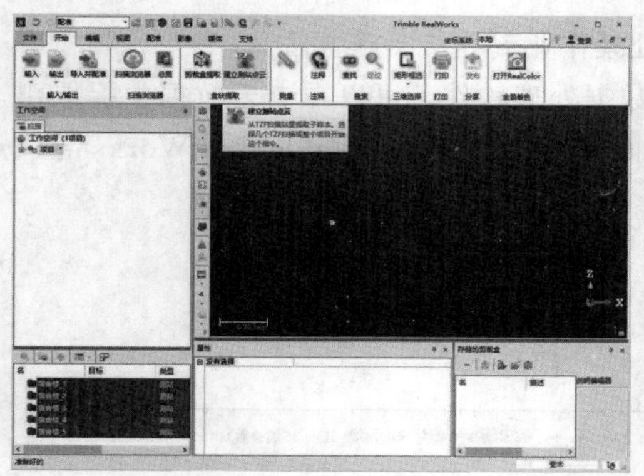

图 4-22　建立测站点云

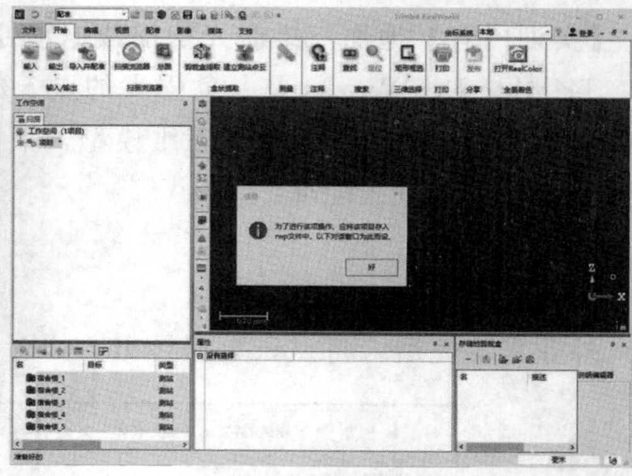

图 4-23　保存至指定目录

选择目录，设置文件名后点击“保存”，如图 4-24 所示。

在“建立测站点云”界面设置相关参数，采样类型设置为步长采样，步长设置为 1 个像素，点击“好”，如图 4-25 所示。

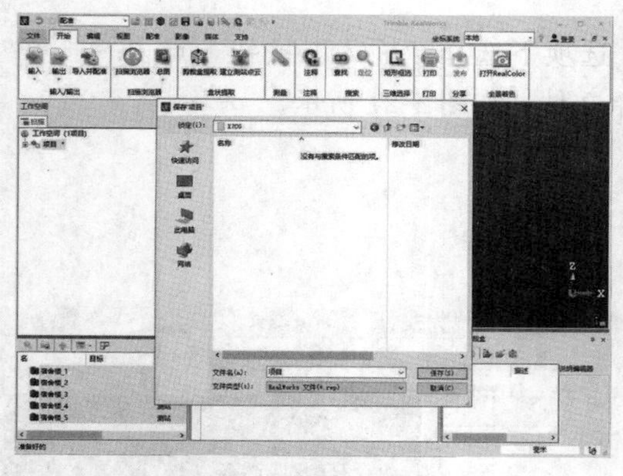

图 4-24　设置文件名

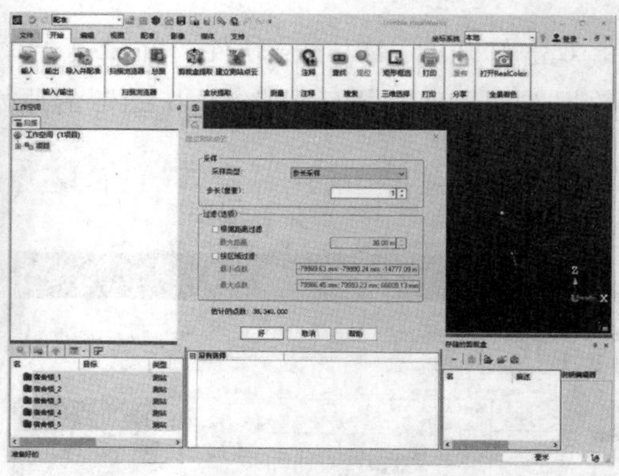

图 4-25　建立测站点云参数设置

在状态栏左下角可看到数据解压进度，如图 4-26 所示。

点击工具条“缩放所有”按钮，查看解压后点云，如图 4-27 所示。

②点云数据配准：选择工具栏“配准”选项，点击“单点配准”，进行测站配准与拼接，如图 4-28 所示。

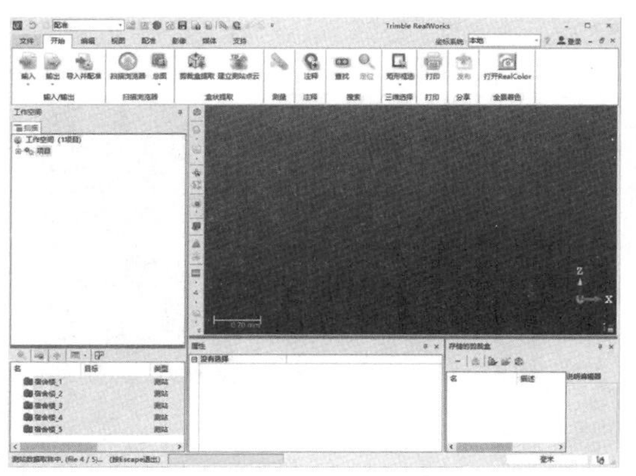

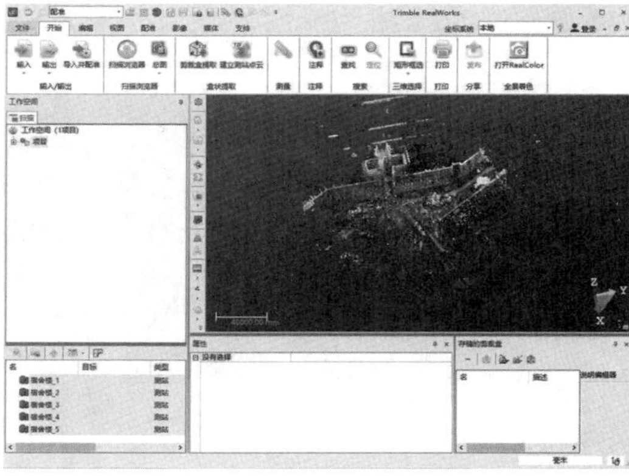

图 4-26　查看数据压解进度

图 4-27　查看解压后点云

在左右两测站视图中选择一个或多个同名点进行测站配准，配准后，测站可在配准视图中进行查看，如图 4-29 所示。

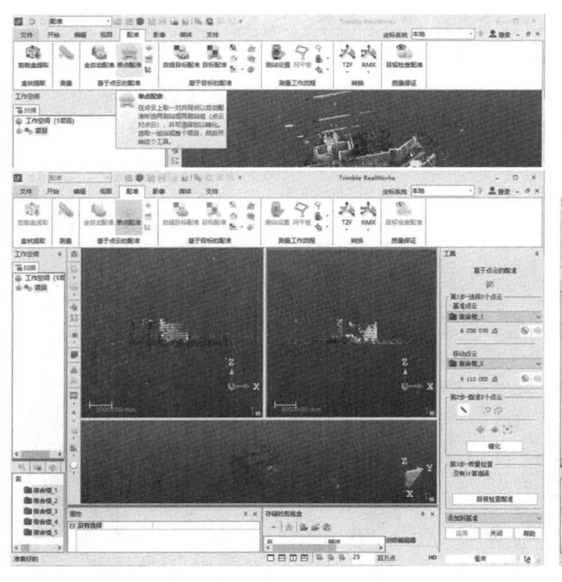

图 4-28　测站配准与拼接

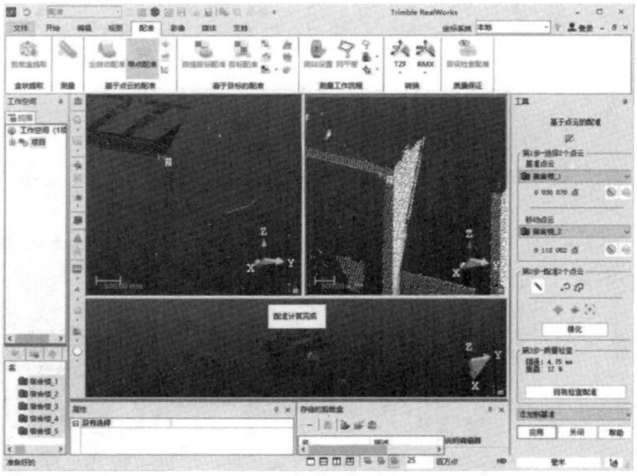

图 4-29　查看配准后测站

点击右侧“工具”选项下“应用”按钮，将配准结果应用到工程，如图 4-30 所示。

按上述方法，完成其他测站配准。直至所有测站配准完成，点击右侧“工具”选项下“关闭”按钮结束配准，查看配准后的点云数据，如图 4-31 所示。

③点云裁剪输出：点击顶部模式，选择下拉按钮，选择“分析 & 建模”模式，如图 4-32 所示。

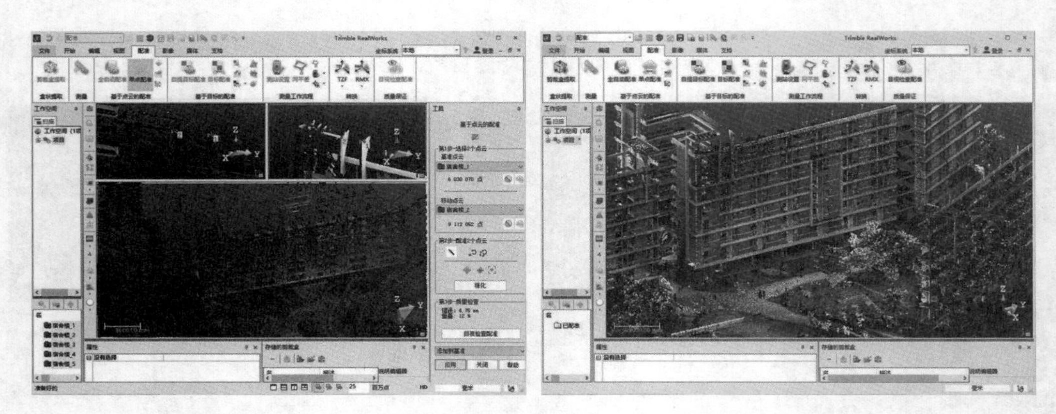

图 4-30　将配准结果应用到工程　　　　图 4-31　结束配准

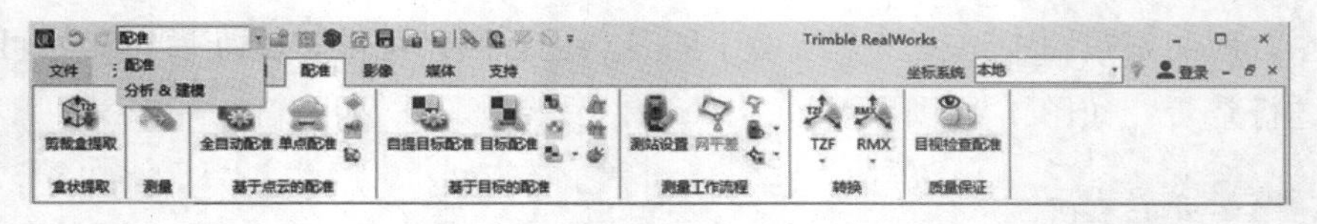

图 4-32　选择“分析 & 建模”模式

在“分析 & 建模”模式下点云未显示，点击左侧列表中项目点云显示图标，显示点云，如图 4-33 所示。

④点云分割：点击左侧工具条中视图按钮，选择“顶部”，显示点云顶部视图，如图 4-34 所示。

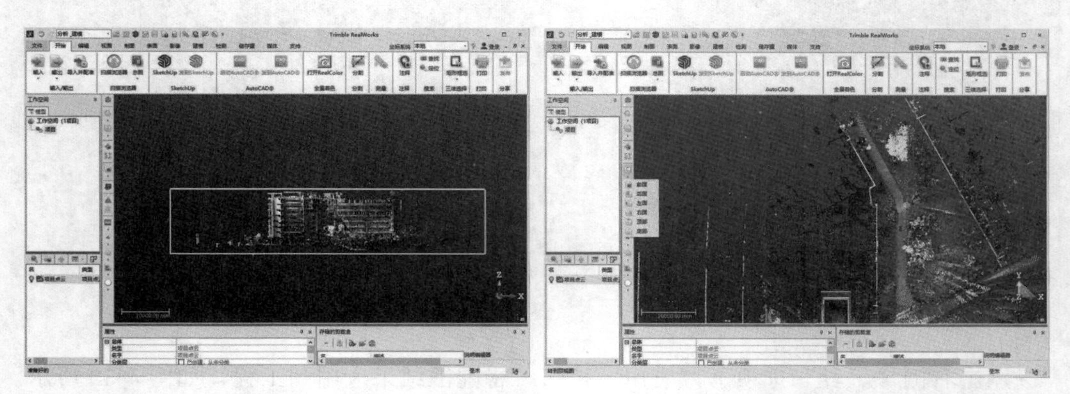

图 4-33　显示点云　　　　图 4-34　顶部视图

点击顶部工具栏中“分割”按钮，用鼠标左键点击规划要保留区域，用右键点击结束，用鼠标点击右键菜单中选择“内部”，软件自动根据范围进行点云裁剪，如图 4-35 所示。

点击分割工具条中“创建”按钮，将保留区域点云裁剪创建新的项目，点击分割工具条中“关闭工具”按钮，退出点云分割，如图 4-36 所示。

图 4-35　点云裁剪

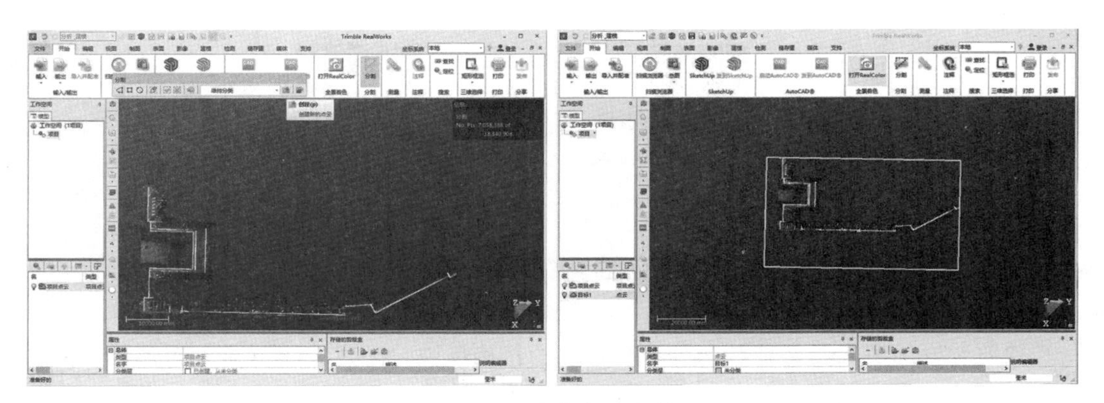

图 4-36　退出点云分割

⑤成果导出：选择顶部工具栏中“输出”选项，点击“输出选择的内容”，在输出页面设置保存目录、文件名称、文件类型，点击“保存”按钮进行成果输出，这里选择 las 格式输出，如图 4-37 所示。

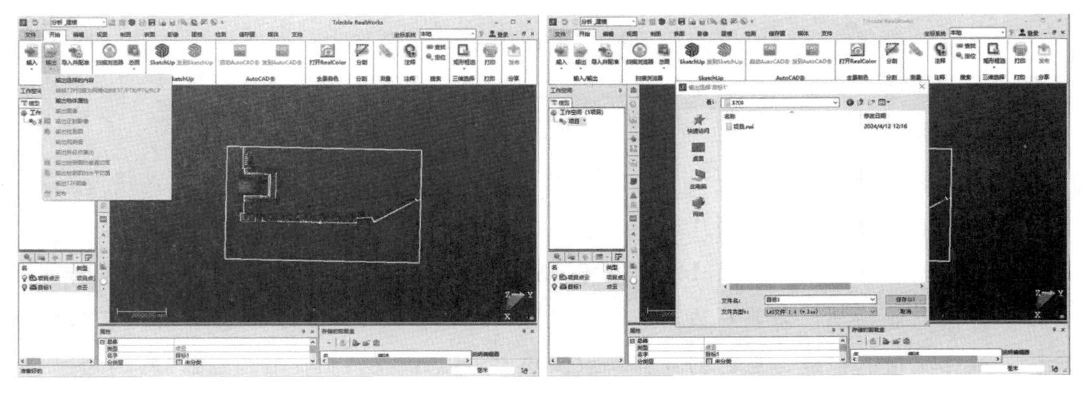

图 4-37　成果输出

在“导出选项”界面点击“输出”，待成果导出完成后可在成果文件夹中查看成果，如图 4-38 所示。

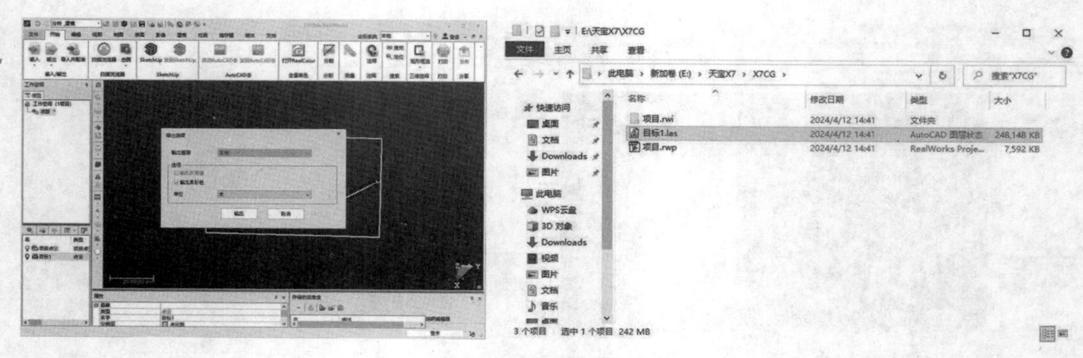

图 4-38　查看成果文件夹

拓展：以下两个视频内容为地面激光点云数据分类及地面激光扫描点云去噪。

地面激光点云数据分类

地面激光扫描点云去噪

4.5.4　地面三维激光扫描点云立面测绘

地面激光点云立面测量

建筑物立面测量是对建筑物外貌和形状的精确反映，是建筑物不同立面正投影的精确测量，进行建筑物立面测量工作一般反映建筑物外貌、高度、外部装饰和艺术造型，对建筑物屋面、台阶、阳台和门窗等部位的位置和形式有准确的体现和数形描述。建筑物立面测量以立面图为结果，立面图可以分为：投影立面图，包括正立面、侧立面和背立面；朝向立面图，包括东立面、南立面、西立面和北立面。由于在实际测量工作中，经常碰到 4 个面以上的房屋，这就需要对各立面进行编号，并绘出各立面的编号示意图。城市建设美化、旧建筑整治、改扩建过程中需要以建筑物立面测量工作和立面图为依据，建筑物立面测量工作非常重要。

立面量测流程图如图 4-39 所示。

数据采集：采用 Trimble X7 激光雷达产品高效获取点云数据。主要包含路径规划、外业数据获取、控制测量、照片补拍。

点云数据处理：采用 Trimble RealWorks 软件对数据进行解算。为了保证数据质量合格，方便内业绘制，需要对数据进行预处理，包括：数据导入、数据解压、数据配准拼接、数据质量的检查、点云的裁剪、点云导出（CAD 支持 rcp 格式点云导入）。

立面绘制：将基于点云生成的平立剖面图导入 CAD 软件平台，可快速进行矢量图绘制；也可将拼接完整的三维点云模型导入 CAD 等软件平台，通过点云切割、截面等方式进行立面矢量图绘制。

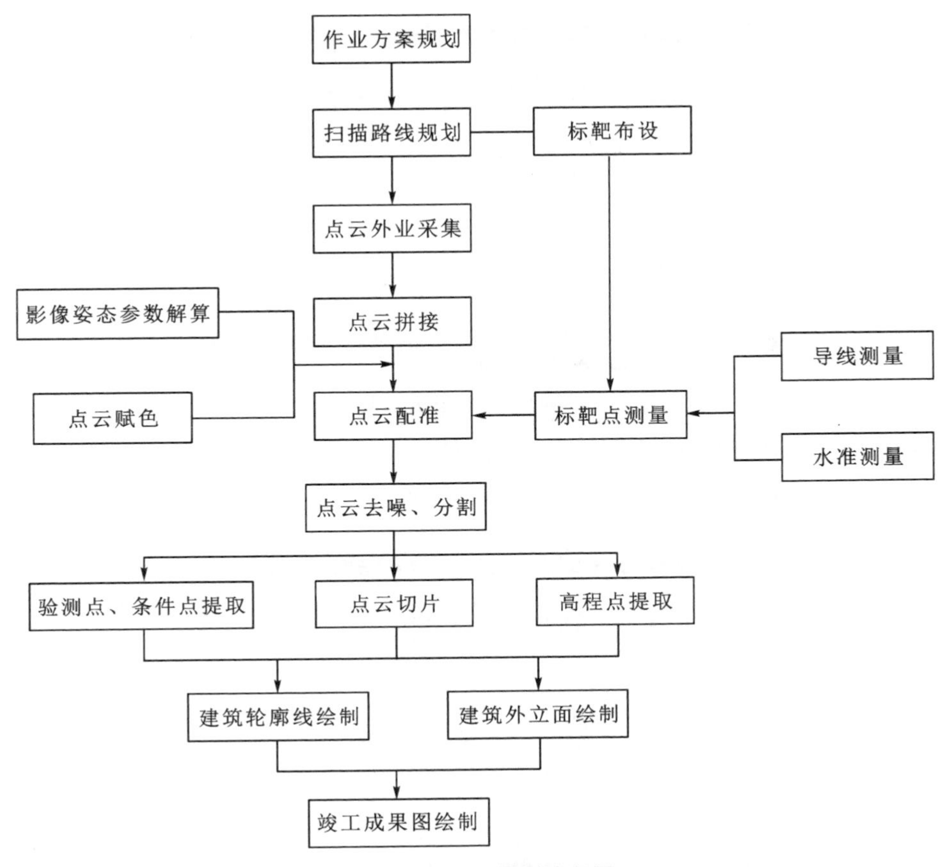

图 4-39　立面量测流程图

打开 AutoCAD，导入点云之前，先将 CAD 的单位通过命令 UNITS 设置成“毫米”，精度为“0.0000”，如图 4-40 所示。

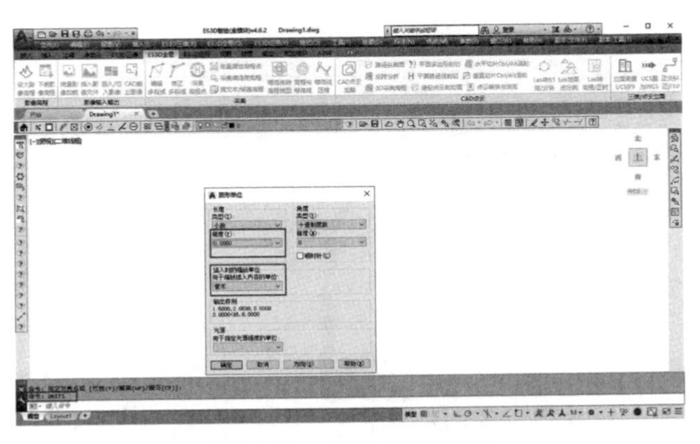

图 4-40　设置 CAD 参数

点击菜单栏“插入”，选择“附着”进行点云加载，如图 4-41 所示。

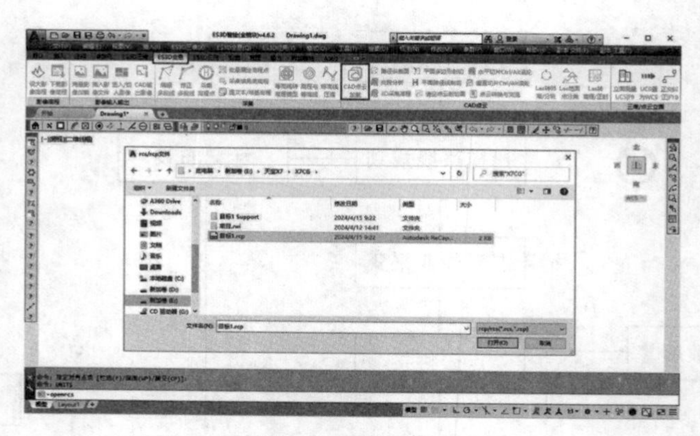

图 4-41　进行点云加载

在弹出的点云选择界面，设置“文件类型”为 Autodesk 点云（*.rcp 及 *.rcs），选择 Trimble RealWorks 软件处理后的 rcp 格式点云，点击“打开”，如图 4-42 所示。

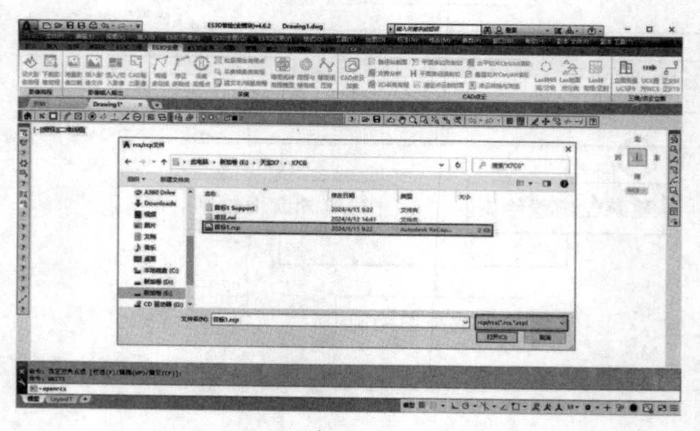

图 4-42　选择参照文件

在弹出的“附着点云”界面，取消勾选“插入点”“比例”，点击“确定”，点云成功载入，如图 4-43 所示。

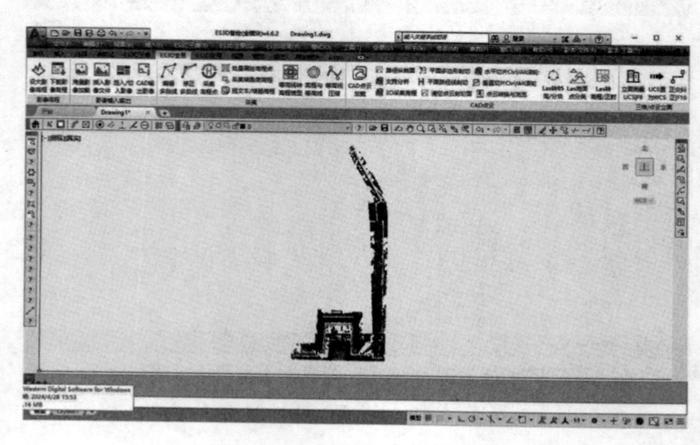

图 4-43　点云成功载入

导入点云后，绘制一条平行于当前视图的多段线，通过命令 ALIGN 将点云方向矫正，如图 4-44 所示。

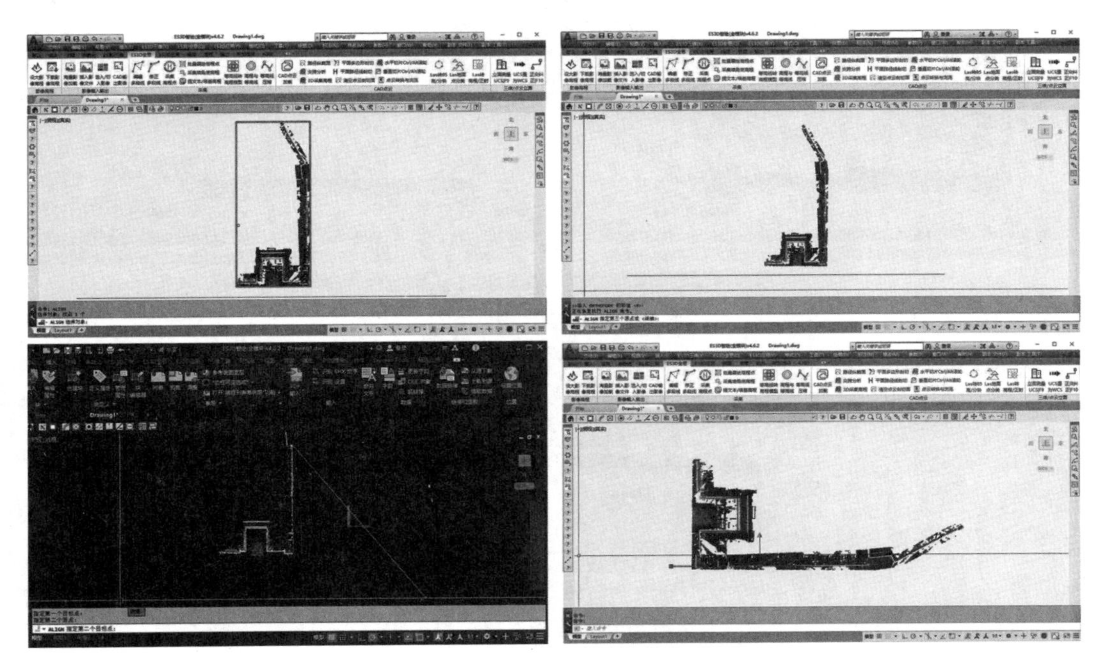

图 4-44　点云方向矫正

选择方向矫正后点云，在工具栏“点云”选项下点击“矩形裁剪”，选择所要绘制的立面范围，如图 4-45 所示。

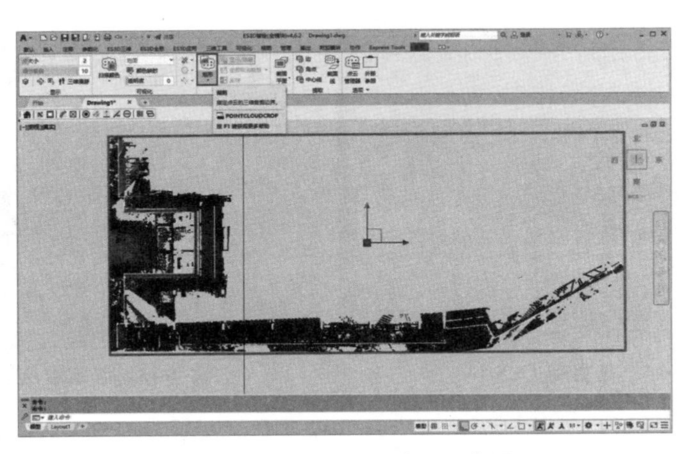

图 4-45　选择要绘制的立面范围

选择要绘制的立面范围后，右键结束，在命令行提示：“保留内部还是外部的点？[内部（I）/外部（O）]＜内部（I）＞：）”中输入“I”（选择保留内部），如图 4-46 所示。

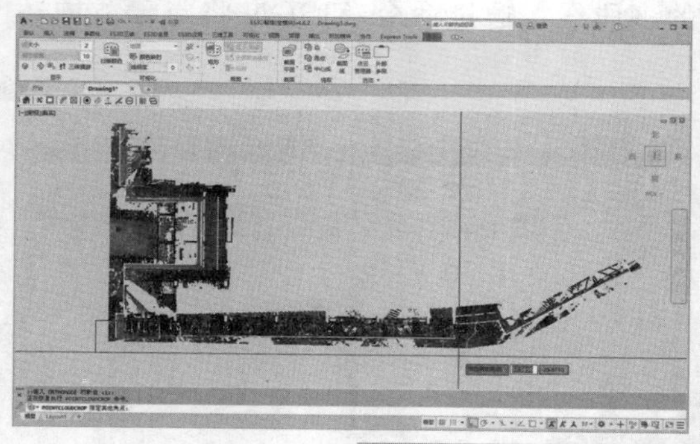

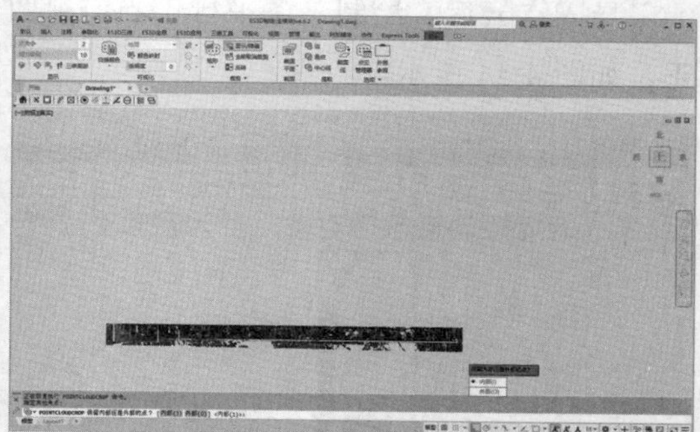

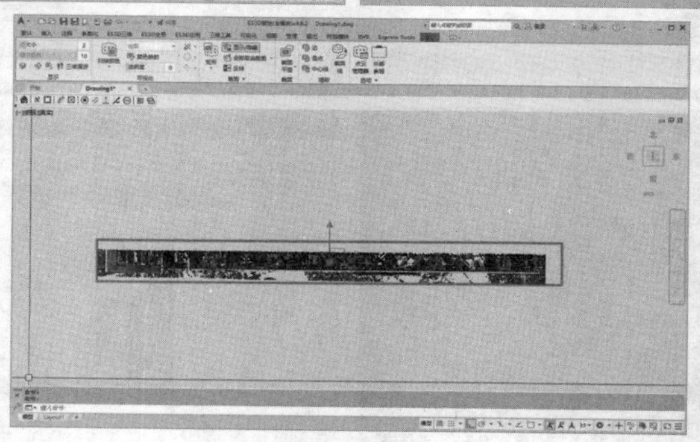

图 4-46　选择保留内部

同时按下键盘“Shift”键和鼠标滚轮，拖动鼠标进行点云视角旋转，旋转至前视角，点击右侧 WCS 按钮，选择新 UCS，如图 4-47 所示。

在命令行输入“V”，回车，确定原点及坐标轴，如图 4-48 所示。

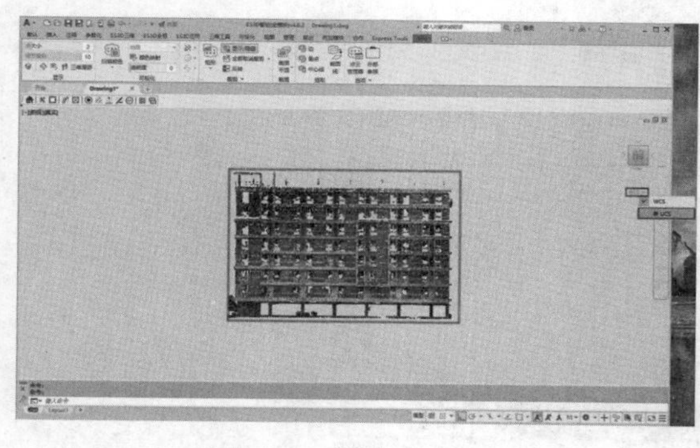

图 4-47　选择新 UCS

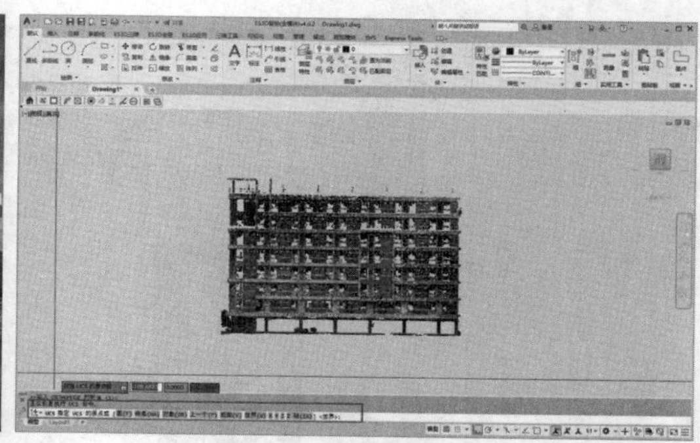

图 4-48　确定原点及坐标轴

选择工具栏“默认”选项点击“图层特性”，在“图层特性管理器”中新建图层（窗、栏杆、墙体、门），并用不同颜色表示，如图 4-49 所示。

新建图层完成关闭“图层特性管理器”，在图层列表中选择对应图层进行建筑立面绘制，如图 4-50 所示。

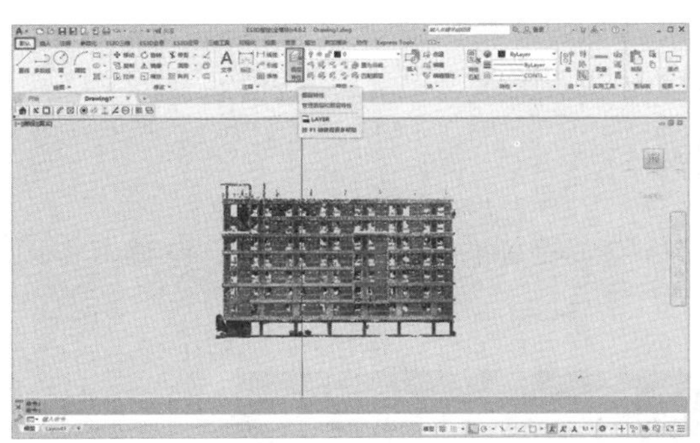
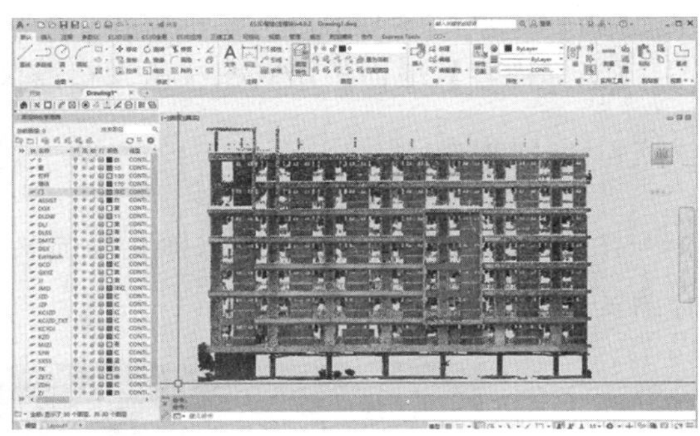

图 4-49　新建图层

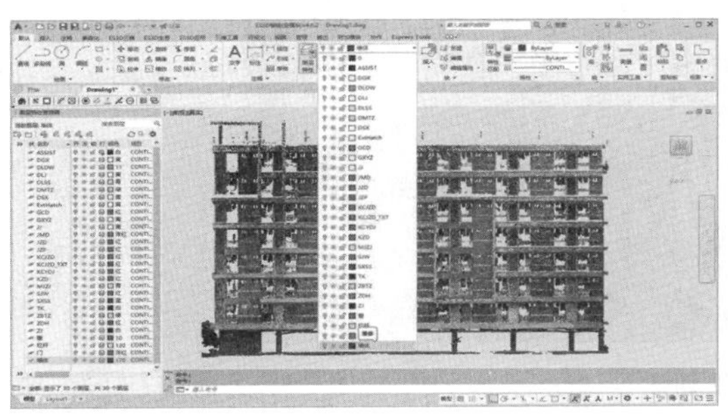
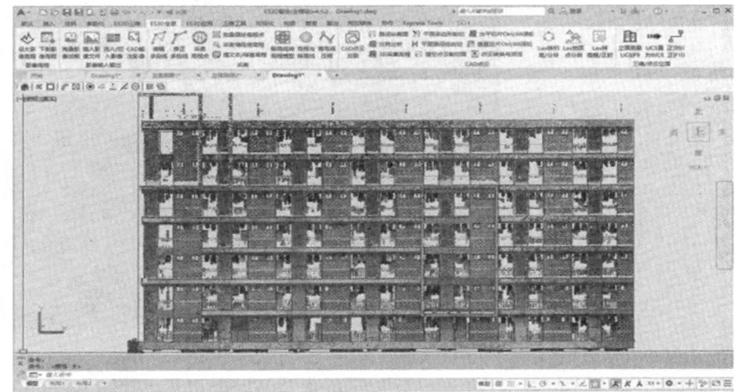
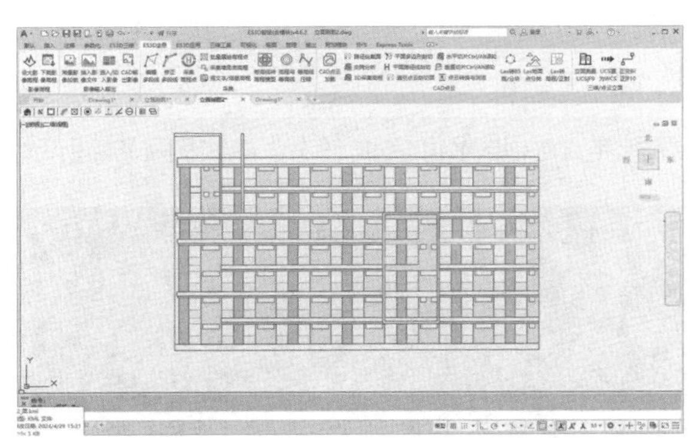

图 4-50　建筑立面绘制

由于点云数据是最真实和完整的数据信息，所以直接从点云数据上采集信息是最准确的，通过软件把点云数据转化的建筑坐标系，通过软件在每个层次进行点云剖切，就可以制作出点云平立剖面图。

4.5.5　地面架站式三维激光扫描虚拟仿真实训

【实训目的】初步了解地面架站式三维激光扫描作业流程，掌握地面三维激光扫描仪基本的扫描方法。

【实训设备】地面架站式三维激光扫描虚拟仿真教学系统。

【实训内容】地面架站式三维激光扫描仪虚拟仿真作业流程及实施方法。

1. 规划测区

打开虚拟仿真教学软件，鼠标左键选取测区点，鼠标右键删除测区点，左键双击闭合测区，如图 4-51 所示。

图 4-51　规划测区

2. 现场踏勘

在测区踏勘（需要行走 100 步才可完成任务），如图 4-52 所示。

图 4-52　现场踏勘

3. 扫描站布设

在地图界面，选择合适位置，双击创建点位。选择点类型。根据要求，布设测钉，如图 4-53 所示。

图 4-53　扫描站布设

4. 测站坐标测量

这里以基于已知点+后视点的扫描方法或基于全站仪模式的扫描方法需要完成此步骤，如图 4-54 所示。

图 4-54　测站坐标测量

5. 架设扫描站

基本流程为：安装三脚架、固定基座、安装扫描仪、安装电池、插入 SD 卡、开机，如图 4-55 所示。

6. 标靶布设

基于标靶的扫描方法需要完成此步骤。每个扫描站范围内需要至少 3 个及以上标靶球作为特征点，标靶不可摆放在一条线上，且高低错开，如图 4-56 所示。

图 4-55　架设扫描站

图 4-56　标靶布设

7. 工程设置

（1）新建工程：系统设置→工程列表→新建工程→填写工程信息，如图 4-57 所示。

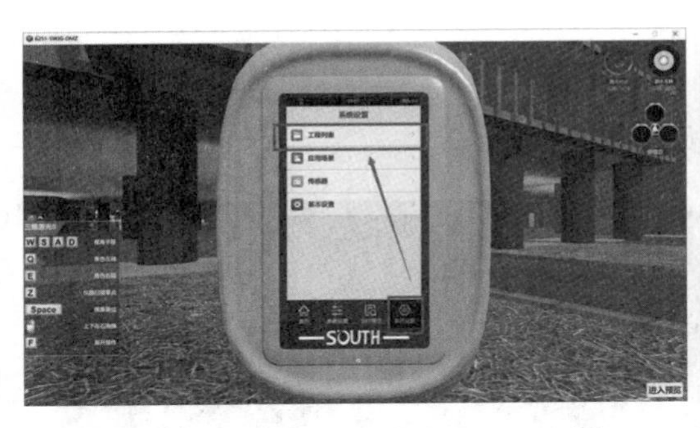

图 4-57　新建工程

（2）设置应用场景：参数设置→应用场景，如图 4-58 所示。

图 4-58　设置应用场景

8. 开始扫描

首页→开始扫描，如图 4-59 所示。

图 4-59　开始扫描

9. 点云采集

单击“开始扫描”，开始仿真扫描，如图 4-60 所示。

10. 成果查看

在扫描界面点击进入预览，查看点云，如图 4-61 所示。

图 4-60　点云采集

图 4-61　成果查看

11. 数据导出

打开后盖，插入 U 盘。文件预览→长按文件夹→复制到 U 盘→选择路径→保存。

12. 仪器回收

回收各部分仪器部件，完成实验任务。拾取仪器→X 回收。

复习与思考题

1. 简述地面三维激光扫描总体作业流程。
2. 地面三维激光扫描采集方法有哪几种？各自的基本思路是什么？
3. 简述地面三维激光扫描数据采集的主要步骤。
4. 简述标靶的概念、类型及其作用。
5. 简述地面三维激光扫描数据预处理的基本流程及其作用。

思政点滴

国产测绘装备制造之路

改革开放初期，我国的测绘地信行业还处在模拟测绘时代，虽然普通水准仪和光学经纬仪已经实现规模化生产，但电子测绘设备纯靠进口，销售价格昂贵、维修周期长、核心技术保密。

20世纪90年代中期，测绘行业逐渐从模拟测绘走向数字化测绘，全站仪、GPS-RTK、计算机编图制图、GIS等一批新技术手段相继出现。在这个时期，南方测绘积极拓展着自己的产品链条，通过不断自主创新，降低产品价格，以国产测绘仪器的高性价比优势，逐渐占领国内市场。2004年，南方测绘系列产品技术水平、稳定性、产业化规模等通过国家部级鉴定，达到国际先进水平。2003年，南方测绘走出国门，参加了行业内著名的德国INTERGEO展，这为其走向国际市场打开了一个突破口。那时候，测绘仪器出口国际几乎没有现成的路子可以模仿，因为跨国的营销工作成本较高。南方测绘通过频繁参加测绘装备展，在美国、德国、印度、越南、日本等地开设办事处等方式，发展海外经销商，同时大力拓展发展中国家市场。

近年来，中国"一带一路"倡议的提出，为更多民族企业"走出去"提供了重要契机。尤其是公路、铁路等大量基础设施的修建，大大拓展了国产测绘仪器在国外的销路与知名度。针对"一带一路"沿线国家，南方测绘有针对性地推广CORS、无人机航测及三维激光扫描设备。2016年，南方测绘将北斗CORS技术带到老挝，在老挝承建了首个覆盖老挝全国的北斗CORS系统。同年，南方测绘提出"大地信"战略，开始升级转型。一方面，通过测绘装备的深度国产化和高端装备的普及推广，实现升级；另一方面，以无人机航测、精准位置服务、智慧应用等新业务为重点，实现从地信测绘装备提供商向地理信息服务提供商转型。

与依靠全站仪、RTK等装备的数字化测绘不同，以无人机航测、三维激光点云测量、室内定位导航、精密监测、数据处理与建库及一般航测为主要方向的信息化测绘，拥有更高的效率与技术含量、更低的成本与劳动强度，将为测绘地信行业的业态带来巨大改变。随着4G、5G、大数据、云计算与国产北斗卫星导航的出现，不仅为信息化测绘奠定了最基本的技术支撑，也为测绘仪器制造业向地理信息服务业转型提出了需求，更创造了机会。

南方测绘创始人马超说："我们仍处在且会长期处在数字化测绘时代，但测绘地信行业的转型将一直都在。没有一劳永逸的产品，亦没有颠扑不破的技术。我们永远需要的，是敏锐的市场洞察和更具勇气的自主创新。"

项目 5　机载三维激光扫描数据采集与处理

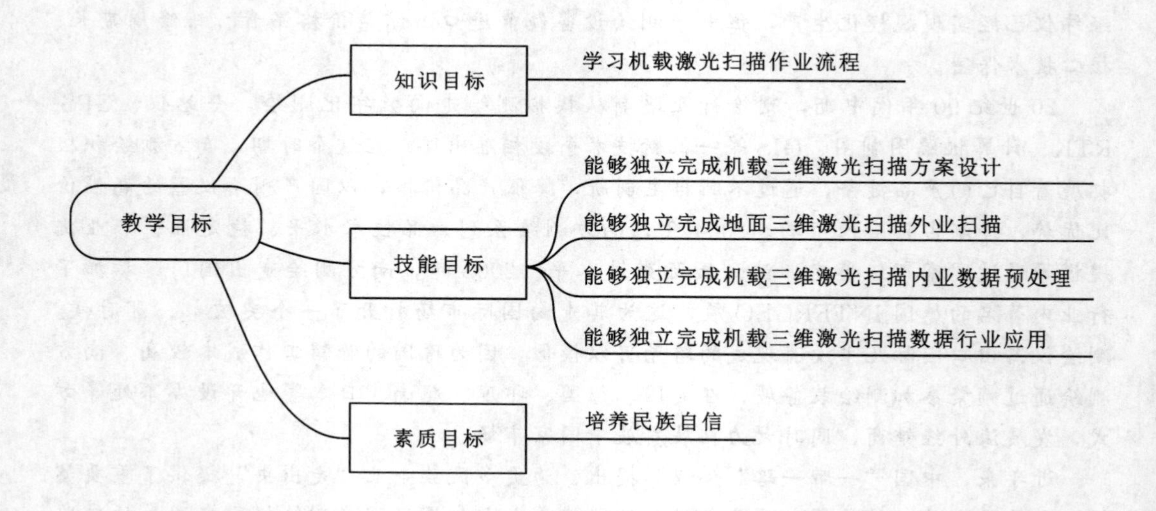

5.1　机载三维激光扫描生产流程

微课：机载三维激光扫描作业流程

二维动画机载三维激光扫描作业流程

5.1.1　机载三维激光扫描作业流程

机载三维激光扫描作业环节主要包括计划准备、外业激光数据采集、数据预处理、后处理、DEM/DSM 制作、DOM 制作等过程，其作业流程如图 5-1 所示。

微课：机载三维激光扫描设备主要参数

5.1.2　机载三维激光扫描设备主要参数

利用机载三维激光扫描设备进行数据采集时，主要涉及一些参数，比如点云密度、发散度、扫描频率、回波数、飞行高度等，这里介绍几个主要参数。

1. 点云密度

单位面积上点的平均数量，一般用每平方米的点数表示。机载激光雷达获取的点云密度应能满足内插数字高程模型数据的需求，平坦地区点云密度适当放宽，地貌破碎地区适当提高要求。点云密度要求见表 5-1。

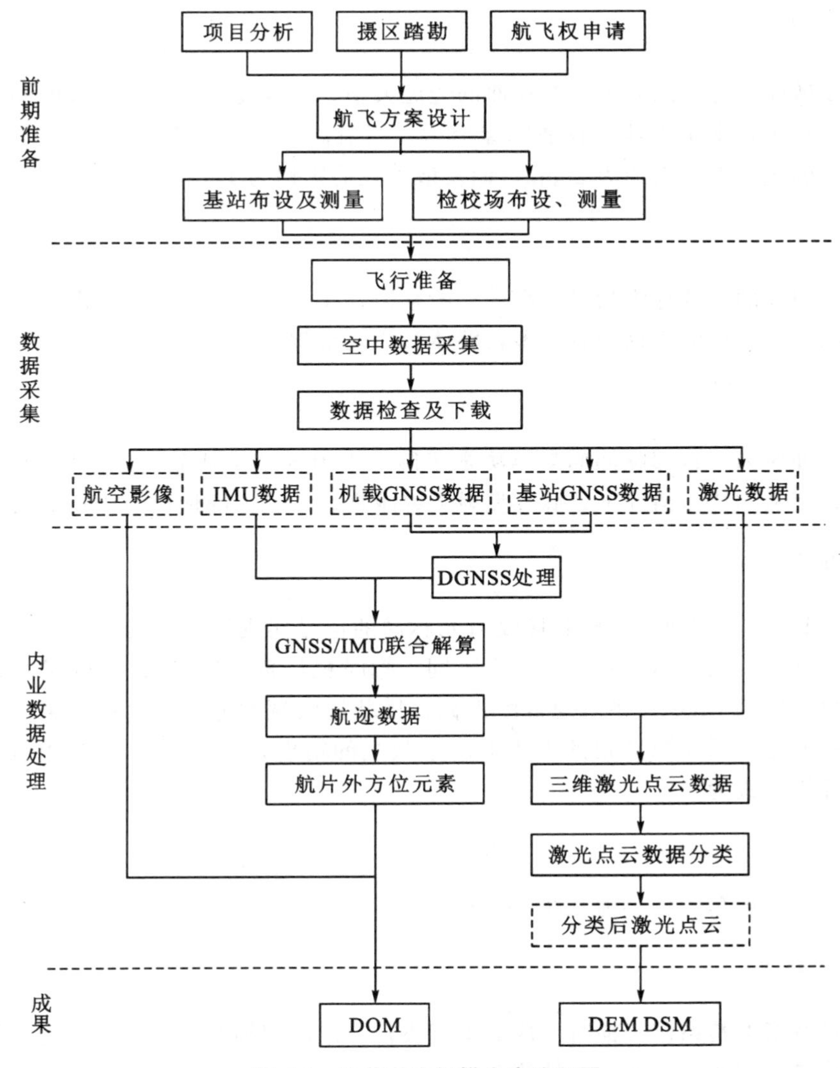

图 5-1　机载激光扫描生产流程图

表 5-1　点云密度要求

比例尺	DEM 格网间隔（m）	点云密度（点/m²）
1∶500	0.5	≥16
1∶1000	1.0	≥4
1∶2000	2.0	≥1
1∶5000	2.5	≥1
1∶10000	5.0	≥0.25

2. 发散度

激光发散度决定了激光投射在地面的光斑大小。发散度较大，对植被的测量效果较好；发散度较小，则激光具有较强的穿透力。当航高为 1000m 时，发散度小的激光投射在地面上的光斑直径大约为 20cm，而发散度大的则约为 1m。

3. 扫描频率

每秒所扫描的行数称为扫描频率。一般来说，在飞行速度一定的情况下，扫描频率越大，相同区域获得的扫描线就越多，整体扫描效果就越好。

4. 脉冲发射频率

激光脉冲序列中相邻脉冲的间隔决定了脉冲发射周期，从而决定了脉冲发射频率。在确定的高度和扫描角情况下，脉冲发射频率越高，所获得的地面激光点的密度越高。

5. 瞬时视场角

机载 LiDAR 系统通过发射和接收激光脉冲的信号实现测距，每束激光脉冲与发射器法线方向都不一致，因而视场角大小不同。瞬时视场角（IFOV）指的是每束激光脉冲的视场角。机载 LiDAR 系统通常由机械扫描装置实现物方扫描，激光束的发射和接收使用同一光路。瞬间视场角的大小取决于激光的衍射，是发射孔径 D 和激光波长 λ 的函数，计算公式为：

$$\theta_{\mathrm{IFOV}}=2.4\frac{\lambda}{D} \tag{5-1}$$

一般瞬时视场角的大小为 0.3～2mrad。

6. 扫描带宽

扫描带宽指的是系统扫描时形成的垂直飞行方向的扫描线的宽度，它与飞机的飞行高度和系统最大扫描角度有关，计算公式为：

$$W_{\mathrm{scan}}=2H\tan\frac{\theta}{2} \tag{5-2}$$

式中，H 为飞行高度；θ 为系统的扫描角。对于一个给定的系统而言，θ 是一个常数，扫描带宽和飞行高度有关。

7. 激光脚点数

激光脚点数指的是每条扫描线的激光脚点数，是激光脉冲发射频率和激光扫描系统的扫描频率的函数，即：

$$N=\frac{F}{f_{\mathrm{scan}}} \tag{5-3}$$

式中，N 表示每条扫描点上的激光脚点数；F 每秒钟发射的激光脉冲数；f_{scan} 表示扫描频率。可见，激光脚点数与飞行高度和扫描带宽无关。

5.2 机载三维激光扫描数据采集

5.2.1 项目分析

首先应全面了解测区的地形地貌特征、气候特征、空域特点等，如测区地理位置经纬度范围、地形地貌、所属气候带、太阳辐射情况、气温、降水，以及测区所属战区、主要地物类型及周边机场的分布情况等。然后还应进行项目任务分析，包括任务内容、目标、范围、工作量及期限，任务的重点、难点，任务各阶段的进度安排等。需要综合考虑测区和任务情况，合理制定项目进度安排。

微课：机载三维激光扫描航摄设计

5.2.2 机载三维激光扫描航摄设计

航摄设计是飞行作业前的首要任务，它是整个航摄工作的重要组成部分。航摄设计主要是依据航空摄影技术设计规范以及航摄任务的要求制定实施航测技术方案的过程，包括技术参数确定（航摄范围、航摄执行时间、任务分区等）、航线规划、作业参数设计、地面基站布设等几项重要内容。航摄设计为航空摄影直接提供飞行数据，从某种意义上讲，它关系到航测成果的质量和效益，也关系到航测飞行工作的安全性。

二维动画：机载三维激光扫描行摄设计

1. 航摄分区

在飞行任务准备阶段，首先应该熟悉测区的地形特点和地面特征，根据不同的地形条件选择和设计不同的飞行航线。在平原地区，航线设计相对简单一些，只要根据成果要求设计合适的飞行高度，就可以保证航飞的正常进行。在山区，地面高差比较大，有些地区甚至超过2000m，为了保证点云密度的均匀性和影像分辨率的一致性，需要将航摄区域根据平均高程分成多个不同的测区进行航摄飞行，以保证最终成果的精度满足任务要求。

对于无人机激光雷达，可以考虑仿地飞行方式。仿地飞行方式是事先获取测区高精度的数字地形数据，使无人机在测区上方飞行过程中，无人机与下方地形实时保持相对稳定的高度，根据地形起伏进行变高飞行，可以保持影像的重叠率和地面分辨率稳定，点云覆盖的范围和点云密度、精度均保持相对稳定，不会因地形起伏造成影响。无人机仿地飞行的关键是获取地面的高程信息，目前仿地飞行获取地面高度的方式主要有搭载额外传感器设备测量和利用已有数字地面模型数据两种。前者搭载额外传感器的方法主要有超声波、激光、机器视觉以及多传感器融合等，但是多传感器融合测量误差大，设备冗余，对于消费级无人机而言，本身载荷小，会增加设备费用支出成本，同时还增大飞行安全风险。后者可以利用已有 DSM/DEM 成果或者利用已有全球数字地面模型数据，如覆盖全国的公开 DEM 数据 SRTM 90m、ASTER GDEM 30m、ALOS 12.5m 来替代 DSM，合理规划仿地飞行路线，实现实时、安全智能化飞行任务，如图 5-2 所示。

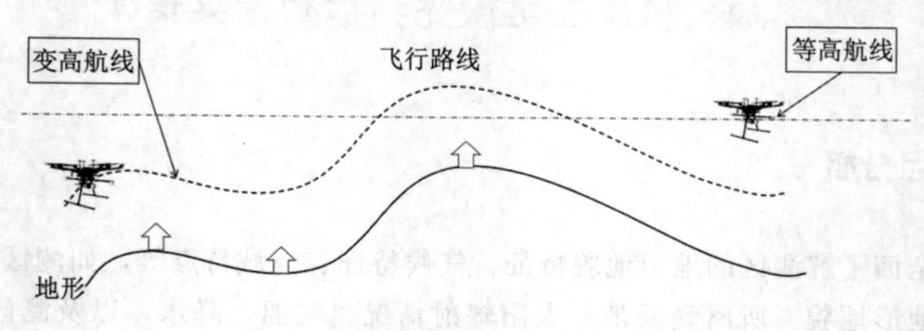

图 5-2 仿地飞行与等高飞行示意图

2. 航线设计

在设计航飞路线时，遵循安全、经济、周密、高效的原则，以项目成果数据精度要求为目标，充分地分析测区的实际情况，包括测区的地形、地貌、机场位置、已有控制网情况、气象条件等影响因素，结合 LiDAR 测量设备自身特点，如航高、航速、相机镜头焦距及曝光速度、激光扫描仪扫描角与扫描频率及功率等，同时考虑航带重叠度、激光点间距、影像分辨率等，选择最为合适的航摄参数（参考项目 3 图 3-8）。

航线设计的原则：点云密度作为重要的一个基本参数，确定了对地形表达的精细程度，必须首先确定。通常情况下，点云密度的大小能够满足项目的需求，同时考虑飞行效率要高。接下来围绕点云密度确定相关参数，如脉冲发射频率、扫描频率等。LiDAR 能够达到的密度与地形等级密切相关。

测区航线设计可参考机载激光扫描数据获取技术标准与规范，包括《机载激光雷达数据获取技术规范》（CH/T 8024—2011）《机载激光雷达数据处理技术规范》（CH/T 8023—2011）《IMU/GPS 辅助航空摄影技术规范》（GB/T 27919—2011）、《全球定位系统（GPS）测量规范》（GB/T 18314—2009）、《1∶500　1∶1 000　1∶2000 地形图航空摄影测量数字化测图规范》（GB/T 15967—2008），以及经甲方审核批准的项目专业技术设计书和其他相关技术要求。根据相关规范要求，激光雷达航线旁向重叠度应达到 20%，最少为 13%。

3. 地面基站布设

地面基站布设主要考虑基站的架设位置和覆盖范围，一般架设于任务方提供的已知点上，要求位于空旷无遮挡处且远离水域和高压线，还应考虑基站的覆盖范围。

LiDAR 数据处理采用 IMU/DGPS 联合解算技术，分为实时差分动态定位和后处理差分动态定位两种模式。航飞时应架设地面基站同步观测，以 AIS 系列为例，地面基站布设要求如下：

(1) 配置高精度动态双频测量型 GPS 接收机及高精度配套天线，GPS 的采样频率为 2Hz，其性能应满足相应测图精度的技术要求。

（2）地面基站应架设在 GPS D 级或 E 级点上。基站的位置设在进入测区和飞出测区的经过区域，距离测区最远处不超过 50km，飞机在进行“8”字形飞行时应在基站 20km 范围内，如图 5-3 所示。

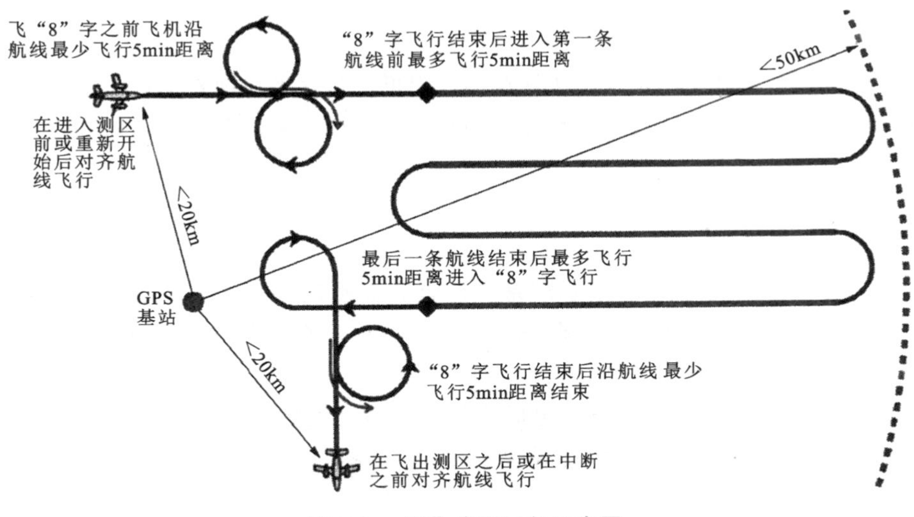

图 5-3　“8”字形飞行示意图

（3）地面基站应至少在起飞前 30min 开机观测，航飞结束后延长观测 30min；架设地点选择空旷地区，远离电力线、建筑物等干扰 GPS 信号的物体。

（4）当 GPS 数据缺失或精度不够时，按规范进行补摄或重摄。

无人机激光雷达飞行、基站布设工作示意图如图 5-4 所示。

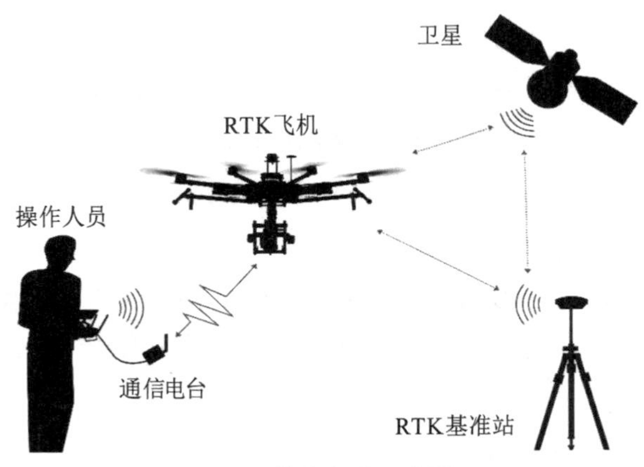

图 5-4　基站布设示意图

近年来，一些位置服务供应商提供了不需要架设基站的云端轨迹解算服务，例如，千寻云迹（Find Trace）服务，用户提供卫星信号接收设备的 GNSS 原始观测数据，即可生成与之匹配的虚拟基站数据，用于轨迹解算。此项服务在无人机 LiDAR 飞行中使用较多，可以不用自架基站。

5.2.3 检校场布设及飞行方案

微课：检校场布设及飞行方案

1. 检校场选择要求

在航线设计中，检校场要尽量选择在测区附近，包含平坦裸露地形，有利于检校的建筑物或明显凸出地物。检校场内目标应具有较高的反射率、存在明显地物点（如道路拐角点等）。

2. 检校场飞行方案

由于机载 LiDAR 系统存在一系列系统误差和偶然误差，为了减小这些误差，提高数据精度，需要对原始激光点云数据进行检校。针对误差形成的原因和误差特点，可以采用如下检校飞行方案：

（1）2 个不同航高，6 条航线，包括 2 条低航高交叉航线、2 条高航高交叉航线、1 条对飞航线、1 条平行航线（旁向重叠度 60%），如图 5-5（a）所示。

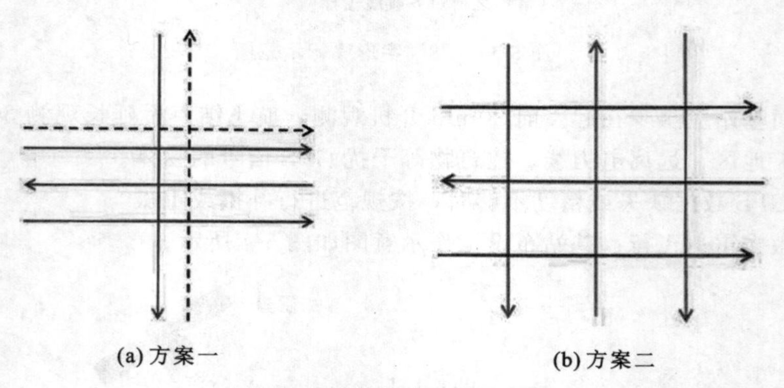

图 5-5 检校场航飞设计方案

（2）航线长度一般为 3km。

（3）航线正下方有主街道。

（4）飞行航线为 3×3，旁向重叠度大于 50%，单向飞行，如图 5-5（b）所示。

不是每次飞行都需要检校，根据实际情况和需求，结合不同的机载 LiDAR 设备，可以选择方案（1）或方案（4）进行检校飞行。

3. 检校场地面控制点布设

（1）检校场最好布设在城区，包含一条大路，布设直线控制点，面积在 $9km^2$ 左右，离地面基站较近；激光检校点沿着选定的大路每隔 5m 布设一个控制点，长度大约为 2km。在中心区域均匀布设 10～15 个控制点，用于校准 LiDAR 的相对高程和绝对高程。

（2）激光检校点都布设在路面上，且地物材料均匀。避免高低反射率交接地区，避免周围地物遮挡，避免在陡坎和地物过渡边界、便道边缘布设。

(3) 尽量远离水面等低回波的地区。这样的区域回波比例比较低，有时会造成激光信号不足、检校精度低等现象。

(4) 为了配合实施检校场航飞任务，检校场附近需要布设一个地面基站。理论上讲，基站点距离检校场越近越好。

(5) 相机检校点在重叠中心区内均匀布设，在航线4个边缘区域布设控制点，相机控制点选取地物特征点上，并做好点之记和控制点照片存档。相机检校设计重叠度为80%。

5.2.4　机载三维激光扫描外业实施

微课：机载三维激光扫描外业实施

机载三维激光扫描外业实施主要分为三个阶段：飞行准备、空中数据采集、数据下载和检查。选择天气晴朗、大气透明度好的时间进行。

二维动画：机载三维激光扫描外业实施

1. 飞行准备

飞行准备阶段主要完成以下工作：

(1) 地面基站点坐标测量、基站架设及数据收集。基站观测时间要覆盖飞行时间，一般采用GNSS静态观测，也可以同步多个基站同时观测。如果没有基站数据或者不架设基站，也可以采用云端轨迹解算服务（如千寻云迹）。

(2) 机载LiDAR设备及附件安装调试，并测量相关偏心数据（设备安装完毕后GNSS几何中心到激光扫描仪几何中心的距离）。

(3) 与机组人员沟通飞行路线。

(4) 和飞行调度协调，确认是否可以起飞。

2. 空中数据采集

空中数据采集主要完成以下工作：

(1) 空中设备检查。

(2) 按照飞行实际要求进行检校场飞行。

(3) 按照飞行设计要求进行数据采集区飞行。

(4) 记录设备异常情况，并及时处理。

(5) 记录是否有飞行漏洞，并视情况及时进行补飞或安排补飞。

3. 数据下载和检查

每架次飞行完毕后，及时下载采集的各项数据并进行预处理和检查。主要完成以下工作：

(1) 每架次飞行完毕确认数据完整，符合要求后，在飞机降落机场约10min后通知地面GPS基站关机。

(2) 及时下载每架次飞行完毕后的数据。

(3) 检查数据质量及飞行质量。航摄获取的激光数据和航空影像要求覆盖完整，无航摄漏洞、无扫描死角，数据记录齐全正确，影像航向及旁向重叠满足要求。如果航摄过程中出现绝对漏洞、相对漏洞及其他严重缺陷，应及时补摄或重飞。

5.3 机载激光点云数据处理

微课：机载激光点云处理软件介绍

5.3.1 机载激光点云处理软件介绍

目前，国外机载 LiDAR 软件可以分三大类：

(1) 知名的商业化 GIS/RS 软件，如 ArcGIS、ENVI、ERDAS 等提供的点云数据处理模块，这些软件提供的点云模块功能尚不够完善，目前还停留在点云数据浏览与简单的点云分析阶段。

(2) 较为成熟专业的商业化软件，如芬兰的 Terrasolid、美国的 Ouick Terrain Modeler、Global Mapper LiDAR Module 等，其中，Terrasolid 作为世界上第一款商业化 LiDAR 软件，最具有代表性。

(3) 高校或者科研院所提供的开源点云处理工具，如 CloudCompare、LAStools、Pointools 等，这些工具具备基本的点云数据处理功能，但不面向生产，上手比较复杂，学术研究的性质更大。

近年来，国内 LiDAR 数据处理软件研发队伍也在不断壮大，诞生了一系列具有自主知识产权的商业化 LiDAR 数据处理软件，比如 LiDAR_Suite、LiDAR360、DJI Terra、SouthLiDAR 等。

1. TerraSolid 软件简介

芬兰赫尔辛基大学研发的 TerraSolid 软件（图 5-6）是国际首套商业化机载 LiDAR 数据处理软件，作为国际上第一套专业的 LiDAR 数据处理平台，该软件基于 Bently 的 Microstation CAD 软件进行开发，涵盖了点云数据处理的大部分功能，主要包括 TerraScan、TerraModeler、TerraPhoto、TerraMatch 等模块。主要模块功能如下：

(1) TerraScan 模块：用于处理原始激光数据的多功能应用程序。模块支持对海量点云进行查看、编辑和分类等操作，配置大内存工作站，一次能处理超过 4000 万点。软件可兼容多种点云格式，支持大多数厂商的仪器。模块内提供的工具可以广泛应用于电力输送、洪水分析、高速公路设计、钻孔勘探、森林普查、城市建模等不同行业领域。

(2) TerraModeler 模块：一个多功能的地形建模应用程序。该模块可以创建、编辑和处理各类特征模型；支持多源数据的导入和建模，包括激光点云数据、设计图形数据等；提供多样的可视化方案，例如颜色分类表面、边界线、三角格网等。

图 5-6　TerraSolid 软件界面

（3）TerraPhoto 模块：广泛应用于根据航空影像生产正射影像，专为处理在执行扫描任务时生产影像而设计，并且要求应用激光点的精确地表模型。整个纠正过程可以在测区中没有任何控制点的条件下执行。

（4）TerraMatch 模块：用于校准和匹配激光数据的应用程序。该模块通过对比轨迹数据和重叠的激光条带，将姿态数据的改正值应用到相应的数据中，校正参数完成拼接，以获得最佳的匹配度和准确性。实际的工程数据中可能涉及数据源错误，TerraMatch 可以对整个数据进行改正或对每条航线单独进行改正。

2. SouthLiDAR 软件简介

SouthLiDAR 是一款点云显示及后处理软件，集海量点云浏览、点云渲染、点云纠正、点云裁剪、点云量测、全景叠加量测、地图定位、DLG 矢量绘制等功能于一体，服务于移动测量点云后处理解决方案。如图 5-7 所示。

图 5-7　SouthLiDAR 软件界面

3. QuickTerrain Modeler 软件简介

QuickTerrain Modeler（QTModeler）是 2004 年成立的 Applied Imagery 公司在约翰-霍普金斯大学应用物理实验室开发的一款快速 3D 可视化 LiDAR、合成孔径雷达（Synthetic Apeture Radar，SAR）、多波束声呐以及其他地质空间传感器数据的软件。

QTModerler 可以导入通用 ASCII XYZ 格式、LAS 格式以及 OT 属性格式的 LiDAR 数据，软件可以显示点云或构建 TIN 模型并为用户进行可视化的渲染。在可视化的图形界面中，用户可以进行缩放、旋转并平移点云，而且可以对点云进行分组编辑、增强、分析、解译、查找、生产和输出。软件的编辑功能包括剪切、修剪和平滑操作，增强功能允许调整光照和叠加影像数据；分析功能可用来模拟洪水、光线分析、高程直方图分析、变化检测、坡度计算等；解译功能可以快速叠加影像、矢量等地理空间信息，通过回波号为点云赋色，与 Google Earth 进行交互操作；生产工具用来输出 PowerPoint 注释图、格网参考图、GarminGPS 路线图等；输出工具可以输出 LAS、ASCII、kml/kmz、shp、dxf、gpx、qtt、qtc、bmp、jpg、GeoTiff 以及 avi 格式的点云和表面模型，如图 5-8 所示。

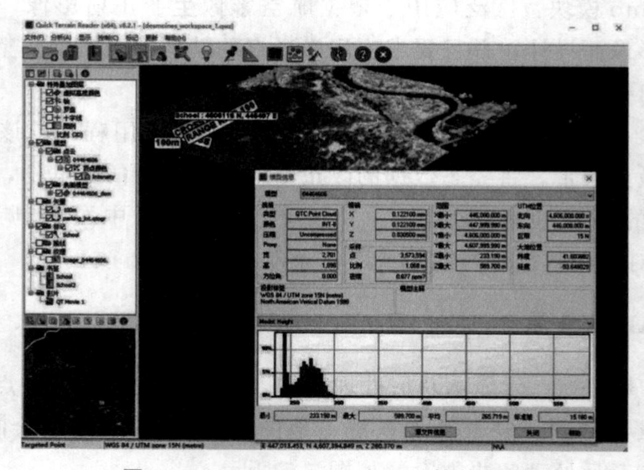

图 5-8　QuickTerrain Modeler 软件界面

4. LiDAR360 软件简介

LiDAR360 是数字绿土自研的一款强大的激光雷达点云数据处理和分析平台（图 5-9），拥有超过 10 种先进的点云数据处理算法，可同时处理超过 300G 点云数据。平台包含丰富的编辑工具和自动航带拼接功能，可为地形、林业、矿山和电力行业提供应用。

地形模块包含用于标准地形产品生产的一系列工具。点云滤波算法可精确提取复杂环境下的地面点，从而提高地形测绘精度。该模块也可以通过点云与影像融合生成真正射影像等产品。

林业模块为森林资源调查和分析带来了重要的技术创新。通过单木分割算法可获取

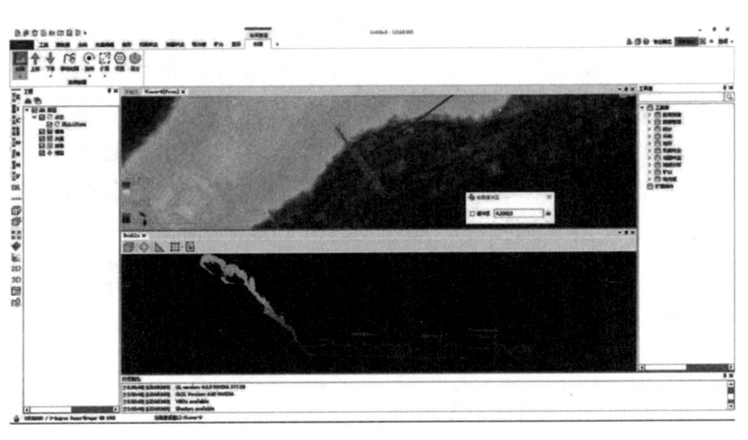

图 5-9　LiDAR360 软件界面

树高、胸径和树冠直径等单木参数。同时，软件提供一系列回归分析模块用于预测森林结构参数。

具体而言，LiDAR360 包含以下模块：

（1）航带拼接：基于严密的几何模型自动匹配来自不同航带的数据，实时显示拼接结果，生成高精度点云。此外，软件提供一系列数据质量检查和分析工具，确保数据准确性。

（2）数据管理：LiDAR360 为用户提供基本的点云和栅格数据管理工具，包括数据格式转换、点云去噪、归一化、栅格波段运算以及其他操作工具。

（3）统计：基于点数、点密度、Z 值等对点云进行统计分析，评估数据质量。

（4）分类：LiDAR360 提供多种分类功能，包括地面点分类、模型关键点分类、选择区域地面点分类、机器学习模型分类（可高效地分离建筑、植被、路灯等通用类别）、深度学习模型分类、自定义深度学习分类等。

（5）矢量编辑：矢量编辑功能完成数字线画图流程中矢量化部分，依托点云优秀的显示效果，提供高对比度的底图，可清晰分辨房屋、植被区域、道路、路灯、水域、桥梁等地物的轮廓以辅助地物矢量化；同时可联合影像或模型等数据进行矢量成果编辑检查及绘制，提供多种半自动、手动矢量化工具，可以方便获取二、三维矢量化成果。

（6）地形：LiDAR360 通过生成数字高程模型、数字表面模型和冠层高度模型获取有用的地形和森林信息；通过提供的断面分析工具，可以生成断面图产品；还可以生成等高线、山体阴影、坡度、坡向、粗糙度等多种产品。同时，可以对模型数据进行编辑处理。

（7）机载林业：基于机载激光雷达点云数据提取一系列森林结构参数，如高度分位数、叶面积指数、郁闭度等；分割单木并提取单木参数，包括树的位置、树高、胸径、枝下高、冠幅等属性；利用软件的多种回归分析功能，可以结合地面调查数据反演森林生物量、蓄积量等功能参数。

（8）地基林业：基于地基或背包激光雷达点云数据批量提取树木棵数和胸径，分割单木并提取单木参数，包括单木位置、树高、DBH 等，量测和编辑单木属性。

(9) 地质：基于机载激光雷达点云数据提取地形特征、地质结构面特征等。

(10) 矿山：基于激光雷达点云数据可实现井下巷道三维模型构建、封闭模型体积量测、体积变化分析、露天矿边坡线提取等。

(11) 建筑物建模：提供了一套机载点云数据三维矢量化构建工具。三维建筑物模型可利用2D底图自动构建，保留了建筑物模型的拓扑结构，并提供了一系列面片编辑、边编辑工具。根据模型级别描述，模型处于LOD2级别。

(12) 电力线：基于机载激光雷达点云数据获取净空分析报告，包含标定杆塔、数据分类、危险点检测。

微课：机载激光扫描轨迹与点云坐标解算

5.3.2 飞行轨迹与点云坐标解算

1. 机载激光扫描原始数据

(1) 原始激光点云数据；
(2) 原始数码影像数据；
(3) 惯性导航（IMU）数据；
(4) 机载GNSS数据；
(5) 地面基站GNSS数据。

原始激光点云数据仅包含每个激光点的发射角、测量距离、反射率等信息，原始数码影像也只是普通的数码影像，都没有坐标、姿态等空间信息。原始激光点云数据的大地定向包括数据定位和定向两大内容，需要用到机载GNSS观测数据、地面基站的GNSS观测数据、IMU记录的姿态数据和系统参数（IMU、激光扫描仪、相机之间的相对位置及姿态参数）等。

2. 飞行轨迹解算

所有移动测量设备处理的第一步都离不开飞行轨迹的解算。根据后处理差分的原理，在处理过程中加入移动测量设备的GNSS数据和IMU数据，以及同时间段GNSS基准站的静态数据，使用其独有的处理算法就能够实现高精度的轨迹数据解算。

基本原理：利用布设的单个或者多个已知控制点基站，通过对4颗及以上卫星进行观测，计算基站坐标以及对随飞机运动的惯性测量系统进行实时空间三维定位。利用已知精确坐标与计算基站坐标进行比较，求出由于轨道、时钟、大气、多路径效应等产生的误差，并将该误差实时发送到惯性测量系统进行误差改正，求出精确的惯性测量系统运动轨迹，即飞行轨迹。

飞行轨迹解算需要借助专业软件完成，如Optech公司的POSPac MMS软件、NovAtel公司Waypoint、武汉际上导航的Shuttle软件等。POSPac MMS是Applanix最新一代的GNSS辅助惯性导航后处理软件，用于处理从相机、激光雷达、多波束声波和其他传感器在移动平台上收集的地理信息位置和姿态数据。Inertial Explorer是

NovAtel 公司 Waypoint 研发的后处理软件，用于处理 GNSS、INS 数据，提供高精度组合导航信息，包括位置、速度和姿态信息，如图 5-10 所示。针对不需要实时导航定位信息的应用，可以通过 GNSS 和 INS 原始数据后处理的方式，提高组合导航解算精度和稳定性。Shuttle 是武汉际上导航科技有限公司自主开发的高精度 GNSS/INS 高精度定位测姿后处理软件，内嵌际上导航高精度 GPS/GLONASS/北斗二代/Galileo 高精度定位测速处理器（GGPoS）。

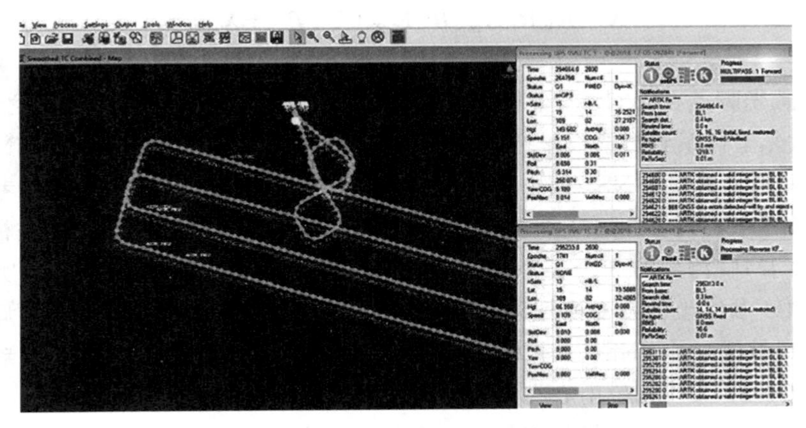

图 5-10　Inertial Explorer 软件解算飞行轨迹

以 Inertial Explorer 点云处理软件为例，完成点云采集后，使用该点云处理软件进行 POS 轨迹数据解算，具体步骤如下：

（1）新建工程：新建点云工程文件，文件中包含外业采集各类数据，包括 IMU 数据、GNSS 数据等。

（2）数据转换：将外业采集数据格式转为解算软件可识别数据格式。

（3）数据加载：将外业采集 GNSS 数据加载至解算软件中进行差分解算。

（4）GNSS/INS 组合解算：通过 GNSS 数据解算机载轨迹数据，获得高精度 POS 数据。

（5）轨迹与点云融合解算：将飞行轨迹数据与激光扫描数据融合解算。

（6）平滑处理：对轨迹的数据进行平滑。

（7）轨迹输出：将包含点云准确位置坐标的轨迹数据以规定格式输出。

流程图如图 5-11 所示。

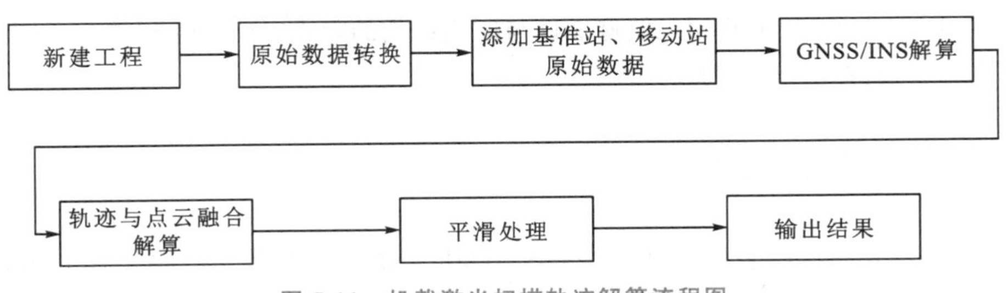

图 5-11　机载激光扫描轨迹解算流程图

3. 点云坐标解算

机载 LiDAR 利用扫描仪记录距离和扫描角，利用 POS 测量扫描仪位置和姿态，并通过一系列坐标变换，解算得到点云在地理空间参考系的几何坐标。激光点云在 WGS84 直角坐标系下三维坐标的计算公式为

$$\boldsymbol{X}=\boldsymbol{R}_{\mathrm{W}}\boldsymbol{R}_{\mathrm{G}}\boldsymbol{R}_{\mathrm{N}}\left[\boldsymbol{R}_{\mathrm{M}}\boldsymbol{R}_{\mathrm{L}}\begin{bmatrix}0\\0\\\rho\end{bmatrix}+\boldsymbol{P}\right]+\boldsymbol{X}_{\mathrm{GPS}} \tag{5-4}$$

式中，$\boldsymbol{X}$ 为激光脚点在 WGS84 坐标系下的坐标；ρ 为激光发射中心到目标之间的距离；$\boldsymbol{R}_{\mathrm{L}}$ 为瞬间激光坐标系到扫描仪坐标系的旋转矩阵；$\boldsymbol{R}_{\mathrm{M}}$ 为扫描仪坐标系到 IMU 参考坐标系的旋转矩阵；$\boldsymbol{P}$ 为 GNSS 偏心分量，由扫描仪激光发射中心到 IMU 参考中心的矢量和 IMU 参考中心到 GNSS 天线相位中心的矢量两部分（均在 IMU 参考坐标系下）组成；$\boldsymbol{R}_{\mathrm{N}}$ 为由 IMU 测量的 3 个姿态角的矩阵，即横滚角、俯仰角和航向角所构成的矩阵，它将 IMU 参考坐标系变换到局部导航坐标系；$\boldsymbol{R}_{\mathrm{G}}$ 为垂线偏差改正，将局部导航坐标系变换到局部椭球坐标系；$\boldsymbol{R}_{\mathrm{W}}$ 为局部椭球坐标到 WGS84 空间直角坐标系的变换矩阵；$\boldsymbol{R}_{\mathrm{GPS}}$ 为 GNSS 天线相位中心在空间直角坐标系的坐标矢量。

对于一般的激光点云数据处理软件，机载点云数据解算的大致操作流程如下：

（1）新建工程：在解算软件中新建工程，将点云数据解算需要的原始点云数据以及 POS 数据加载至工程中。

（2）点云解算：通过轨迹数据与采集的原始点云数据进行点云数据解算，生成机载三维点云。

（3）点云着色：将采集的影像数据与点云数据进行匹配，得到具有彩色信息的点云数据。

4. 确定影像外方位元素

相机与激光扫描仪的相对位置参数由厂家提供，联合定位信息可以得到相机的航迹文件，包含相机在各个 GNSS 采样时间的位置信息、姿态信息及速度。初始航迹文件在 WGS-84 坐标系下，可以根据生产需要将航迹文件转换至相应工程坐标系，转换方法与激光数据坐标转换方法相同。

根据仪器记录的曝光点信息及原始影像的编号可以得到每幅原始影像的曝光时间（以 GNSS 时间表示），由此相机航迹文件与原始影像的曝光时间文件相结合，便可以得到每幅原始影像的外方位元素。

微课：机载激光雷达IMU安置角误差检校

5.3.3 IMU 安置角误差检校

机载 LiDAR 系统由多个部件（GNSS、IMU、激光测距仪、扫描镜等）组成，根据点云坐标解算方式，解算的点云坐标未充分消除系统误差。为了提高机载激光点云数

据精度，在飞行作业前必须进行检校。在影响机载 LiDAR 几何定位精度的系统误差中，IMU 安置角误差是最大的系统误差源。

IMU 安置角误差如图 5-12 所示，它是由于 IMU 参考坐标系与激光扫描仪坐标系的坐标轴不平行，分别在横滚、俯仰和航向 3 个方向产生与坐标轴的夹角，其对地面激光脚点坐标的影响取决于飞行高度和扫描角大小。IMU 安置角误差检校是将带有几何偏差的激光点云数据，通过共点、共面等约束条件纠正到正确位置。

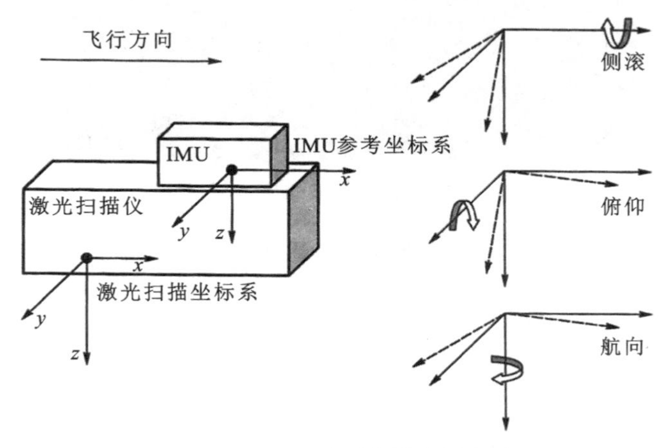

图 5-12 IMU 安置角误差示意图

目前，IMU 安置角误差检校主要包括手工解算和自动解算两种方法。商用 LiDAR 设备初期通常使用手工解算的方法，如通过特征地物（尖顶房人工平台、平直马路等），选择不同航线（平行航线和对飞航线）逐步分离横滚、俯和航向方向的 IMU 安置角误差，依据经验公式多次迭代来计算偏差值。IMU 安置角误差自动解算以激光点云坐标计算方程为数学模型，将 IMU 安置角误差作为未知数，通过平差求解系统参数，消除重叠区域的位置误差，可以理解为配准过程，即把带有误差的点云配准到参考位置或真实位置。因此，机载 LiDAR 系统 IMU 安置角误差检校的重点和难点在于在相邻条带点云中建立合适的“连接”条件。

5.3.4 机载激光航带平差

微课：机载激光点云航带平差

机载激光雷达在外业作业时，由于飞行高度和扫描视场角的限制，每条航带只能覆盖地面一定的宽度。要完成一定的作业范围，通常需要飞行多条航线，并保证相邻航带间有一定的重叠度（10％～20％）。经过上述坐标解算后，可以通过绝对空间坐标实现不同航带间数据的快速拼接，得到覆盖完整工作区的激光雷达数据。但是由于坐标解算中各种误差（系统检校误差、姿态角测量误差、GPS 定位误差等），导致不同航带间同名地物在三维空间上会发生偏移与断层，如图 5-13 所示。航带平差就是为了解决这一问题，以提高拼接后的激光雷达点云数据的精度。

航带平差的基本原理是利用航带间重叠区域中具有相同特性（如高程相同）的点，

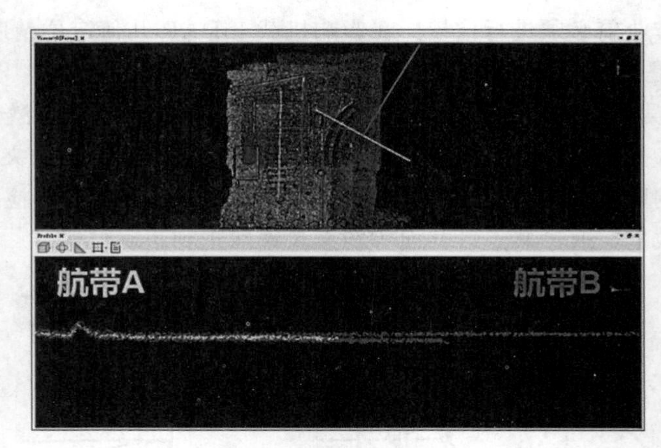

图 5-13　航带间误差

求解每条航带的变形参数并进而对其进行改正，从而降低坐标解算误差对于航带拼接精度的影响。

通常来说，在进行航带平差前，首先应对航带拼接的精度进行检验，如果航带拼接精度能够满足精度需求，可以跳过航带平差直接进行后续数据处理的步骤；如果不能满足精度需求，则需要进行下一步的航带平差处理。评价航带拼接精度的主要参数指标为基于航带重叠区的相对高程精度。其中一种常用的指标是不同航带在重叠区 DEM 之间的高程差（高程差越小，说明数据拼接的相对精度越高）；另一种常用的指标是重叠区采样点（按照一定面积进行随机抽取）之间的平均高程之差和方差之差（如果均值之差较大，说明数据中存在系统误差和随机误差；如果方差之差很小，则说明数据中仅存在系统误差）。

航带平差通常包含以下两方面内容：

1. 点云数据自动配准

航带平差中点云自动配准的目的是确定航带间的系统性偏移，目前常用的方法有基于规则格网的匹配法、基于 TIN 的最小二乘匹配法、最小二乘三维曲面匹配法和迭代最邻近点算法及其改进方法等。

（1）基于规则格网的匹配法是使用最广泛、最简单的表面匹配技术，先将两个数据集重采样成等间隔的均匀分布的网格，再计算两者之间垂直方向的差异。

（2）基于 TIN 的最小二乘匹配法采用 TIN 作为数据组织结构，对不同航带重叠区域的数据构建不规则三角网面片，进而实现匹配。

（3）迭代最邻近点（iterative closest point，ICP）算法原理是将两个自由表面上距离最近的点作为对应点，然后以其之间的距离平方和最小原则建立目标方程，并根据最小二乘原理迭代求解转换参数。

2. 航带平差模型的选取与解算

航带平差模型可分为数据驱动模型和传感器检校模型。对于精度要求不高的应用，简单的数据驱动模型可满足要求。相比而言，传感器检校模型对原始数据的要求更高，对于带状狭长的测量区域，必须使用传感器检校模型，原因在于，带状区域的重叠面积有限，只有良好的检校系统才可以提供较好的整体数据精度。

（1）数据驱动模型是根据相邻航带同一地物的平面坐标和高程偏差建立相应的数学模型，利用匹配原理将重叠区域联系起来，并采用模型进行解算，求出参数以改正激光点坐标，如七参数转换模型。

（2）传感器检校模型通过检校参数对传感器进行检校，达到最小化航带间系统性偏移的目的。该模型建立在机载 LiDAR 方程基础上，考虑了机载 LiDAR 几何定位过程，理论严密，但是建立的误差模型存在参数间相关性强的问题，因此，在实际应用中，为了保证参数解算的精度和可靠性，往往会简化误差方程模型，从而导致平差后还存在未知的残余误差。此外，由于 LiDAR 硬件系统的保密性，通常仅提供给用户三维坐标数据，而不是原始的观测值（如距离、角度等），这也给传感器检校模型应用带来困难。

数据驱动模型不需要原始观测值、简单易行，但理论上并不严密，两种模型的共同点在于对参数平差的准则相同。

航带平差的最后一步是将前面步骤中确定的误差改正值应用于 LiDAR 点云数据。对于数据驱动模型而言，通常采用三维相似变换或更简单的方式将改正值直接应用到原始 LiDAR 点云数据；而传感器检校模型则需基于传感器检校模型完全重建 LiDAR 点云数据。航带平差前后对比效果如图 5-14 所示。

图 5-14　航带平差前后效果对比图

微课：机载激光点云坐标转换

5.3.5　机载激光点云坐标转换

解算、检校后的激光点云数据为 WGS-84 坐标系，国内用户使用的坐标一般为工程坐标系，通常指 1954 北京坐标系、1980 西安坐标系、CGCS2000 或地方独立坐标系，高程系统一般使用 1956 黄海高程系统、1985 国家高程系统或地方独立高程系统。

完成两个坐标系统的转换，首先要有控制点在两套坐标系统中（例如 WGS-84 坐标系及 1980 西安坐标系），求出转换参数，然后将转换参数应用于激光点云数据，完成激光点云数据的坐标转换，转换后的激光点云数据已为工程坐标系，基于此而生产的数字高程模型（DEM）、数字表面模型（DSM）等数字产品也在工程坐标系下。

1. 平面坐标转换

因涉及不同坐标系，就会有坐标转换的问题。关于坐标转换，首先要搞清楚坐标转换的严密性问题，即在同一个椭球的坐标转换都是严密的，而在不同的球之间的转换则是不严密的。不同坐标系，其椭球体的长半轴、短半轴和扁率是不同的。例如，由1954北京坐标系的大地坐标转换到1954北京坐标系的高斯平面直角坐标是在同一参考椭球体范畴内的坐标转换，其转换过程是严密的。由1954北京坐标系的大地坐标转换到WGS-84坐标系的大地坐标，就属于不同球体间的转换，其转换过程是不严密的。不同空间直角坐标系之间的转换一般通过七参数或者四参数来实现。

七参数一般采用布尔莎模型法，适合大范围测区的空间坐标转换，转换时需要至少3个公共已知点。七参数模型中有7个未知参数，即：

（1）3个坐标平移量ΔX、ΔY、ΔZ，即两个空间坐标系的坐标原点之间坐标差值；

（2）3个坐标轴的旋转角度$\Delta\alpha$、$\Delta\beta$、$\Delta\gamma$，通过按顺序旋转3个坐标轴指定角度，可以使两个空间直角坐标系的X、Y、Z轴重合在一起；

（3）1个尺度因子K，即两个空间坐标系内的同一段直线的长度比值，实现尺度的比例转换，通常K值等于1。

综上，七参数涉及的7个参数为X平移、Y平移、Z平移、X旋转、Y旋转、Z旋转、尺度变化K。

七参数转换模型主要用于不同椭球的空间大地直角坐标系之间的转换。所以，如果利用公共点求解七参数转换，还必须先将公共点的平面坐标或大地坐标转换为空间直角坐标，然后再进行七参数的求解，其转换流程如图5-15所示。

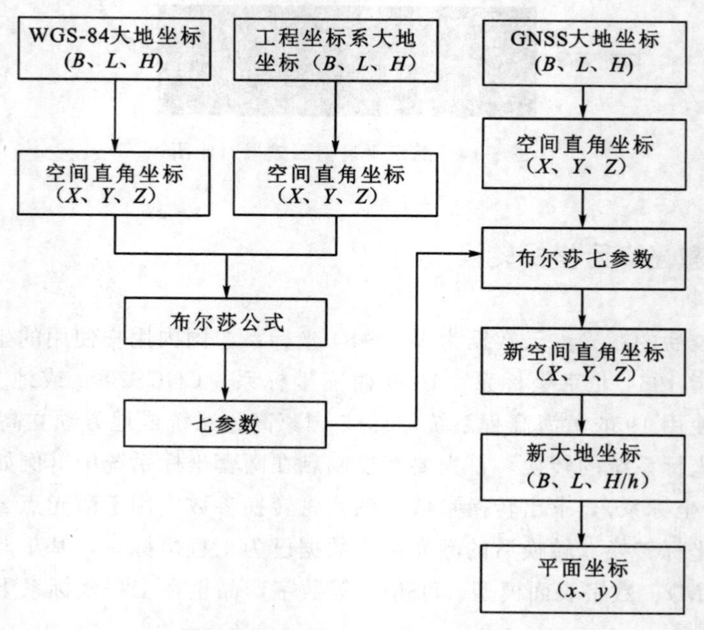

图5-15　七参数坐标转换流程图

2. 高程系统转换

高程系统是指相对于不同性质的起算面（大地水准面、似大地水准面、椭球面等）所定义的高程体系，高程也可以通俗地理解为海拔高度。

在使用高程系统前，需要了解以下四个概念：

正高 H_g：以大地水准面为起算面；

正常高 H_r：以似大地水准面为起算面；

大地高 H：以椭球面为起算面；

高程异常 ζ：似大地水准面与椭球面的差值。

如图 5-16 所示。

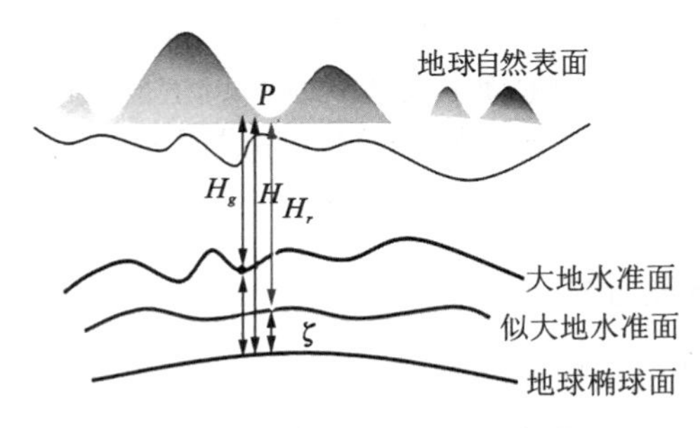

图 5-16　高程系统关系示意图

常用的高程系统一般使用 1956 黄海高程系统、1985 国家高程系统或地方独立高程系统。我国法定高程系统是 1985 国家高程基准，它是以似大地水准面为基准确定的正常高。

通常使用 RTK（CORS）测量的高程依赖于 WGS-84 椭球面，所以使用 RTK 测量的高程属于以椭球面为起算面的大地高程，不能直接测 1985 高程，需要转换。在有控制点的情况下，可以使用高程拟合或者求七参数的方法。如果没有控制点，则需要去当地的省/市 CORS 中心进行转化。根据《机载激光雷达数据处理技术规范》（CH/T 8023—2011），获取正常高的方法主要包括两种：一是似大地水准面精化方法；二是七参数转换法。

5.3.6　机载激光点云去噪

微课：机载激光点云去噪

点云数据采集过程中，设备误差、人员操作、地物反射、环境干扰等通常会产生少量的噪声点云。按照空间分布特征的不同，噪声点可简单划分为两类：典型噪声点和非典型噪声点。典型噪声点是指在局部范围内远离扫描目标的异常点或点簇，如飞鸟、云等形成的噪声点；非典型噪声点是指与扫描目标混杂的不明显噪声点，如多路径效应、系统内部因素等形成的噪声点。去噪目的是去除噪声点，并最大限度保留扫描对象的局部细节特征。

5.3.7　机载激光点云滤波

1. 点云滤波的概念

机载激光扫描获取的是目标表面激光点的三维坐标，这些空间不规则分布的离散点云数据表现了地面和地物点的空间分布特征，包含地形表面、植被、人工地物、移动物体（行人、车辆等）、噪声数据等。为了从三维激光点云数据中获取更有价值的信息，必须对原始激光点云数据进行滤波与分类处理。

点云滤波是指通过对激光点云进行过滤，将真实地面点和非地面点区分开来的过程。在滤波的基础上，可进一步将非地面点细分为植被点、建筑物点等类别。机载激光点云滤波和分类主要关注大范围地面、建筑物顶面、植被、道路等目标。点云滤波和分类的区别在于，点云滤波仅仅是将原始数据分成地面点和非地面点，而分类还包括将非地面点进一步划分成植被、建筑和道路等类别。

2. 机载激光点云滤波方法

机载激光扫描系统能提供回波次数、回波强度和三维坐标信息，从理论上说，可以分别根据这三种信息进行数据滤波。但目前绝大部分滤波方法是基于高程突变信息进行的，它是目前应用最广泛、可行性最高的一类机载激光点云数据滤波算法。基于高程突变信息的滤波方法，其基本原理是邻近激光点云间的高程不连续、高程突变，这通常不是由地形的陡然变化引起的，而是因为这些较高点位于某些高出地形表面的地物上。

根据高程值进行滤波的算法通常基于以下假设：一是地面点的高度总是低于其邻域内其他物体的高度；二是假设地球表面是光滑的，即地形表面不应存在高程突变。一般来说，滤波过程中会将邻域内最低点判定为地面点，而高程突变则被认为发生在非地面点和地面点的边界位置。现有的利用高程信息的滤波方法主要有数学形态学方法、基于坡度的滤波算法、移动曲面拟合滤波算法、迭代线性最小二乘内插滤波算法、渐进加密三角网滤波方法等。

1）数学形态学滤波方法

20 世纪 60 年代，法国学者提出了数学形态学的理论。1993 年，德国斯图加特大学的 Lindenberger 最早提出了数学形态学的点云处理方法。1996 年，Johannes Kilian 提出了基于不同尺度窗口的数学形态滤波算法。

数学形态学滤波算法有膨胀操作、腐蚀操作、开运算和闭合运算。膨胀操作和腐蚀操作主要是为了扩大和缩小图形中指定物体的大小和尺寸，分别用来表示特定区域内的像素灰度的最大数值和最小数值，大致可以分为开运算和闭运算两种，开运算是先腐蚀操作，再膨胀操作，闭运算与之正好相反。如图 5-17 所示。

数学形态学滤波算法的核心问题是设定窗口的尺寸和大小，如果窗口设定尺寸较

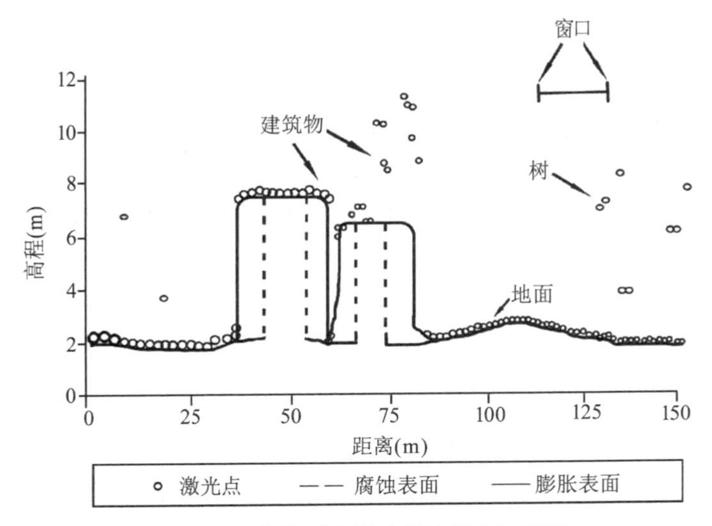

图 5-17　数学形态滤波算法原理示意图

小，会造成大部分地面点会保存下来，也会使建筑物等尺寸大的地物点也被保存下来，只有像汽车、树木等地物会被删除；如果窗口设定过大会丢失大量的地面点，则使得地形过于平滑。

渐变窗口的数学形态滤波算法流程如下：

(1) 提取最低点。对点云数据进行分析并构建一个规则化的格网，选取每个格网在点云数据中的最低点为地面点。

(2) 腐蚀运算。选取一个点为滤波的中间点，提取窗口内高程的最小值为腐蚀后的数值。

(3) 膨胀运算。遍历每一个规则格网，重复上述两个流程，膨胀后的数值就是窗口内的高程最大值。

(4) 分离出地面点。将运算后的结果与运算前的高程进行对比，如果高程低于阈值，则判读此点为地面点。

(5) 改变结构元素窗口的尺寸大小，循环上述流程，直到遍历所有点云。

基于数学形态学滤波算法比较简单，算法比较成熟，但是其核心主要是窗口尺寸大小的选择。因此在进行数据处理中需要对点云数据的地物特征有足够的了解，才能选择适应的窗口大小尺寸，才会使得滤波效果比较好。

2) 基于坡度的滤波方法

21世纪初，Vosselman提出了基于坡度的滤波算法，其算法核心思想是：当邻近两个点云数据高程之间相差很大时，其中一个被看作地物点。计算相邻两点之间的高差，当这两点之间的高差大于设定的阈值时，这两点之间距离越小，高程值较大的地物点属于地面点的可能性越小。邻近两个点云数据高程相差较大的原因可能是两个激光脚点属于不同地物或同一地物的位置不同。此方法的核心是利用邻近两点间距离函数即阈值并通过计算相邻两点之间的高程差对地物点的属性信息进行判断。

滤波主要是为了保存激光雷达点云数据的地形特征，坡度滤波算法可能会使滤波条件不是太严格，在保留地面点的过程中也保留了一部分非地面点，这一定程度上增加了不属于地形表面点的数据。点云数据的密度对滤波结果的好坏影响非常大，当点云数据越密集，点云数据滤波误差就会越小，滤波的效果就越好。可以利用图像分析算法提高滤波精度，当点云数据所属的区域在不同时期形态特征呈现出不同的变化时，可以将点云数据进行区域分割，使每块区域具有相同的特性，对于不同地形的数据，应该选择不同的数据集来计算。

基于坡度滤波算法实现会比较容易，可以得到较好的滤波效果。其核心问题是对坡度值的确定，因此需要针对地形确定其坡度阈值和邻域的范围，参数的确定是此算法的难点。

3）移动曲面拟合滤波算法

2004 年，武汉大学张小红提出了一种稳健的移动曲面拟合滤波算法，简称“移动曲面拟合法”。该算法是对以前的移动窗口法、约束曲面法的一种综合应用，突破了传统内插方法的局限，认为地表是分段连续光滑的。对于较小的局部区域，可用平面或二次曲面近似表达，目前被人们接受的多为二次曲面形式。首先，在选取的种子区域内选择 3 个邻近的最低点拟合平面，计算待定点在此平面上的高程，并与实测高程进行比较，如果高差在值范围内，则将其纳入地面点。然后，逐步加入至 6 个点拟合成二次曲面，替旧存新，以一个简单的地形曲面移动通过整个测区，完成过滤。算法步骤如下：

（1）将离散点云数据进行二维排序。

（2）选取种子区域进行滤波。首先确定初始拟合面，用于构造初始拟合面的初始地面点是从种子区域内选取的彼此靠近的最低的 3 个脚点；然后计算备选脚点的拟合高程值，若拟合高程值与观测高程值的高程差超过阈值，就拒绝接收该激光脚点为地面点；反之，则接收该点为地面点。

（3）根据接纳的地面点与最初选定的 3 个地面点，重新构造一个地形表面，重复上述外推筛选。每接纳一个新的地面点，就舍弃最远的那个脚点，保持拟合脚点总数不变。根据拟合出的二次曲面，可计算出下一个备选激光脚点位于地形表面的理论高程值，若理论高程值与实际观测高程值的高程差大于设定的阈值，则将其过滤为地物点；否则，接受该脚点为地面点。

重复上述步骤，直至测区内所有点处理完毕。

移动曲面拟合法滤波效果较好，计算速度也快，对点密度以及点云先验知识的要求目前一般也能满足。但该算法对点云先验知识的要求使得其自动化程度受到一定的限制，且初始种子点的选取受粗差的影响较大。另外，该算法强调地形的平缓变化又使得其仅适用于地形变化较平缓的地区，应用范围受到一定的限制。

4）迭代线性最小二乘内插滤波算法

1998 年，奥地利维也纳大学的 Kraus 和 Pfeifer 提出了迭代线性最小二乘内插滤波算法。该算法假设地形平坦，非地面点的高程比邻近地面点的高程值大，即高程突变原理，引入了“权重”的概念，对初始点云赋予相同的权重，由此计算出高程均值或使用先验估值来获取初始地面模型，然后计算点云与初始面的高程残差，根据残差的不同赋予不同的权重，经过反复迭代，实现点云的滤波。算法可通过以下步骤实现：

（1）确定初始面。按照等权的方式计算所有激光点的高程均值或利用先验估值确定初始拟合表面模型，该表面介于 DEM 和 DSM 之间；

（2）计算残差 v，赋予权重 p。该算法认为，各个点与拟合面的高程残差 v 反映了该点对地面点的贡献程度。残差并不服从正态分布，一般认为地物点的高程拟合残差为正值，偏差较大，地面植被点的高程拟合残差为绝对值较小的值，地面点的高程拟合残差为绝对值稍大的负值。

（3）迭代计算。对上一步判定为非地面点的点云重新进行新的残差计算，如果在此拟合模型下满足地面点条件，便将其纳入地面点，计算新的拟合面。如此迭代下去，直到满足退出条件。

迭代线性最小二乘内插滤波算法将滤波与插值同时进行，对权重的把握可有效控制数据点对模型的影响程度，有一定的优越性。但该方法计算较为复杂，同一点有可能会参与多次运算，迭代次数较多，耗时较长，对参数的设置也较为复杂。另外，该算法的假设条件以及初始拟合模型的限制，使得它不太适用于地形变化较大的地区以及城市复杂建筑群。

5）渐进加密三角网滤波方法

不规则三角网（TIN）加密滤波算法是由德国斯图加特的 Axelsson 于 1999 年提出的。该方法先选取种子点构建稀疏 TIN，再逐步区分其他的点，判断的依据是该点到三角形平面的垂直距离和夹角，如果距离和夹角小于阈值，则这个点就被判断为地面点，如图 5-18 所示。其算法流程如下：

（1）划分格网。为了方便数据的读取，将研究区域划分为格网的形式。

（2）构建初始 TIN。在每个格网内选取高程值最小的点作为种子点，构建初始稀疏 TIN。

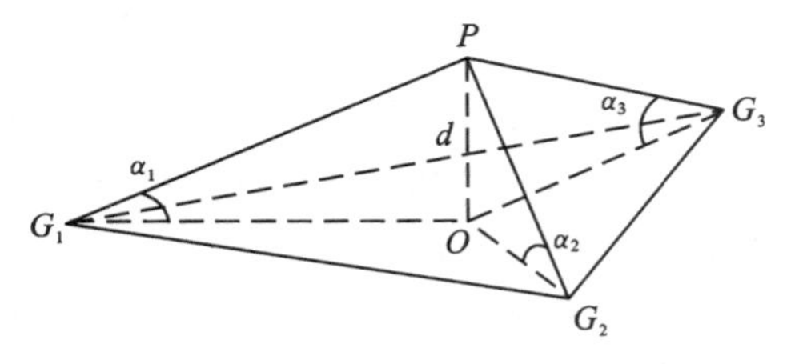

图 5-18　基于不规则三角网加密滤波算法参数示意图

（3）迭代加密。基于初始 TIN，开始对待定点进行判断，如果该点到该三角面的距离和角度小于给定的阈值，则将该点加入到新的三角网中；再根据新的三角网对其他待定点进行判断，每次迭代判断都需要重新确定阈值，阈值可根据 TIN 中所有点的高程直方图来进行估计确定；直到所有满足阈值条件的点都被划入地面点集合中，停止迭代。

基于不规则三角网加密滤波算法结果接近真实地面，迭代次数较少，比较容易实现，具有良好的连续性，适合复杂地形或城市地区的地面点提取。但该算法对较低的粗差比较敏感，会造成陡坡上的点误分类。

6）布料模拟滤波算法

布料模拟滤波（cloth simulation filtering，CSF）算法是基于一种简单的物理过程模拟，由中山大学张吴明等在 2015 年第三届全国激光雷达大会提出。该算法的基本思想是首先把点云进行翻转，然后假设有一块布料受到重力从上方落下，则最终落下的布料就可以代表当前地形。假设一块虚拟的布料受重力作用落在地形表面上，如果这块布足够软，则会贴附于地形上，而布料的形状就是 DSM，当地形被翻转过来时，则落在表面上的布料形状就是 DEM，如图 5-19 所示。该算法使用了布料模拟方式来提取激光点云数据的地面点。

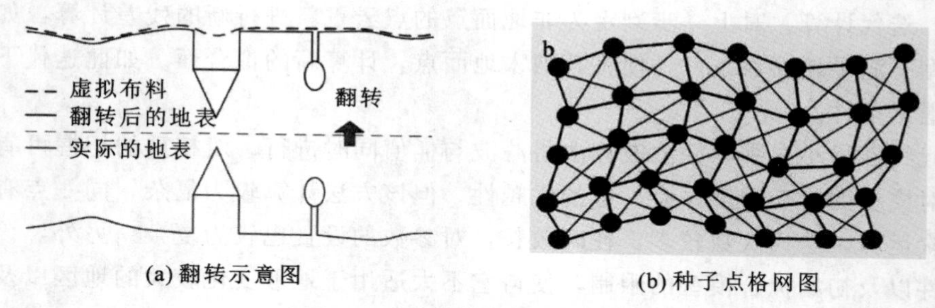

(a) 翻转示意图　　(b) 种子点格网图

图 5-19　布料模拟算法示意图

布料模拟滤波算法的基本步骤：首先将布料点和激光点云投影到同一水平面，然后找到每个布料节点的对应的激光点。比较每个节点和其对应激光点的高程。如果节点高程小于或等于激光点高程，则将该节点移动到对应激光点的位置，并将其标记为不可动点。通过布料模拟可获得一个近似真实的地形。使用点与点距离估算算法计算激光点和模拟布料点之间的距离，小于阈值的激光点被分为地面点，否则被分为非地面点。

具体的滤波算法步骤如下：

（1）转换点云几何坐标，使原始的激光点云翻转。

（2）初始化布料格网，通过格网分辨率确定格网节点数量。

（3）将激光点和格网点投影到同一水平面，寻找每个格网点对应的激光点，并记录对应激光点的高程值。

（4）计算格网节点受重力作用移动的位置，并比较该位置高程与其对应激光点高程，如果节点高程小于或等于激光点高程，则将该节点位置替换到对应激光点的位置上，并将其标记为不可动点。

（5）计算每个格网点受邻近节点影响而移动的位置。

（6）重复步骤（4）和步骤（5），当所有节点的最大高程变化足够小或者超出最大迭代次数时，模拟过程终止。

(7) 分类地面点和非地面点，计算格网点和相应激光点之间的距离，对于激光点云，如果该距离小于阈值被分为地面点，否则被分为非地面点。

CSF 算法主要包括 3 个用户自定义的参量：①格网分辨率表示两个邻近节点之间的距离；②硬度控制布料的松紧程度，硬度越高，布料越紧致，共分 3 个级别：平坦地形硬度为 1，略微起伏地形硬度为 2，陡峭地形硬度为 3；③陡坡拟合因子是一个可选参量，用于边坡后处理。另外，还有距离阈值，用于地面点和非地面点的最终分类，通常设置为 0.5m 即可满足绝大部分数据的滤波要求；迭代次数通常设为 100～150 即可满足滤波要求，可默认为 100。

5.3.8　机载激光点云分类

微课：机载激光点云分类

1. 点云数据分类类型

根据《机载激光雷达数据处理技术规范》(CH/T 8023—2011) 对激光点云进行的点类定义见表 5-2。

表 5-2　点类定义

序号	地物类名	存储内容
1	地面点	反映地面真实起伏，落于裸地表面的点，包括落在道路、广场、堤坝等反映地表形态的地物之上的点
2	非地面点	没有落到裸地表面的点，主要指落在各种高于地面的地物上的点，如建筑物、植被、管线上的点
3	专题点	根据应用需求区分的具有同一类地物表达的点
3.1	水系及设施	水体：河流、沟渠、湖泊、池塘、水库等范围 水利设施：拦水坝、堤坝、堤、水闸等 海岸带：干出滩、礁石、海岛等
3.2	居民地及设施	居民地：房屋、地面上窑洞、蒙古包 设施：工矿设施，公共设施，名胜古迹、宗教设施、观测站等 垣栅：城墙、围墙、栅栏、篱笆等
3.3	交通	道路：铁路、各级公路 桥梁：车行桥、立交桥、过街天桥、人行桥、廊桥、索道等 设施：车站、加油站、收费站、停车场、信号灯路标等
3.4	管线	管线：架空的电力线、通信线、管道等 设施：电杆、电线塔、变压器、变电站、管道墩架等
3.5	植被	林地、灌木草地、农田等
3.6	其他	临时的挖掘场、物资存放场等

2. 点云数据分类一般原则

点云数据分类原则主要包括以下几个方面：

（1）剔除临时地物（如临时土堆等静地物，车辆、行人、飞鸟等动态地物）粗差点。

（2）手动分类前，对静止水域，如池塘、湖泊等进行置水平处理。

（3）对具有流向性河流水涯线的高程从上游到下游逐渐降低，同一平面位置水涯线高程值进行置水平处理。

（4）对高程突变的区域，调整参数或算法，重新进行小面积的自动分类。

（5）陡坎、斜坡的部位要拉横截面仔细判断，正确反映陡坎、斜坡的形态。

（6）对分类错误的点重新进行分类，分类时以点云切剖面为主要依据，影像仅作参考。在比较平滑、直线区域切剖面时，剖面宽度可适当放大，在拐角尤其是立交桥、高架公路等接地与架空的临界区域，切剖面一定要尽量窄，务求精确；宽度5m以内的沟渠可不作水域点的精细分类；对宽度大于5m和面状水域，在制作DEM时均需要置水平处理。

对于一些特殊地物，点云分类时需要特殊处理，其分类处理的原则如下：

（1）对于河流、湖泊等面积较大的无数据水体区域，采集水涯线作为特征线参与高程模型的生成。当点云数据中无法获取水涯线高程时，应实地补测高程信息，或采用数码影像基于立体像对补测特征点、特征线等高程信息（注意需满足高程精度）。采用立体像对采集高程信息时，必须切准地面，真实反映其高程。

（2）对于滤除非地面点后出现的零散、小面积无数据区域，制作数字高程模型时，根据数据实际情况设置较大的构网距离，保证插值结果反映完整地形，不得出现插值漏洞。

（3）对于陡坎或地物遮蔽严重等特殊地形区域，由于地面数据缺失，插值后损失地形细节，影响数字高程模型成果精度。根据成果的精度要求，对不满足要求的区域进行外业实测、补测高程信息，保证地形细节完整。

3. 各类地物分类要求

1）地面点

地面点反映了地面真实地貌，主要是通过滤波进行提取。不同地形的点云数据经过滤波处理后达到的滤波效果不同，但是为了能够反映出地表的结构信息，需要对滤波后的点云数据进一步手工分类。地面点分类要求如下：

（1）地面点主要包括在地面上人工修建的路堤、堤坝、阶梯路等点云数据。较长较宽的阶梯路在山坡上连接地面，归入地面点，若连着地面与建筑物，如大礼堂、剧院前的台阶，则归入居民地设施。

（2）施工工地上临时性的土堆、土坑、建筑材料上的点云数据归入其他类。

(3) 自然形成且规模较大的土坑及土堆等堆积物，点云数据视为地面点。

(4) 地面上的一些坡坎上的激光点，通过剖面图、影像可以判断是实际地形特征，而不是地面上临时性地物的，归入地面点。

(5) 低于周围地面点的激光点，如果切剖面发现其高程分布均匀，从影像上看是地面上的坑，可以将其归入地面点；如果只是一些零散的、没有规律的点，从影像上也没有发现地面凹陷，则将其归入其他层；对于面积小于 $400m^2$ 的小坑，或者非常窄的沟渠，归类与否对 DEM 没有实质影响，可以不必精确分类。

(6) 对于比较破碎的居民区地形，将建筑物点云归入居民地点类后，建筑物的底座仍会显示高低不平，在剖面上显示时，没有明显高于或低于地面的点也是符合要求的。

(7) 对于梯田地形，梯田坎的结构特征要表现出来，如果坎上面有一些低矮植被，经过剔除之后，梯田坎的结构表达不详细，需要再适当地将底部的植被点归入地面点层，以表现出梯田坎细部特征。

2) 居民地及设施

居民地及设施主要是指地表的建筑物，分类要求如下：

(1) 地面上的建筑物点云归入居民地。

(2) 地下建筑物出入口低于地表的点归入居民地及设施。

(3) 施工工地地形比较复杂，分类时需参考影像判断地物类型。

3) 水系及设施

水系及设施主要针对地表的水，分类要求如下：

(1) 水面上的点均归入水系类，若水面上有草、水生作物、漂浮物，则要剔除。

(2) 干沟、溢洪道、地面支渠不做精分类。

(3) 高于地面的干渠和支渠，与地面相连的堤岸以及水渠内无论是否有水，点云归入水系及设施。

(4) 干涸或部分干涸的河流、湖泊等，其裸露部分要归入地面点，有水的区域归入水系，如果河流或湖泊由两条或多条航线拼接而成，由于航摄时间不一致，导致影像上显示部分有水区域裸露，应该切剖面看是否平整，如果不平整，则都归入地面点层；反之归入水系层。

(5) 在河流、池塘、水田等有堤坝、田等区域，通过切剖面将较低的一层归入地面点。

(6) 水面上的船只，作为非关注信息，可保存在默认自动分类结果中。

(7) 人工修筑的路堤、土垄、拦水坝、干堤等水工构筑物与地面相连接的部分视为地面点。

(8) 道路一侧是湖泊，另一侧是河流，道路下面明显有涵洞穿过，归类时可不做处理，涵洞上的架空部分归入地面点。

4）管线及设施

管线及设施分类要求如下：

（1）所有架空电力线、通信线、管道均归入管线及设施。

（2）电线杆、电线塔、变压器、变电站、管道等设施均归入管线及设施。

5）道路及设施

（1）铁路不做精分类，有路堤的，路堤点归入道路及设施。

（2）道路上的汽车、行人等非地面点云归入其他类。

（3）高速公路、各级公路的隔离带归入道路及设施。

（4）过街天桥、人行桥与地面相连的部分点云归入地面点类，架空部分的点归入道路及设施。

（5）高架的公路、立交桥架空部分、底部有 5m 以上的较宽涵洞穿过的公路、跨过河流的桥梁等，所有架空部分都要归入道路及设施，底部跨度 5m 以下的涵洞归入地面点。

（6）立交桥、高架路、匝道等带路堤的引道部分的点云归入地面类，架空部分点云数据归入道路及设施。

6）植被

林地、灌木、草地、农田等植被分到植被类。要根据横截面仔细区分地面和植被，尤其在茂密灌木、林地等反射缺失的区域，应尽量把地面反射点区分出来。分类要求如下：

（1）对于植被密集区域，很少有激光点打在地面上，分类时需仔细处理，发现有与其他区域地面点高程相近的激光点，可以判断为地面点，其他打在植被上的点云可以都归入植被层。

（2）如果没有较低的激光点，尽管点云剖面比较平滑，还是要通过与其他区域的比较，参考影像进行正确判断归类。

（3）沿堤坝、田埂通常有大量植被，多出现密集的中高层植被点云，将堤坝田部分覆盖，导致没有激光点打在地面上，该区域的激光点要归入植被层。

7）其他

一些零散的无用点都归入其他层，分类要求如下：

（1）自动分类错归为地面点的建筑物表面点、地面上的杂物点，归入其他类，如建筑物墙角或墙面点、围墙上的点（含墙面）、露天设备、煤堆上的点（被吸收，比较少）及草堆、箱子、垃圾等临时性堆积物。

（2）极高或极低的噪声点及临时性静态地物、动态地物应滤除，归入其他层。

（3）临时性的挖掘场、物资存放场归入其他类。

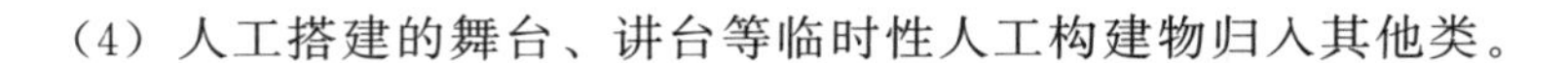

（4）人工搭建的舞台、讲台等临时性人工构建物归入其他类。

4. 点云数据分类流程

按照上述不同地物的分类要求对点云进行精细分类，分类过程中要注意，在地形结构不受破坏的前提下准确进行分类。一般先滤除异常噪声点，然后将点云分为地面点和非地面点，再对非地面点进行自动分类，如果自动分类效果不好，可以采用人工编辑的方式对分类错误的点进行重新分类。分类流程如图 5-20 所示。

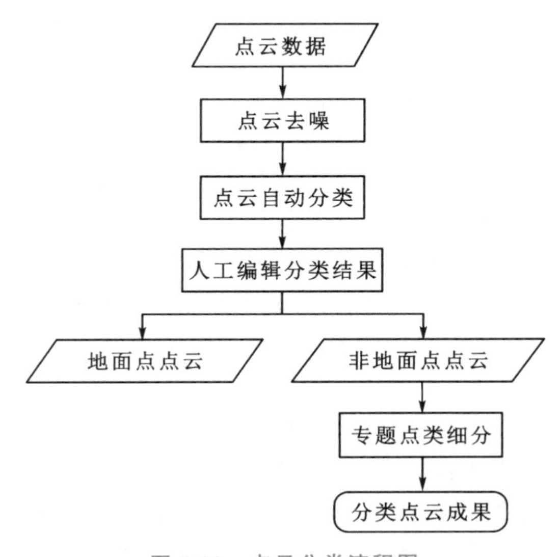

图 5-20　点云分类流程图

5.4　机载三维激光扫描误差分析与质量控制

5.4.1　机载三维激光扫描数据误差来源

微课：机载三维激光扫描数据误差来源及控制方法

机载激光扫描数据误差可以分为粗差、随机误差和系统误差。下面根据机载激光扫描作业过程中产生的误差进行分析。

1. 机载三维激光扫描系统误差

1）飞行平台误差

机载激光雷达的承载平台由于结构组成复杂，且飞行环境复杂，所以误差来源也较为复杂。例如，发动机运行过程中的震颤会导致高频率的抖动误差。又如，在飞行过程中，由于气流影响造成的飞机的颠簸和摇摆，也会对飞机的正常运动状态产生干扰。以上多种因素集中作用于飞行平台，导致形成复杂的飞机平台震动误差。

2）POS 系统误差

POS 系统误差包括 GPS 定位误差和 IMU 误差，属于量测误差的范畴。为保证激光雷达的测距精度，理论上应将激光测距系统、IMU 和 GPS 天线安装于同一空间点，并且要求设备安装坐标系重合，然而，在实际工作状态下很难满足此要求。激光测量系统与 IMU 组件之间存在三轴安装角误差和空间矢量系统误差。

GPS 测量飞行平台和传感器的空间位置，GPS 定位精度直接影响激光扫描数据的精度。其定位误差主要包括卫星钟差、接收机钟差、多路径效应和观测噪声等。GPS 误差在数据采集过程中会随着环境的变化而变化，所以很难在后期处理中消除，需要在采集阶段减少 GPS 误差。例如，在测区内增加地面基站的数量，使其在测区内均匀分布，同时使基站的间距适中，以此保证较好的数据采集效果。

IMU 在航测前期通过刚性连接与飞行平台固定为一体，两者姿态在航测过程中保持相对位置不变。IMU 的数据采集精度受到其内部加速度仪误差以及陀螺系统偏移等因素的影响，其中 IMU 漂移误差是影响机载激光雷达扫描系统定位精度的主要因素之一，属于量测误差，其产生的主要原因是直线飞行状态持续时间过长造成的误差积累。

3）系统集成误差

系统集成误差主要包括设备安置误差和时间同步误差。

设备安置误差是指整个机载激光雷达系统在硬件安置和匹配过程中引入的误差，主要包括偏心距误差和安置角度误差。两者均与设备在匹配安装过程中的位置关系相关。其中，偏心距误差是指各子系统的数据采集坐标系统之间的平移误差。各个子系统都具有独立的坐标系统，因此，安装后需要对各个设备的相对位置关系进行精密测量，以此作为坐标系转换的参考依据，同时，此类误差可在数据解算时通过计算进行消除。安置角度误差是指设备仪器安装时造成的航向角、俯仰角和横滚角等角度误差。以 IMU 和激光传感器为例，理论上两者应保证各个轴向的精确平行。然而，在实际安装过程中，两个设备坐标系统的轴向间往往存在一定的偏差角度（偏心角），因此，在安装完成后必须精确校验来确定偏心角的角度，以保证后期航测数据的精度。

在时间同步误差方面，各个子系统是独立运行的，各自时间不同步，这是误差的一个重要来源。GPS、IMU 以及激光传感器具有各自不同的数据采集频率，系统运行时需要将各个子系统的时间统一到标准 UTC（co-ordinated universal time）系统，通过 GPS 时间码提供的信息将时间计数器修正到 UTC 时间，激光传感器与 IMU 的数据记录通过时间计数器进行对应标记。GPS 数据采集的频率一般为 1～20Hz，IMU 数据采集频率为 8～50Hz，激光传感器的脉冲频率则为 2～25kHz，不同的数据采集频率会导致时间同步误差。因此，为了得到激光传感器获取的每个脚点的位置、姿态信息，需要对频率较低的 IMU 以及 GPS 系统进行数据内插，而内插过程难免会产生一定误差。

2. 机载激光扫描控制网误差

机载激光雷达测量最大的误差源是 GPS 的定位精度。在外业采集时，地面基准站作为起算点参与DGPS解算将有利于减少误差。因此，为获取高精度的激光数据，必然需要架设地面基准站。如果测区内没有相应的精度控制点，基准站可以摆放在通过控制网测量取得的符合精度要求的已知控制点上，控制网的精度控制可以按照一般工程控制测量控制网的作业要求进行质量控制。

基准站的摆放地点需要考虑卫星可用性以及周边是否存在潜在干扰源（如高大建筑物、金属物体反射面、树林、水域、微波站、无线电发射、高压线、雷区）等因素。通常尽量选择摆放在有利于GPS卫星信号接收的地方，与干扰源距离至少大于100m。

3. 机载激光点云数据处理误差

数据处理的误差主要包括数据预处理误差和数据后处理误差两大部分。

数据预处理误差主要包括GPS差分解算过程中产生的误差、原始数据集成处理过程中产生的误差、原始数据坐标系转换以及水准校正中产生的误差。

数据后处理误差主要包括激光点云航带拼接时产生的误差、分块批处理时产生的误差、激光点云数据分类产生的误差、航片连接点匹配时产生的误差，以及DEM、DOM生成时产生的误差。

在数据处理过程中，要坚持对各个环节进行质量检查和精度评定，在薄弱环节和关键环节，采用多种数据源和多种手段进行检核，以提高最终成果精度。

5.4.2　机载三维激光扫描数据误差控制方法

1. 机载三维激光数据定位解算

对IPAS数据和地面基站数据进行联合计算，解算航线定位定向成果。

首先，对IPAS原始数据进行解压，分离出机载GPS数据与INS惯导数据，然后结合地面GPS基站数据进行差分处理，最后利用差分成果与INS数据联合解算，解求定向定位数据，其流程如图5-21所示。

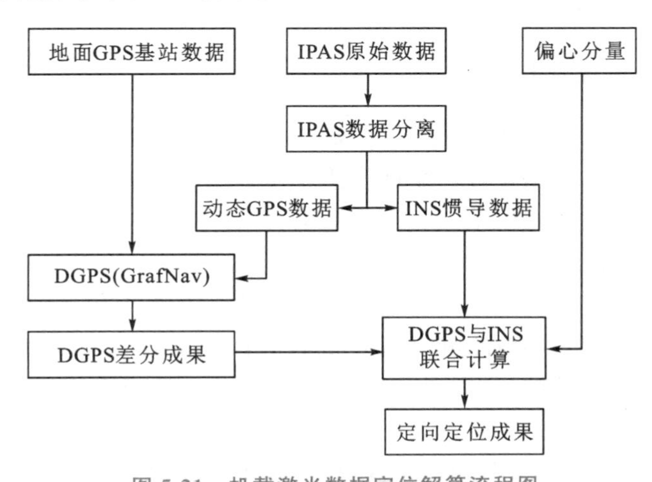

图5-21　机载激光数据定位解算流程图

2. 激光点云数据检校

机载三维激光扫描系统各个部件的检校数据主要用于改正飞行过程的系统误差、航带偏移等产生的误差。将系统部件的偏心角、偏心分量数据，通过整体平差的方式计算出定向定位参数，改正航带平面和高程漂移系统误差，从而可以解算激光点云的精确三维空间坐标。

激光点云数据检校主要包括以下方面：

（1）视准轴（boresight calibration）检校：由于设备安装会造成 IMU 和激光扫描镜视准轴在 X、Y 和 Z 方向的角度偏差，直接影响最终点云成果的精度和条带之间的拼接，必须予以消除。

（2）距离偏移（range offset）检校：由于激光扫描仪中电子器件延迟、大气等外部环境的干扰，激光接收器记录的时间并非回波的真实时间。由于此时间的影响，系统计算出来的目标点位高程与真实目标点位的实际高程存在系统差，由此产生的距离偏移必须进行校正。

（3）扭曲（torsion）检校：距离检校完成后，应进行扭曲检校，以纠正在扫描条带边缘扫描镜在最大加速度时其实际的镜面位置与编码器计算的位置的细微差别。

（4）Pitch 倾斜误差（Pitch error slope）检校：Pitch 倾斜误差是由于扫描镜在高速旋转时不是严格意义上的平面，造成扫描线不会十分直、有轻微的弯曲。可以利用检校飞行时高航高上相反航线的数据来进行检查和确认。

（5）高程偏移（elevation offset）检校：利用检校场布设的激光高程检测点，与检校场激光点云数据进行系统差求取，并将此系统差应用于所有条带的数据，以该系统差值进行高程改正。高程偏移不是一个定值，它根据不同的任务和实地情况结合外业检测灵活定义。

激光检校完成后，必须仔细检查，查看激光数据条带之间拼合是否正确、地形符合是否良好。检校的结果直接影响测区激光数据的精度，检校的精度需要高精度的航线解算为基础，因此激光检校需要反复仔细进行。

3. 航带拼接和系统误差改正

激光点云数据即使经过严格的检校，姿态测定误差、GPS 动态定位误差及地形植被引起的各种随机误差依然显著，数据重叠区仍然可能存在较大差异。这些系统误差的存在不仅影响激光点的几何精度，而且对机载 LiDAR 点云数据的后处理产生影响，同时产生的 DTM 存在着高程偏移。对于三维重建，由于未经系统误差处理的点云数据在相邻航带间存在着系统误差，如不同条带的同一房屋的边沿不重合，进而可能影响三维重建的精度，甚至导致重建失败。机载 LiDAR 的系统误差处理是影响 LiDAR 数据精度和应用潜力的关键技术，而基于重叠航带的区域网平差则是消除系统误差的主要方法。

基于条带平差思想类似于摄影测量区域网平差的方法，以条带为平差单元，以相邻航带间的平面以及高程偏移为观测值，进行最小二乘平差。

顾及各种误差对平面及高程精度的影响，借鉴条带误差改正的思路，采取布设地面控制点的方式计算测区点云数据的平面及高程改正值，从而达到对点云数据的优化。航带拼接时，不同航带间（含同架次和不同架次）点云数据同名点的平面位置中误差应小于平均点云间距，高程中误差应小于规定的中误差。

5.5　实　　训

5.5.1　机载三维激光扫描方案设计

【实训目的】了解机载三维激光扫描设备的作用流程，掌握常用的三维激光扫描仪的基本使用。

【实训设备】大疆经纬 M300 RTK 无人机、L1 激光雷达扫描仪。

【实训内容】大疆经纬 M300 RTK 无人机搭载 L1 激光雷达设备的基本安装及使用。

根据需要的精度和扫描范围选择合适的激光扫描仪，这里选择机载高精度测绘激光雷达扫描仪禅思 L1。

机载三维激光扫描主要由两种采集方式，即雷达建模使用激光雷达采集被测物体点云数据、摄影测量使用可见光相机采集被测物体影像，这里选择雷达建模为例进行讲解。

实地踏勘：对扫描区进行实地踏勘，核实现状情况。

规划扫描区域：确定要扫描的地面区域，根据扫描区域的大小和复杂度确定规划航线，如图 5-22 所示。

机载三维激光扫描作业流程如图 5-23 所示。

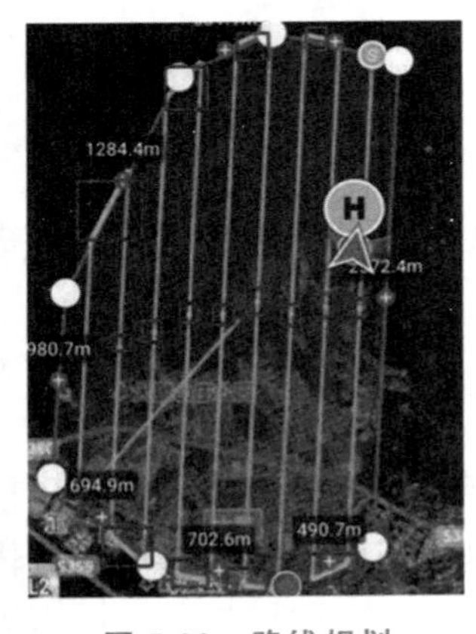

图 5-22　路线规划

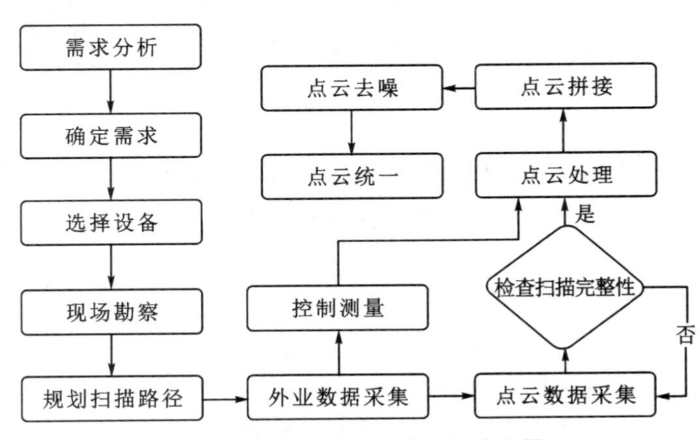

图 5-23　机载激光扫描作业流程图

5.5.2 机载三维激光外业扫描

【实训目的】初步了解机载三维激光扫描作业流程，掌握机载三维激光扫描仪进行地物扫描的方法。

【实训设备】大疆经纬 300 RTK 无人机、L1 激光雷达扫描仪。

【实训内容】机载三维激光扫描仪基本作业流程。

1. 准备工作

（1）检查电池电量：当按下按钮时，电池上的 4 个 LED 将显示电量等级。每个 LED 对应 25%的电量，当电量为 100%时，所有 4 个 LED 都发出稳定的绿色光。如果电池电量过低，则只有一个 LED 闪烁。

（2）检查机身 SD 卡的剩余容量：SD 卡剩余容量过小设备会报错、不能进行扫描工作，检查完毕后将 SD 卡插入机身（在插入或取出存储卡之前，请确保仪器已关机）。

（3）检查设备外观：确认设备无安全隐患，设备能进行正常扫描工作。

2. 外业采集

1）无人机组装

安装机身底部两侧起落架。匹配起落架和机身底部两侧安装位置的红色标记后嵌入到底，滑动锁扣到底并旋转锁紧，此时红色标记应对齐。如图 5-24 所示。

图 5-24　安装两侧起落架

将飞行器从保护箱中取出，放置于平稳地面，按先后顺序分别展开两侧前、后机臂，锁紧机臂并展开桨叶。如图 5-25 所示。

2）负载设备安装

飞行器完全展开后开始安装负载设备，按住云台相机解锁键，逆时针旋转移除接口保护盖；从保护箱中取出 L1 激光雷达扫描仪，对准云台相机上的白点与飞行器云台接口的红点，嵌入安装位置；顺时针旋转云台相机接口至锁定位置（红点对齐），以固定云台。如图 5-26 所示。

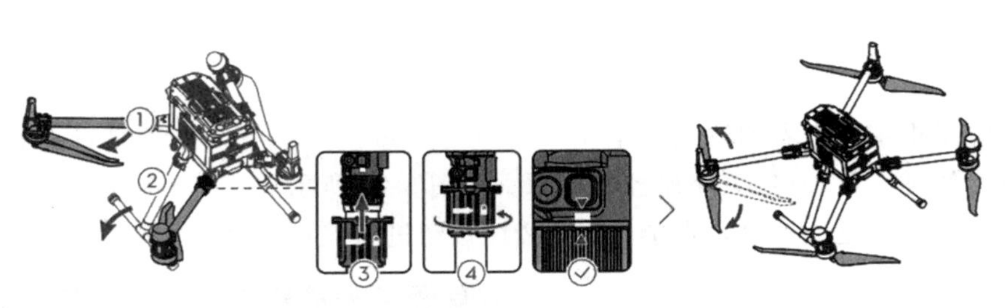

图 5-25　展开飞行器

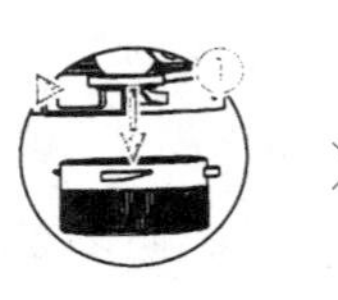

按住云台相机解锁按键，移除保护盖

对齐云台相机上的白点与接口红点，并嵌入安装位置

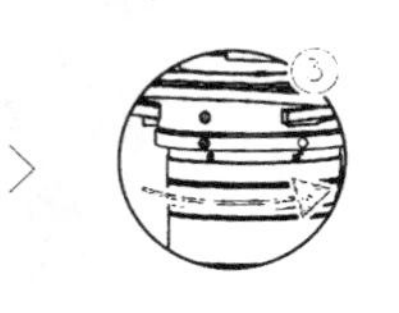

旋转云台相机快拆接口到锁定位置，以固定云台

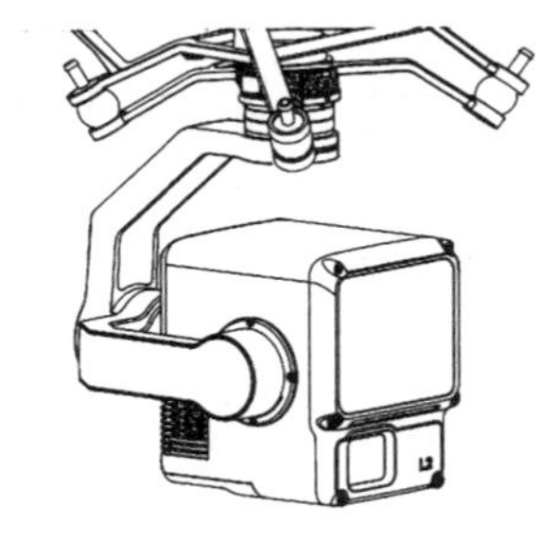

图 5-26　安装云台相机

3) 安装智能飞行电池

旋转电池仓保险开关与电池仓底部垂直，将两块 TB65 智能电池插入电池仓，旋转电池仓保险开关与电池仓底部平行锁紧电池。如图 5-27 所示。

4) 开启和关闭电池

必须将电池安装到飞行器上，才能开启和关闭电池。

开启电池：在电池关闭状态下，先短按飞行器电源按键一次，然后在 3 秒内长按电源按键，即可开启电池。电池开启时，飞行器的电源按键为绿灯常亮，电池的电量指示灯显示当前电池电量。如图 5-28 所示。

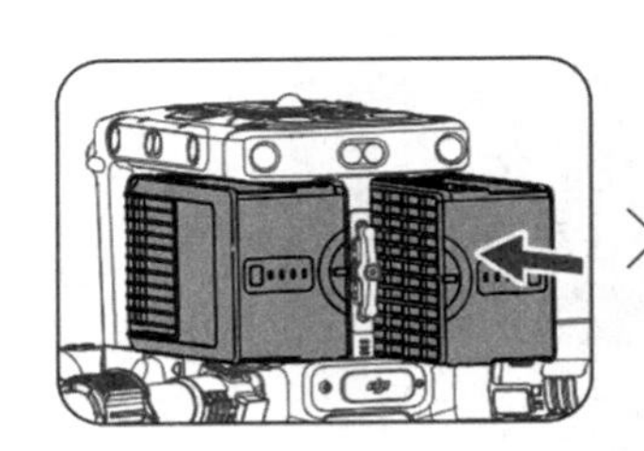

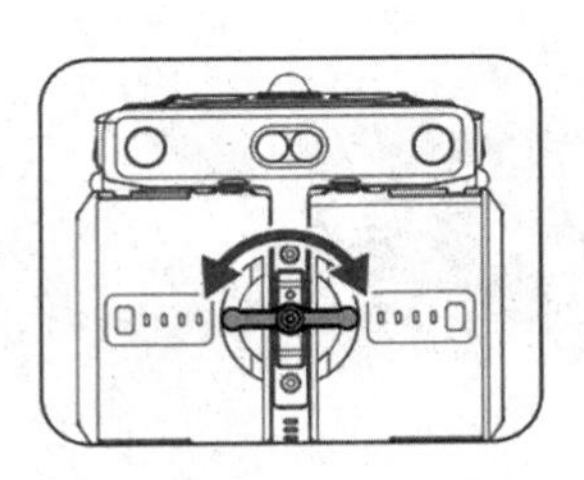

图 5-27　安装智能飞行电池

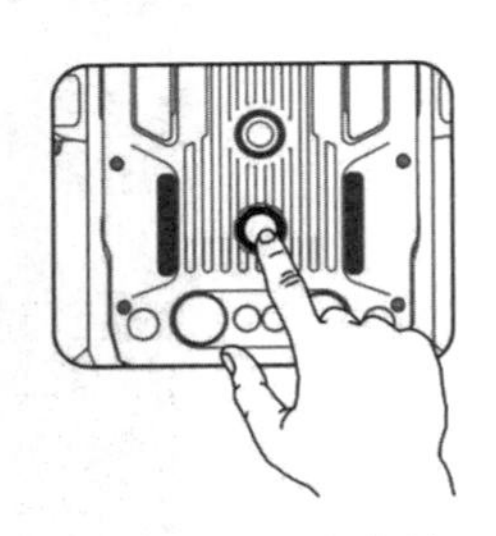

图 5-28　开启电池

关闭电池：在电池开启状态下，先短按飞行器电源按键一次，然后在 3 秒内长按电源按键，即可关闭电池。电池关闭后，指示灯均熄灭。

5）遥控器开启

使用电量指示灯查看内置电池电量（关机时可短按一次电源按键进行查看），短按再长按电源按键，可开启/关闭遥控器电源。如图 5-29 所示。

启动遥控器后进入主页，点击“Pilot 2”按钮进入飞控软件，如图 5-30 所示。

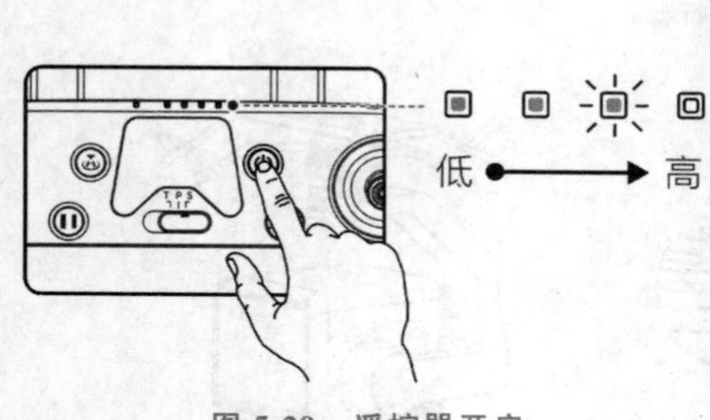

图 5-29 遥控器开启

图 5-30 进入飞控软件

点击“航线”，进入航线规划界面，如图 5-31 所示。

图 5-31 进入航线规划界面

点击“创建航线”，选择“建图航拍”，如图 5-32 所示。

图 5-32 选择“建图航拍”

将测区地图移动至视图中心，点击“生成测绘区域”，拖动节点，以调整测绘区域大小，如图 5-33 所示。

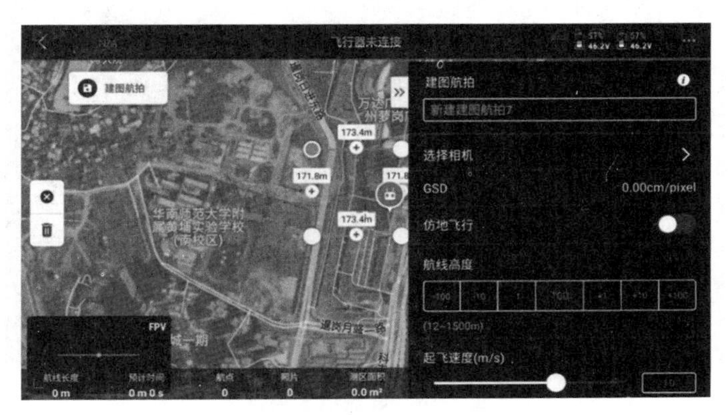

图 5-33　调整测绘区域大小

生成测绘区域后，点击右侧参数设置菜单，点击“选择相机”，在相机列表中选择禅思 L1 相机，并在模式选择中选择“雷达建模”，如图 5-34 所示。

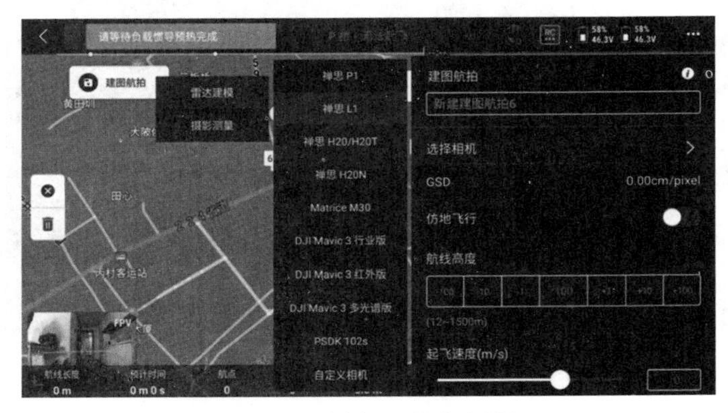

图 5-34　选择“雷达建模”

开启“惯导标定”，如图 5-35 所示。

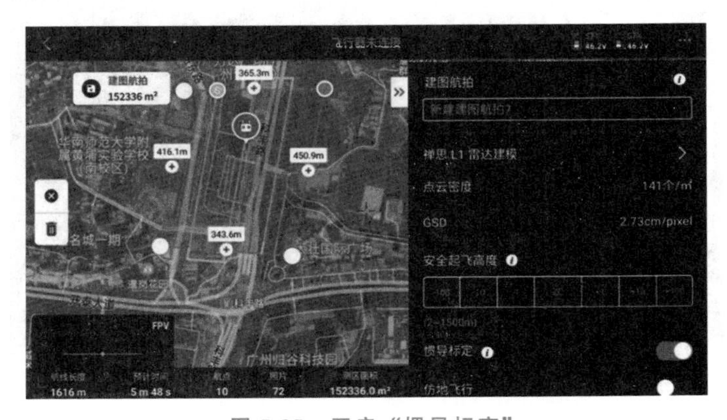

图 5-35　开启“惯导标定”

设置航线高度，达到预期地面分辨率，如图 5-36 所示。

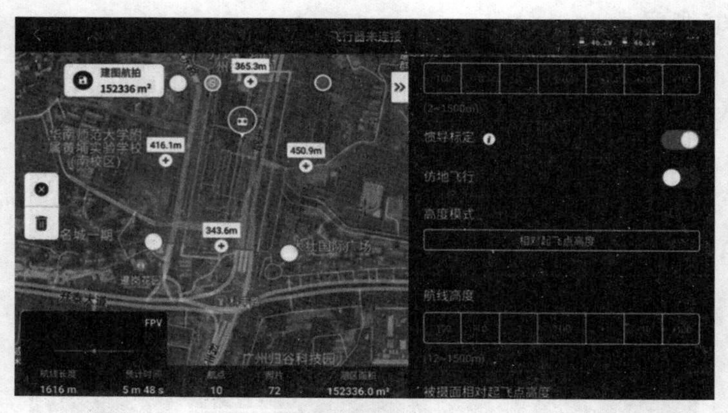

图 5-36　设置航线高度

根据需求进行航线速度调整，如图 5-37 所示。

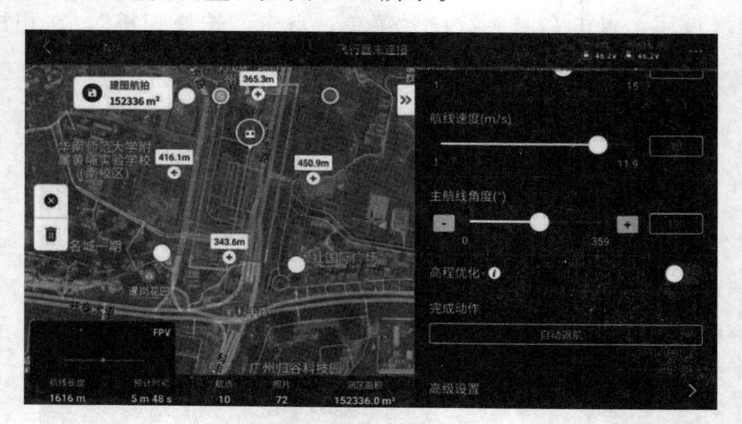

图 5-37　调整航线速度

调整主航线角度，减少航线转弯次数，以提升采集效率，如图 5-38 所示。

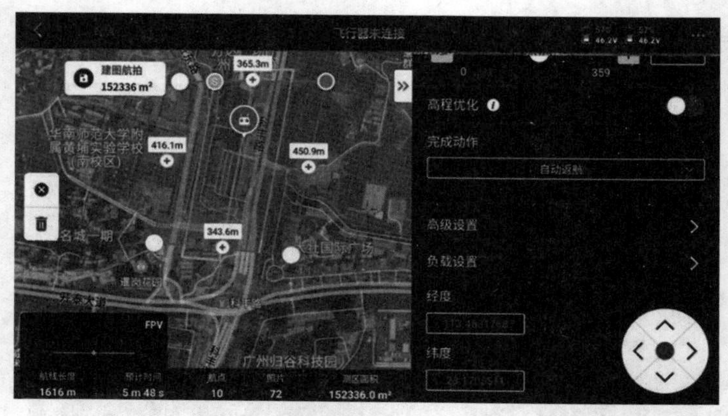

图 5-38　调整主航线角度

点击“高级设置”，进行航向重叠率、旁向重叠率、边距、拍照模式设置，如图5-39所示。

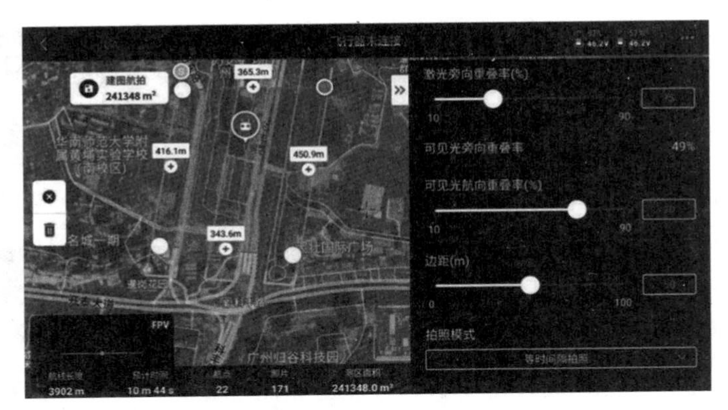

图5-39　高级设置

相关参数设置完成后，点击左上方“保存”按钮进行任务保存，软件提示保存航线成功，如图5-40所示。

图5-40　任务保存

点击左侧“开始”按钮，进入飞行准备界面进行飞行器状态检查及航飞参数确认，确认无误后点击“上传航线”按钮，将任务发送至飞行器，如图5-41所示。

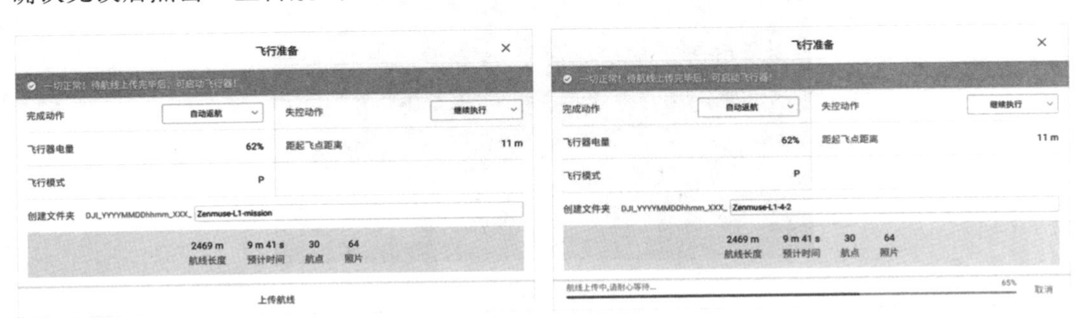

图5-41　上传航线

航线上传完成后，确认周边环境满足起飞条件，点击“开始执行”按钮进行采集作业，如图5-42所示。

可在遥控器上观看飞行器实时姿态数据及前视画面、雷达相机画面，如图 5-43 所示。

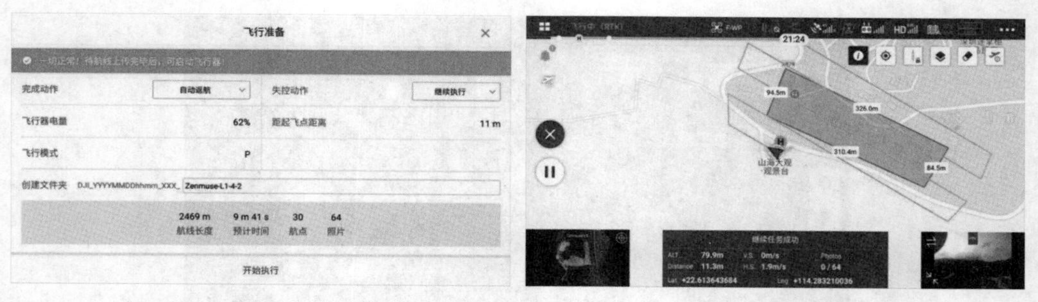

图 5-42　点击“开始执行”　　　图 5-43　查看飞行器参数

点击雷达相机窗口将其最大化显示，可点击左侧“分屏”按钮，进行实时图像与点云查看，如图 5-44 所示。

待采集任务完成，飞行器开始自动返航，在飞行器降落过程中需观察降落区域周边环境是否满足自动降落，必要时进行手动接管，待飞行器平稳降落、螺旋桨停止转动、电机自动上锁后关闭飞行器电源，如图 5-45 所示。

图 5-44　点击分屏　　　图 5-45　飞行器降落

从负载相机中取出存储卡，插入电脑进行数据检查与拷贝，如图 5-46 所示。

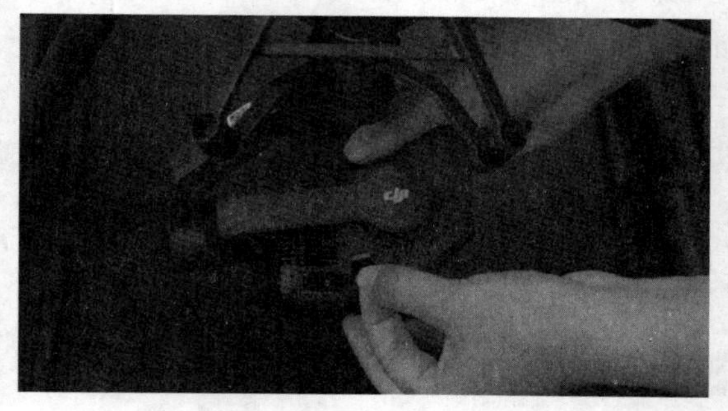

图 5-46　取出存储卡

可在 DCIM 文件夹中检查所录制的点云文件、所拍摄的照片及其他文件（图 5-47），文件夹中包括后缀名为：CLC（相机雷达标定文件）、CLI（雷达 IMU 标定文件）、LDR（雷达数据）、RTK（主天线 RTK 数据，可见光数据要做 PPK，也是用此 RTK

文件作为飞机端的卫星观测文件）、RTL（RTK 杆臂补偿数据）、RTS（副天线 RTK 数据）、RTB（基站 RTCM 数据）、IMU（惯导 IMU 原始数据）、SIG（PPK 签名文件）、LDRT（App 回放用点云文件）、RPT（点云质量报告文件）、RPOS（实时 POS 解算数据）、JPG（飞行过程拍摄的照片）。

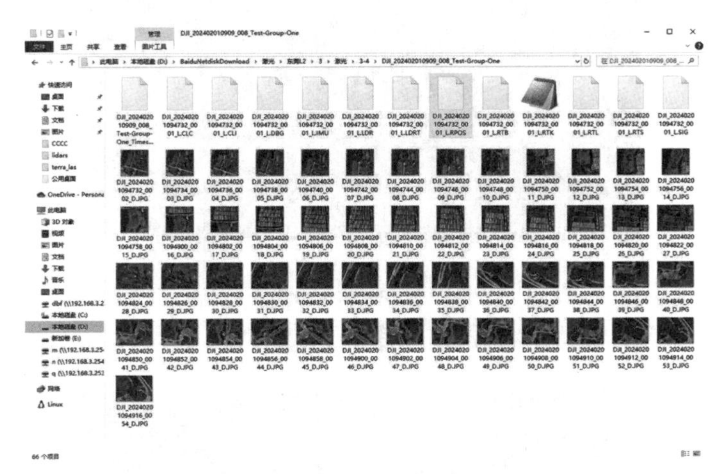

图 5-47　DCIM 文件夹

5.5.3　机载三维激光扫描内业数据预处理

大疆智图激光点云重建

【实训目的】掌握机载三维激光扫描数据处理流程。

【实训设备】禅思 L1 激光雷达数据、大疆智图（DJI Terra）。

【实训内容】DJI Terra 处理 L1 激光雷达数据流程。

支持禅思 L1、L2 激光雷达点云一键式数据处理，包含轨迹解算、点云与可见光数据精准融合、点云精度优化、地面点提取、DEM 生成、作业报告输出，满足高精度点云数据处理。

将禅思 L1 激光雷达 SD 卡插入电脑中，拷贝禅思 L1 采集到的数据到本地电脑上，启动大疆智图软件。如图 5-48 所示。

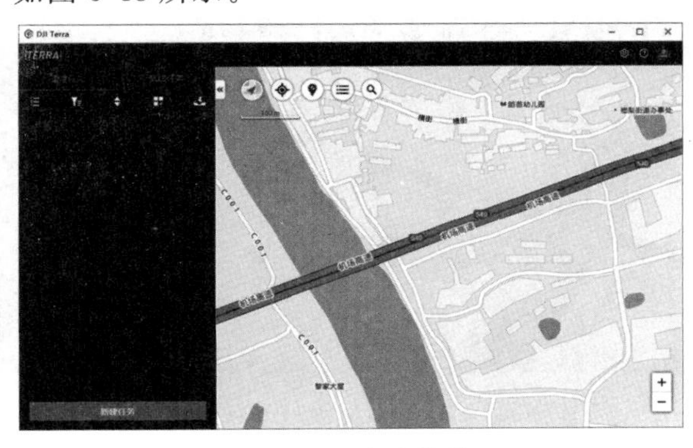

图 5-48　启动软件

点击“新建任务”，选择任务类型为“激光雷达点云”，如图 5-49 所示。

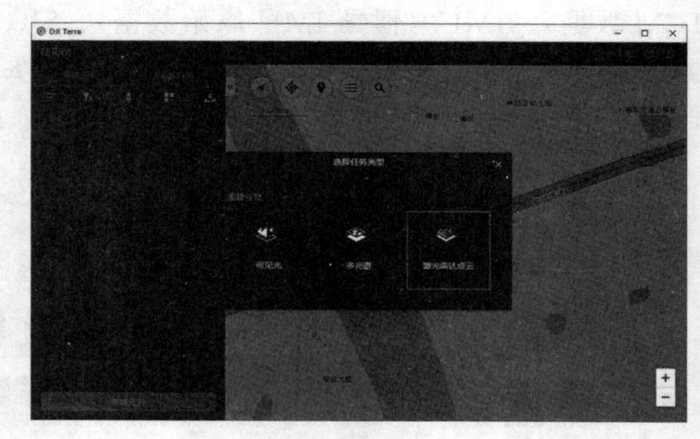

图 5-49　新建任务

设置“任务名称”，点击“确定”，如图 5-50 所示。

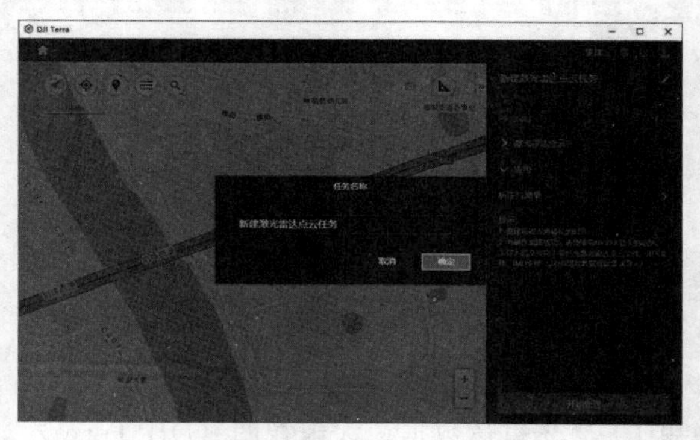

图 5-50　确定任务名称

点击“添加文件夹”按钮，选择并导入素材文件夹，导入 L1 采集激光雷达点云数据，如图 5-51 所示。文件夹下应包括后缀名为 CLC、CLI、IMU、LDR、RTB、RTK、RTL 和 RTS 的文件，如需要输出真彩色点云，则需确保导入的文件夹中包含有测绘相机采集的 JPG 影像。

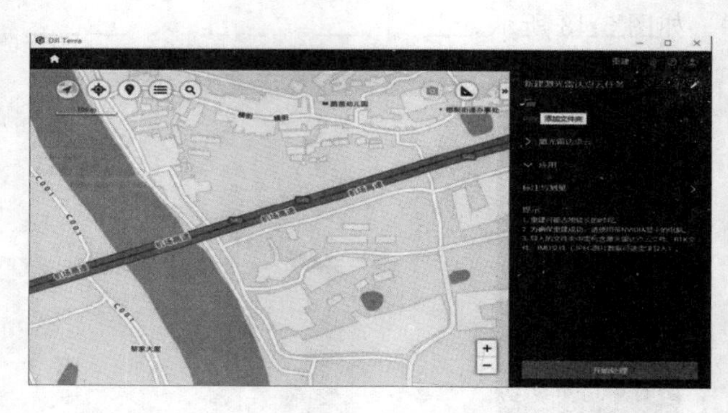

图 5-51　导入素材文件夹

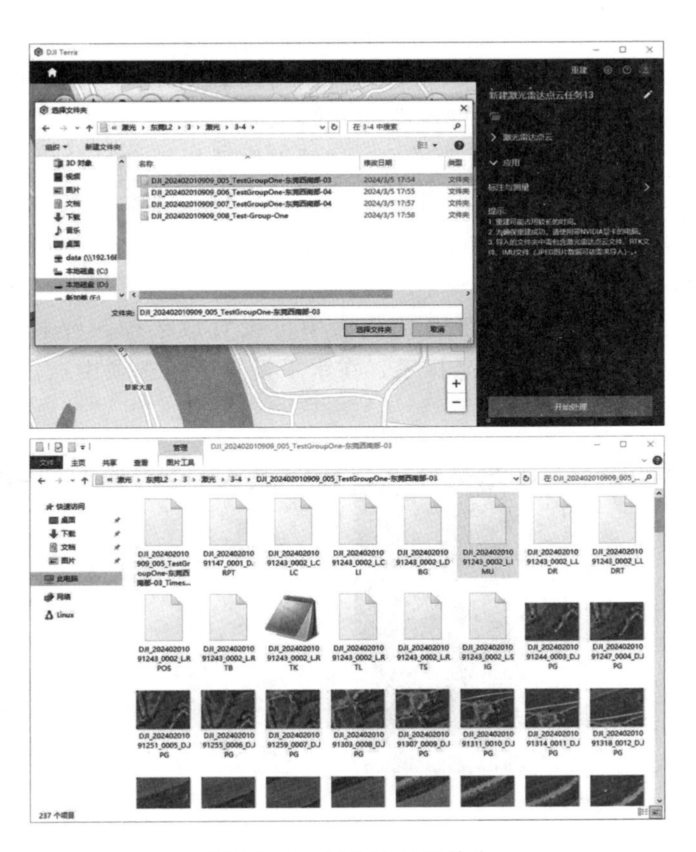

续图 5-51　导入素材文件夹

导入素材文件夹后，在软件中将显示有一组数据，且在主界面地图中显示基站中心点，如图 5-52 所示。

点云密度设置（设置采样距离，降低点云数量，使点云密度更加均匀），如图 5-53 所示。

图 5-52　显示基站中心点　　图 5-53　点云密度设置

点击“点云处理”选项，在展开的列表中可设置“点云有效距离”，距离 LiDAR 超过该距离的点云将在后处理中被过滤掉，可选择开启“点云精度优化”功能，使得不同时间段扫描的点云数据位置一致性更好，精度更高；可选择开启“点云平滑”功能，开启会降低点云厚度，以去除离散噪声，使局部结构显示更清晰；可选择开启“地面点分类”功能，开启会将点云成果中将地面部分标记为地面点。在“地面类型”选项中，“平地”适用于建筑物密集场景或者平原，“缓坡”适用于常见的山地、丘陵等场景，“陡坡”适用于高山地、河谷等高程剧变场景。“最大建筑物对角线”中输入建筑物俯视图最大对角线尺寸，默认 20m，输入范围 1～1000m；若有 DEM 需求，则可勾选“生成 DEM”，如图 5-54 所示。

点击“点云处理”选项，在展开的列表中可设置成果输出坐标系。若需要国家 2000 坐标系成果，则可勾选已知坐标系，在水平设置下拉选项中点击“水平坐标系数据库”，如图 5-55 所示。

图 5-54　生成 DEM

图 5-55　勾选坐标系

在弹出的界面搜索框中可输入 EPSG 编码或 CGCS2000 进行查找，或者展开投影坐标系列表进行查找，如图 5-56 所示。

若需要设置高程坐标系，在“高程设置”下拉选项中点击“垂直坐标系数据库”，如图 5-57 所示。

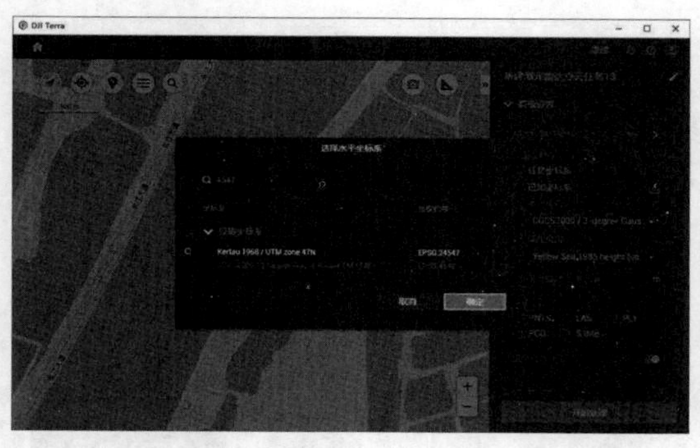

图 5-56　查找投影坐标系

图 5-57　设置高程坐标系

在弹出的界面搜索框中可输入 EPSG 编码或 1985 进行查找，或者在坐标系列表中查找，如图 5-58 所示。

待所有参数设置完成，点击“开始处理”按钮，弹出“参数检查列表”中进一步确

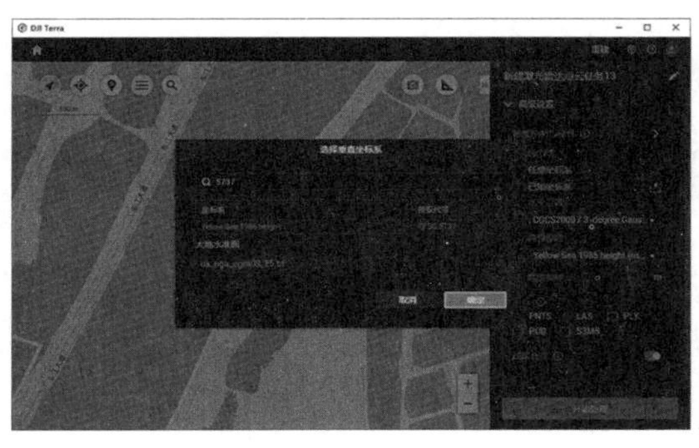

图 5-58　查找坐标系

认设置参数，检查参数无误后点击“确定”，进行激光雷达点云数据处理，如图 5-59 所示。

可在右下角观察数据处理进度，如图 5-60 所示。

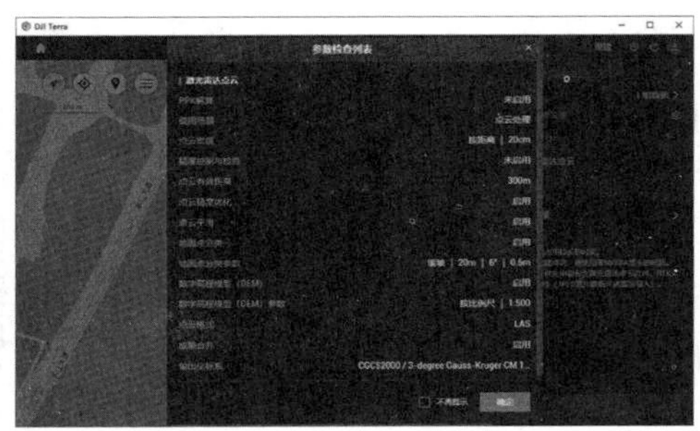

图 5-59　参数设置

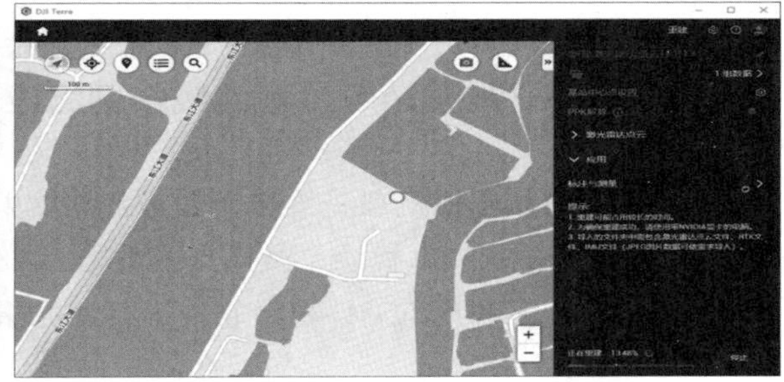

图 5-60　查看数据处理进度

点云处理完成后，可在大疆智图左侧窗口查看生成的整体点云成果，如图 5-61 所示，并检查点云成果文件夹，如图 5-62 所示。

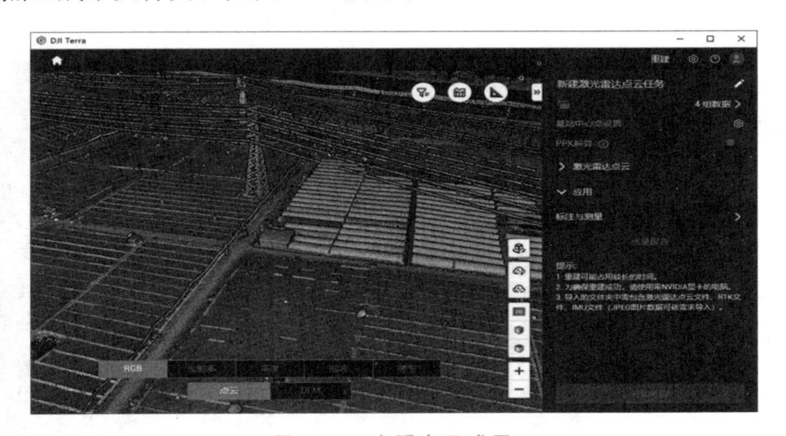

图 5-61　查看点云成果

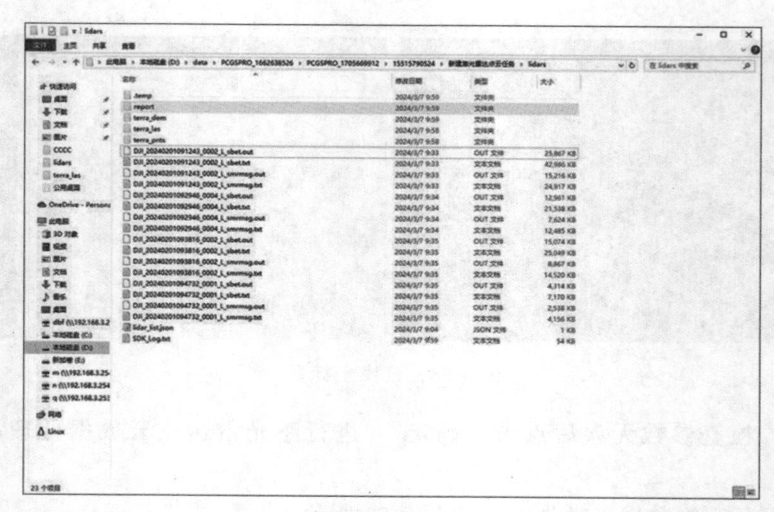

图 5-62　点云成果文件夹

5.5.4　机载三维激光点云输电线路勘测应用

ES3D基于无人机激光应用

ES3D激点云模操作

【实训目的】掌握机载三维激光扫描数据输电线路勘测生产流程。

【实训设备】ES3D 智绘、激光点云数据 LAS。

【实训内容】利用 ES3D 智绘软件进行激光雷达数据处理，输电线路勘测。

1. 数据转换

激光点云 RCP/RCS 转换：因为 LAS 格式数据无法直接导入 CAD，导入前需要先将 LAS 转换为 RCP 格式，点击“ES3D 全息”，选择“点云转换与浏览”功能（或开始界面找到“Autodesk ReCap”并点击打开），如图 5-63 所示。

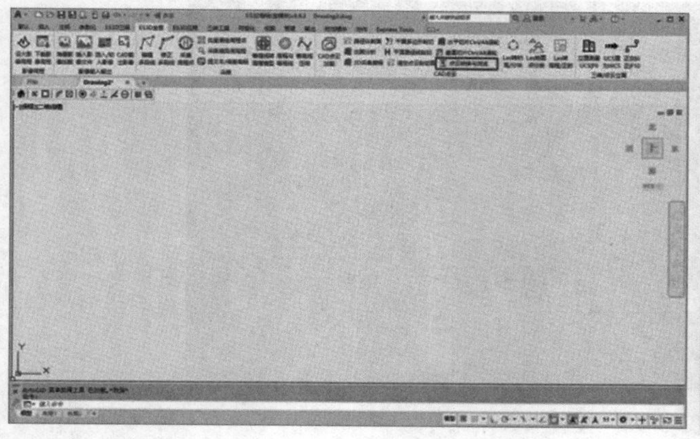

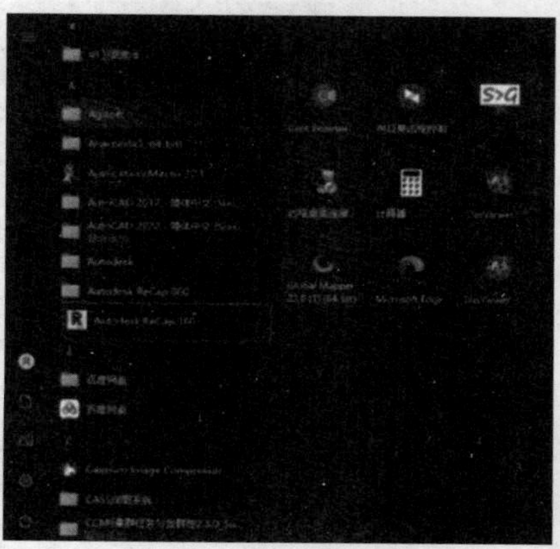

图 5-63　点云转换与浏览

打开软件，点击“scan project”，弹出新建工程界面，如图 5-64 所示。

在新建工程界面，输入工程名称及工程存放路径，点击“proceed”创建工程，如图 5-65 所示。

图 5-64　新建工程

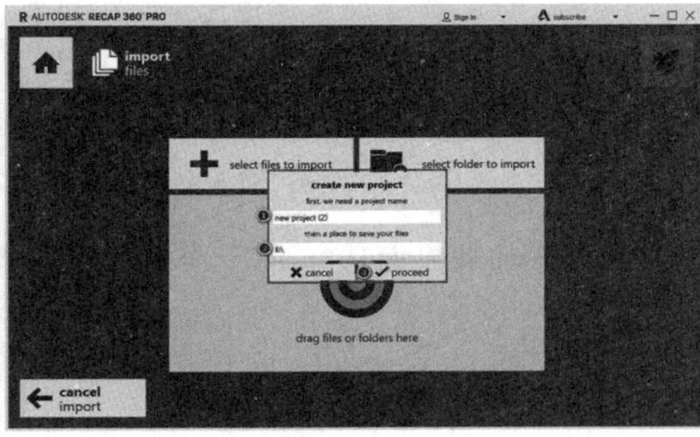

图 5-65　创建工程

点击“select files to import”按钮，在弹出的点云选择界面中选择要转换格式的 LAS 点云，点击“打开”，如图 5-66 所示。

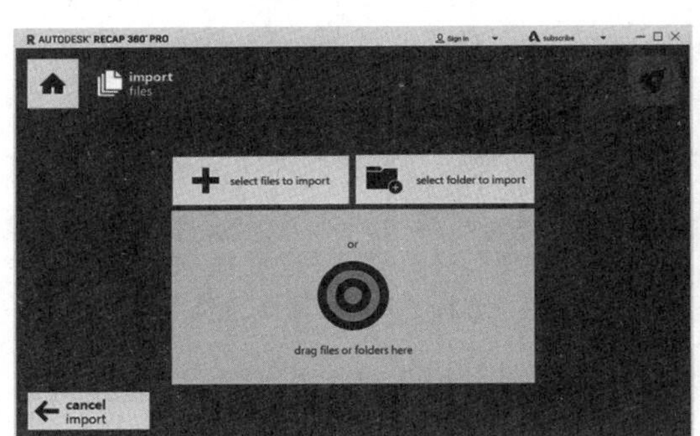

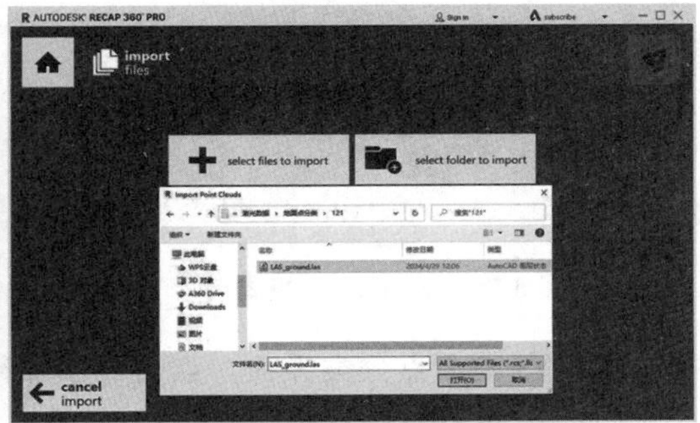

图 5-66　打开 LAS 点云

点云加载完成后，点击“index scans”按钮进行点云处理，如图 5-67 所示。

点云处理进度可以观看底部进度条，如图 5-68 所示，点云转换完成即可关闭软件界面。

图 5-67　进行点云处理

图 5-68　查看进度条

打开 ES3D 软件，点击“ES3D 全息”，选择“CAD 点云加载”功能，如图 5-69 所示。

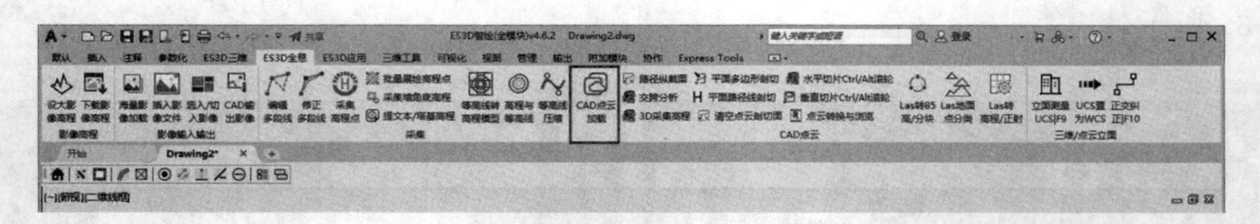

图 5-69　选择“CAD 点云加载”功能

在点云加载界面选择 RCP 格式点云，点击“打开”，如图 5-70 所示。

2. 地面点分类

点击“ES3D 全息”，选择“Las 地面点分类”功能，如图 5-71 所示。

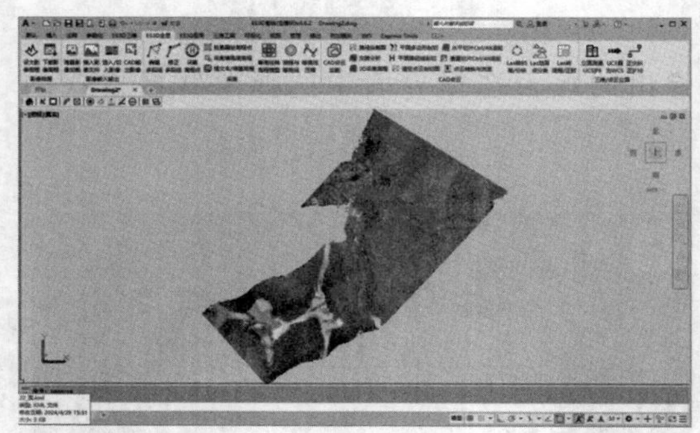

图 5-70　打开 RCP 格式点云

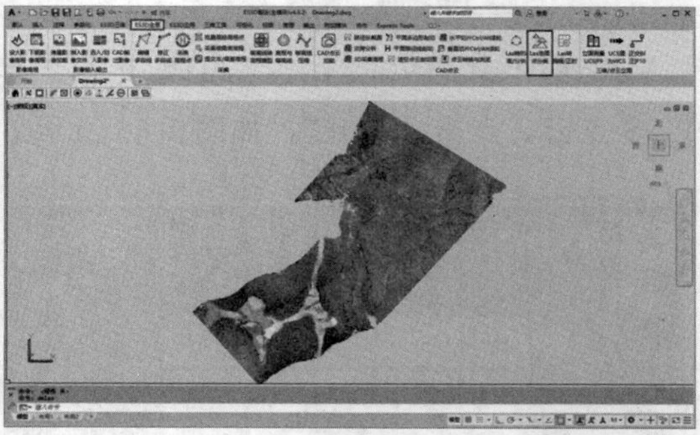

图 5-71　选择“Las 地面点分类”功能

在 LAS 地面点分类界面，点击“添加待分类 Las（支持多选）”按钮，选择将进行分类的 LAS 点云，点击“打开”，如图 5-72 所示。

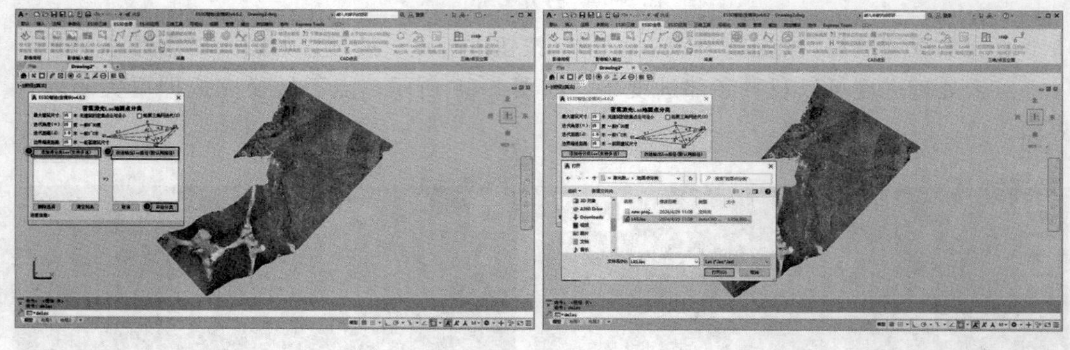

图 5-72　打开用于分类的 LAS 点云

在 LAS 地面点分类界面，点击“开始分类”按钮，进行点云分类（参数设置“默认”，一般使用此参数），如果地形坡度比较大，则把迭代角度和迭代距离增加；相反，如果地形较为平缓，则把迭代角度及迭代距离调小），可在界面底部观察进度条，如图 5-73 所示。

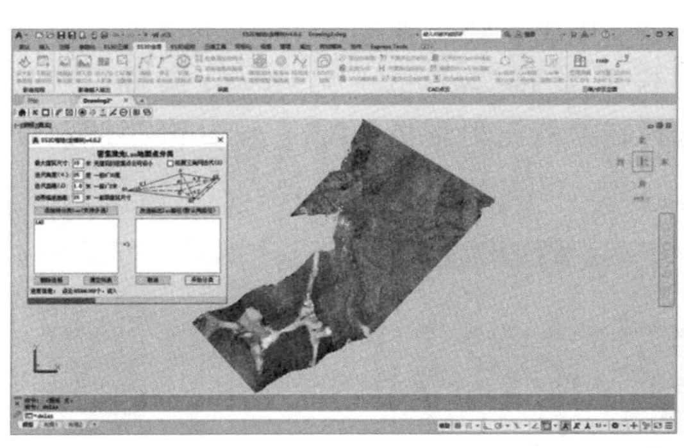

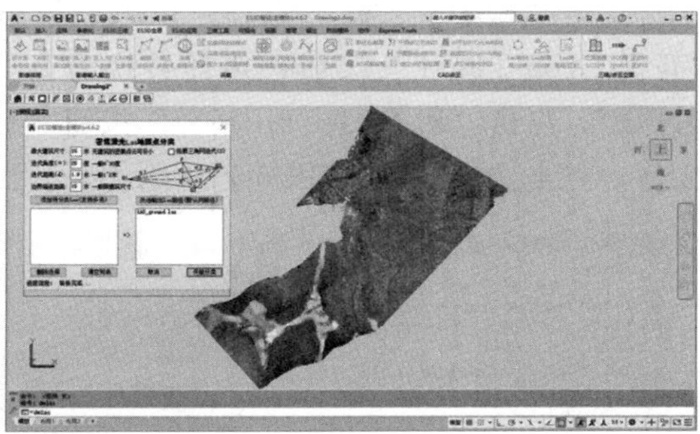

图 5-73　观察底部进度条

点云分类结束后，可按激光点云 RCP/RCS 转换方式进行点云格式转换，转换后可加入 ES3D 进行浏览，采集 Las 转高程模型。

点击“ES3D 全息”，选择“激光 Las 转高程/正射”功能，弹出如下界面；勾选“输出高程模型”，选择进行地面点分类后的 LAS 点云，设置 DEM 输出路径，给定网格间距，点击“开始转换”，如图 5-74 所示。

待界面底部进度信息提示完成后，关闭界面或进行正射影像转换，如图 5-75 所示。

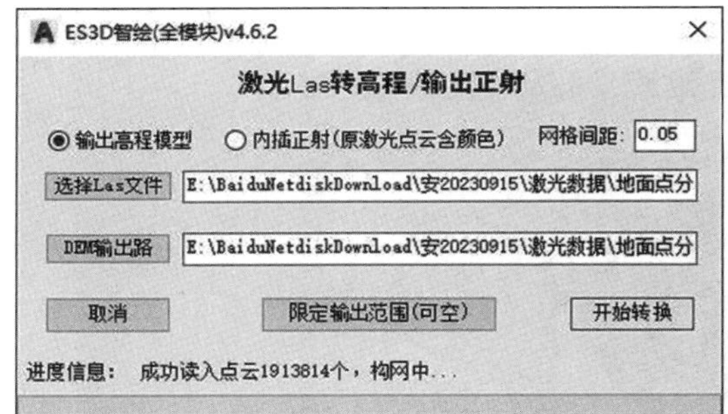

图 5-74　输出 DEM

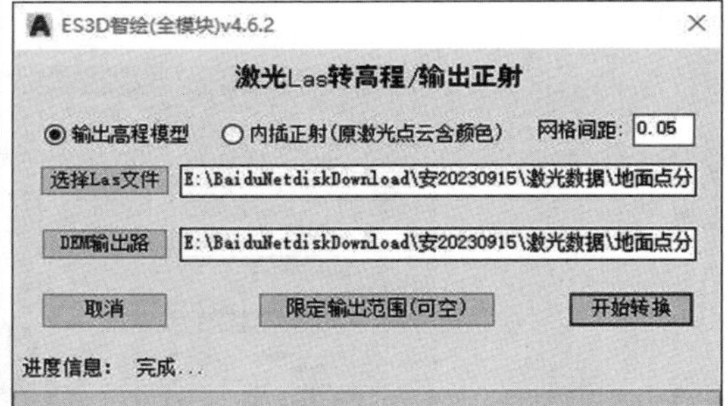

图 5-75　进行正射转换

打开高程模型 DEM 输出路径，可在目录下找到 LAS _ ground _ dem. tif 文件，可将其用 Global Mapper 打开，进行可视化预览，如图 5-76 所示。

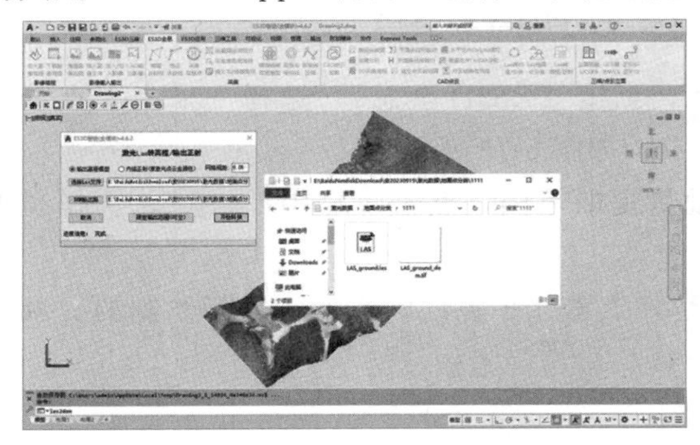

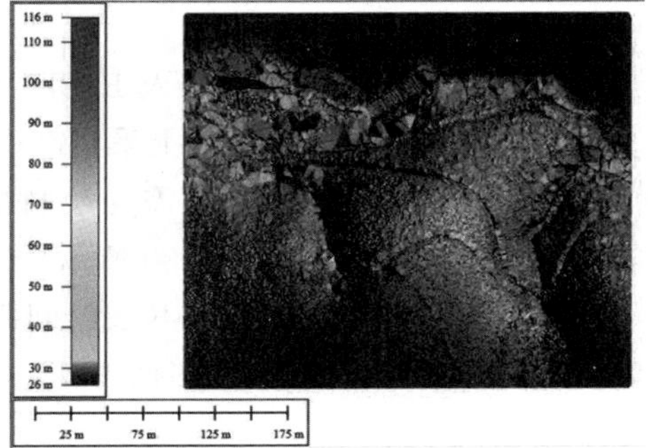

图 5-76　进行可视化预览

点击“ES3D 全息”，选择“设大影像高程”功能，弹出如图 5-77 所示界面；点击“高程 GeoTif 路径”按钮，选择转换后高程模型 LAS _ ground _ dem. tif 文件，点击“打开”；点击“影像 GeoTif 路径”按钮，选择转换后正射影像 LAS _ ground _ dom. tif 文件，点击“打开”，如图 5-77 所示。

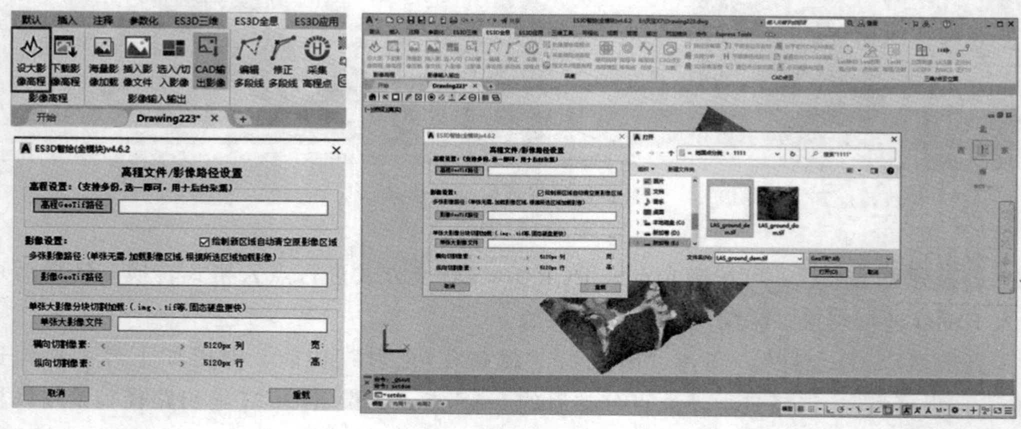

图 5-77　设大影像高程

待影像路径读取完成后，点击“重载”按钮，将正射影像与高程模型导入 ES3D，如图 5-78 所示。

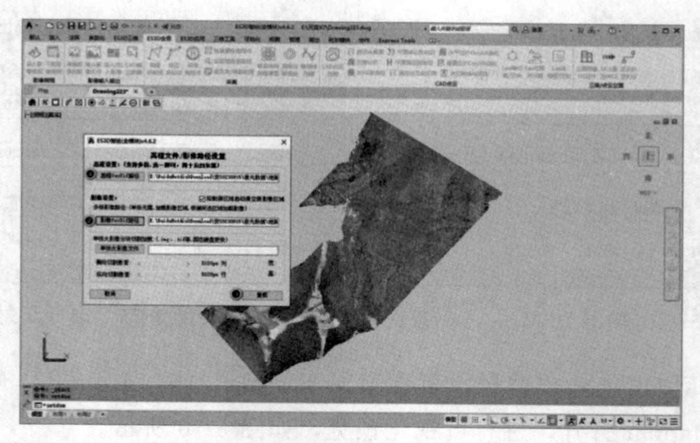

图 5-78　将正射影像与高程模型导入 ES3D

待正射影像与高程模型导入 ES3D 后，点击“ES3D 全息”，选择“采高程点”功能，点击鼠标左键，可在影像上采集高程点，如图 5-79 所示。

若需要批量采集高程点，需先绘制批量提取范围，点击“ES3D 全息”，选择“批量展绘高程点”功能，如图 5-80 所示。

在弹出界面设置“GeoTiFF 展绘间距”，点击“多段线”按钮，选择绘制的提取范围，点击“批量展绘”，如图 5-81 所示。

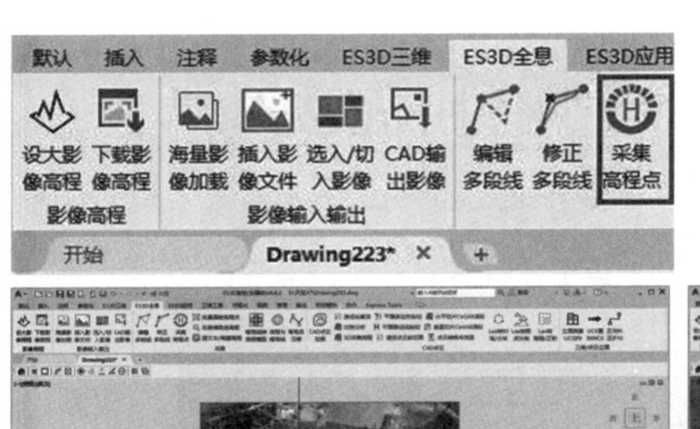

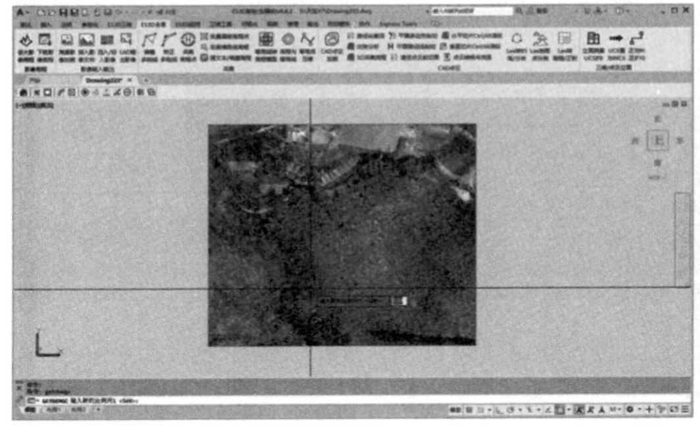

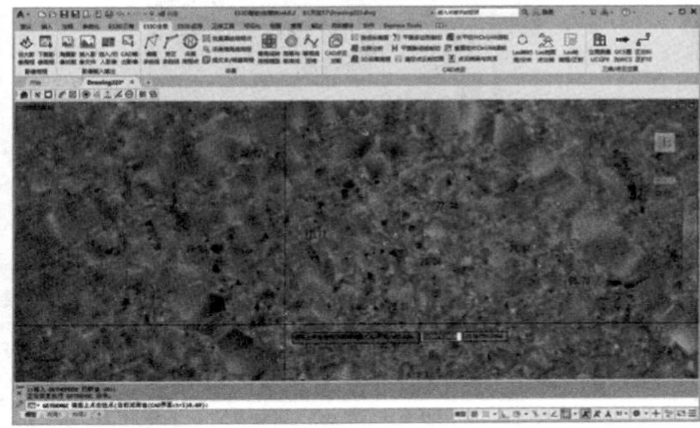

图 5-79　采集高程点

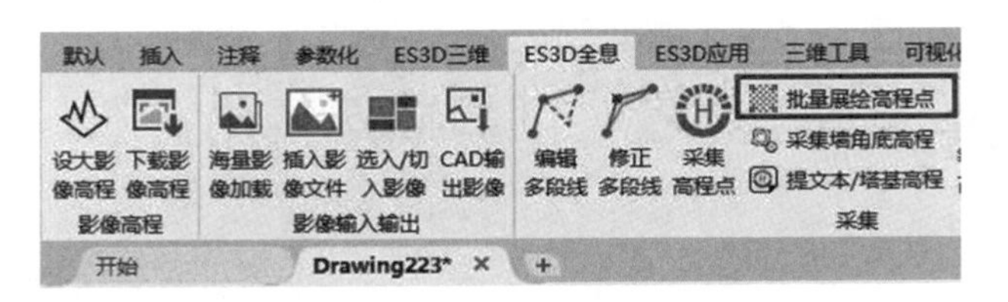

图 5-80　绘制批量提取范围

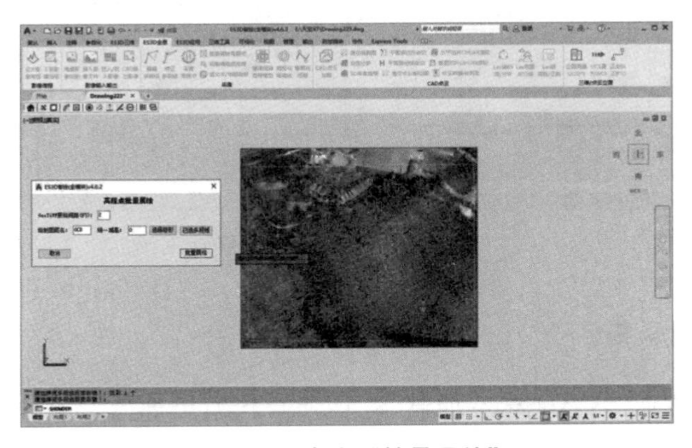

图 5-81　点击“批量展绘”

待软件提示“提取完成”，关闭提示框及批量展绘高程点界面，保存当前图层，如图 5-82 所示。

点击“ES3D 全息”，选择“高程与等高线”功能，在弹出的“高程点绘制等高线”界面勾选“图面高程”，设置等高距，勾选“平滑”选项，点击“生成等高线”按钮，如图 5-83 所示。

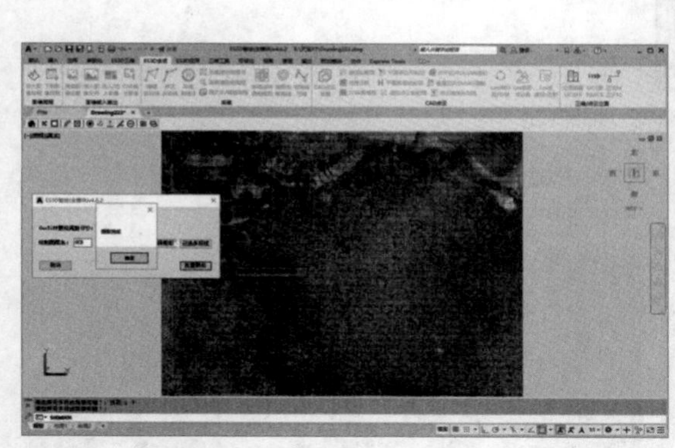

图 5-82　保存当前图层

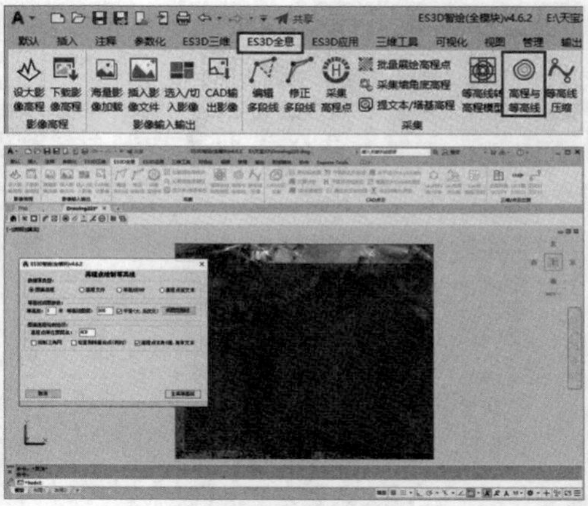

图 5-83　生成等高线

待软件提示“完成输出!”，关闭提示框及高程点绘制等高线界面，保存当前图层，如图 5-84 所示。

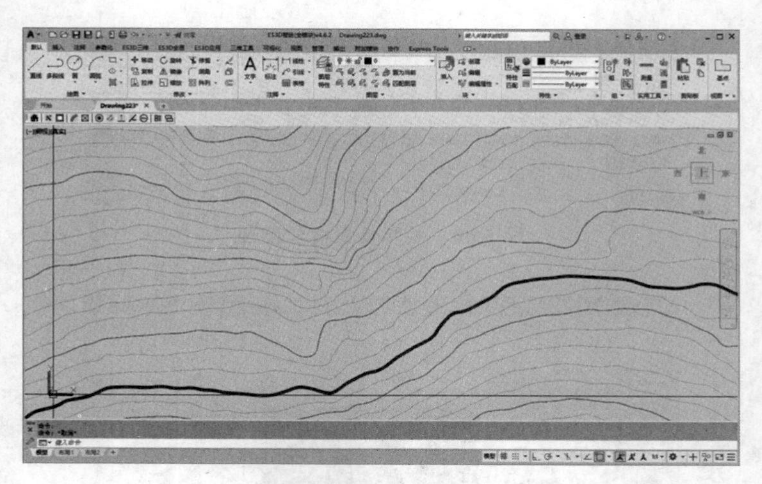

图 5-84　保存当前图层

3. 线路平断面采集

点击“ES3D 全息→CAD 点云加载”，选择转换后的激光点云 RCP/RCS 文件，如图 5-85 所示。

高程文件设置，点击“ES3D 全息→设置影像高程”。选择高程 GeoTif 路径，选择由地面点数据转换生成的 DEM 文件，点击“全部重载”，如图 5-86 所示。

点击“ES3D 应用→绘电力平断面功能”，注意设置好作业人员编码（多个作业人员作业不可重复编码），如图 5-87 所示。

ES3D电力勘测模块操作视频

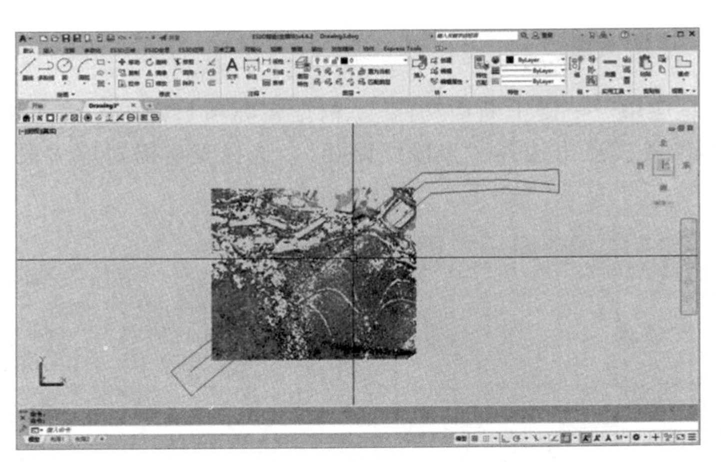

图 5-85　点击转换后的激光点云文件

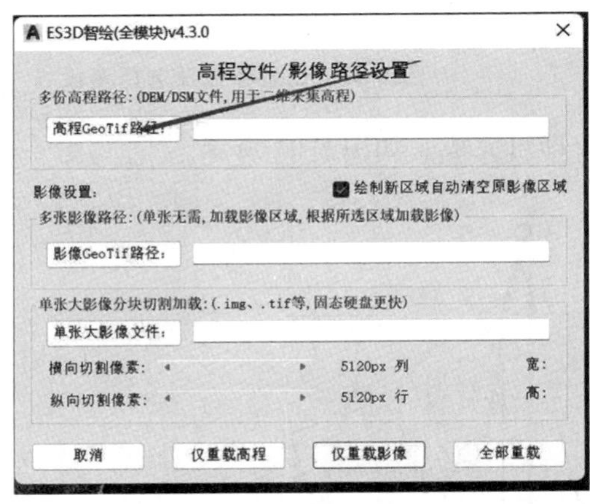

图 5-86　重载影像

图 5-87　设置作业人员编码

根据实际地形情况及路径，进行地形数据采集，可灵活运用点云模块功能进行辅助采集，如图 5-88 所示。

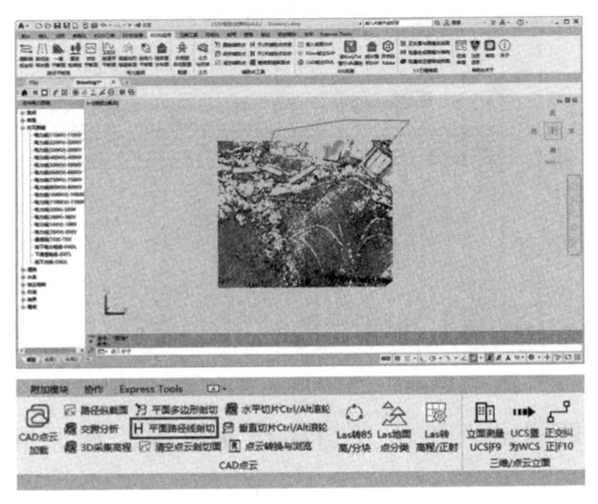

图 5-88　进行辅助采集

4. 自动生成平断面图

点击“ES3D应用→一键平断面功能”，根据实际项目需求，输入相关参数，如边线距离、风偏提取等。点击选择“多段线路径”，选择至所需对应多段线，如图 5-89、图 5-90 所示。

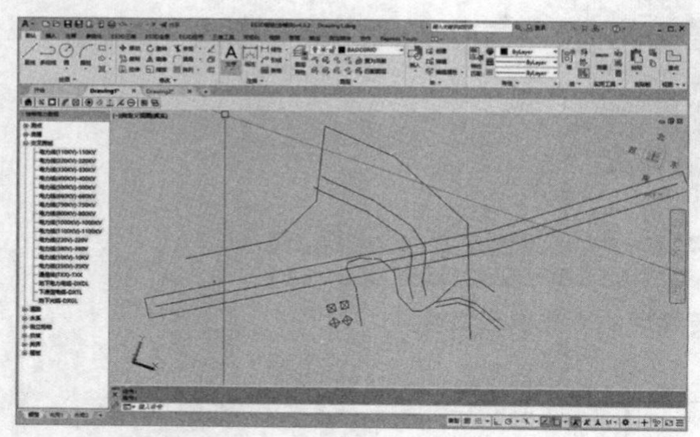

图 5-90　选择多段线路径

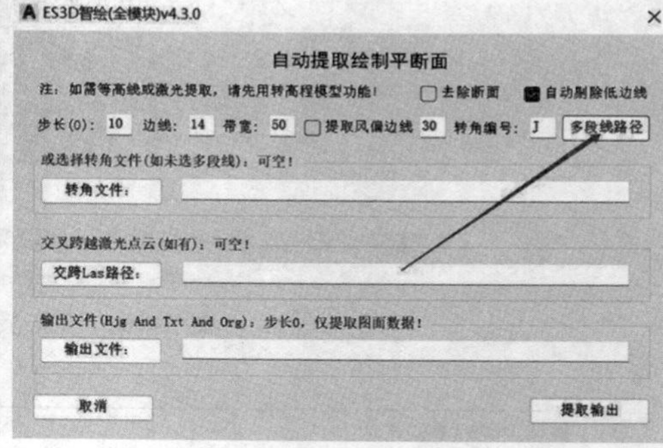

图 5-89　设置参数及选择多段线

选择保存位置后，点击“提取输出”，即可完成，如图 5-91 所示。

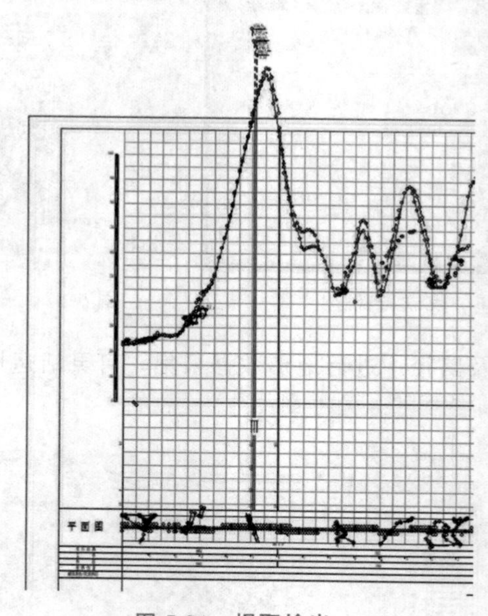

图 5-91　提取输出

5.5.5　机载三维激光扫描虚拟仿真实训

虚拟仿真：机载三维激光扫描实训

【实训目的】初步了解机载三维激光扫描作业流程，掌握机载三维激光扫描仪基本的扫描方法。

【实训设备】机载三维激光扫描虚拟仿真教学系统。

【实训内容】机载三维激光扫描仪虚拟仿真作业流程及实施方法。

1. RTK 静态采集

（1）仪器架设。打开虚拟仿真教学系统，进入虚拟仿真场景，打开仪器背包，架设架设 GNSS 接收机，如图 5-92 所示。

（2）静态参数设置，主要包括仪器连接、仪器设置、采集间隔、天线高等，如图 5-93 所示。

图 5-92 仪器架设

图 5-93 静态参数设置

2. 地面站开机

打开背包，取出地面站，开机（然后长按 Y 键），如图 5-94 所示。

3. 无人机组装

（1）无人机机翼安装。根据提示安装机翼，完成一组机翼后剩余机翼自动安装，如图 5-95 所示。

图 5-94 地面站开机

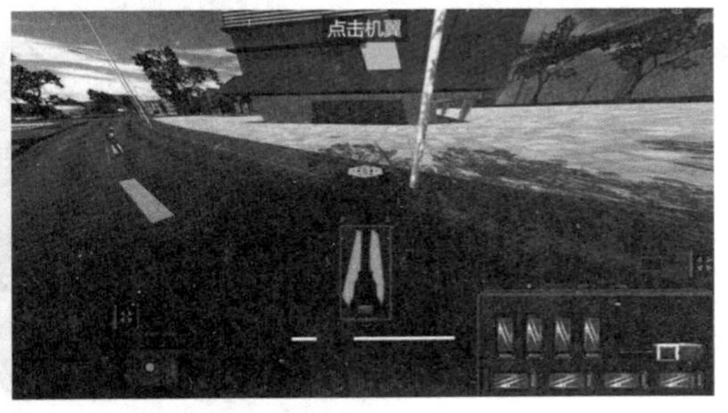

图 5-95 无人机机翼安装

（2）激光安装。根据提示安装激光扫描设备，完成所有接线，取消保护罩，如图 5-96 所示。

（3）电池安装、开机。检查电池电量，选择电量充足的电池并安装，完成一个电池后剩余电池自动安装。启动无人机（先短按后长按），如图 5-97 所示。

图 5-96　激光安装

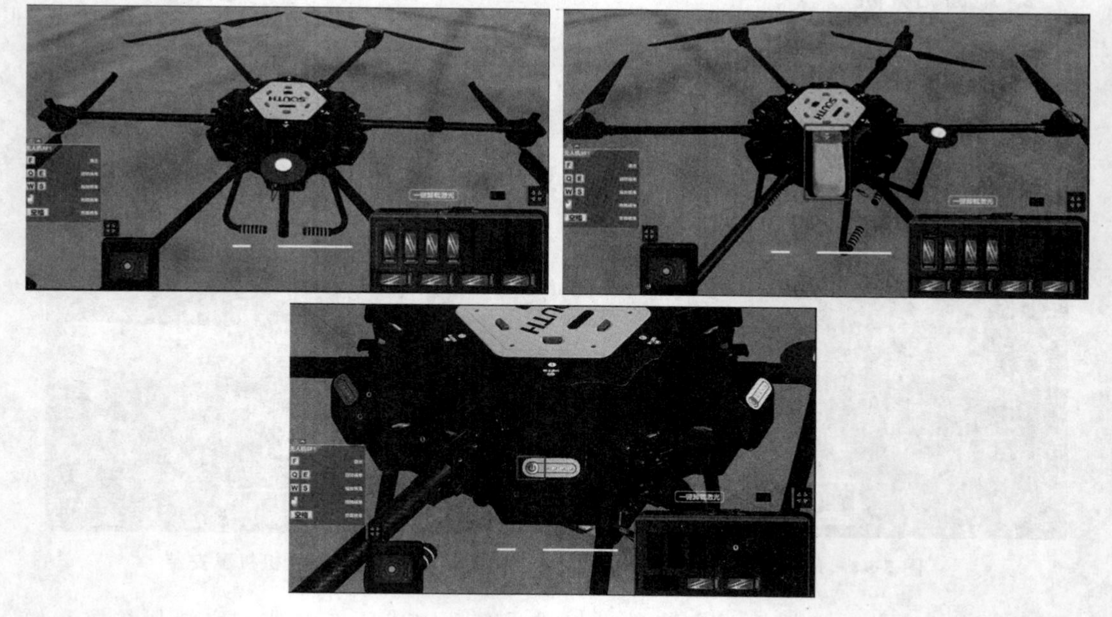

图 5-97　电池安装、开机

（4）SD 卡设置输出路径。设置数据输出路径（完成扫描作业后，Las 数据会自动保存至此位置），如图 5-98 所示。

4. 地面站连接

连接地面站和无人机，如图 5-99 所示。

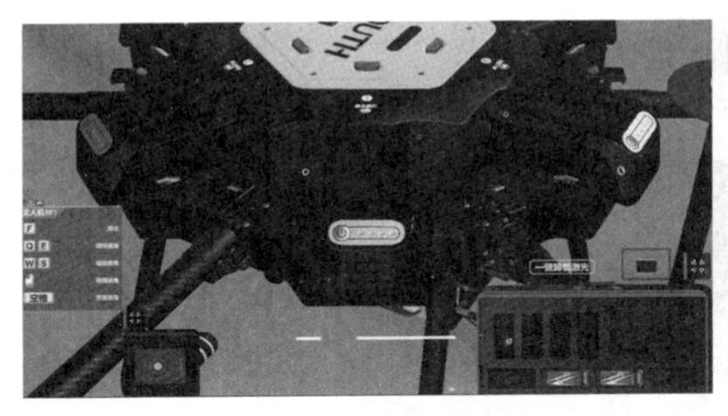

图 5-98　SD 卡设置输出路径

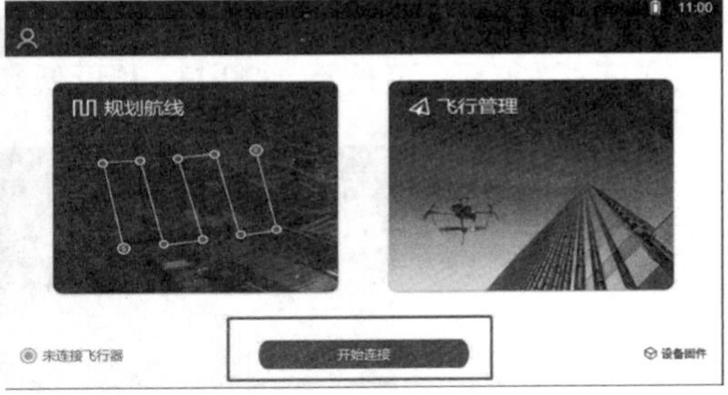

图 5-99　地面站连接

5. 航线规划

（1）飞行高度设置，设置飞行高度≥150m，如图 5-100 所示。

（2）重叠率设置，设置重叠率≥75，如图 5-101 所示。

图 5-100　飞行高度设置

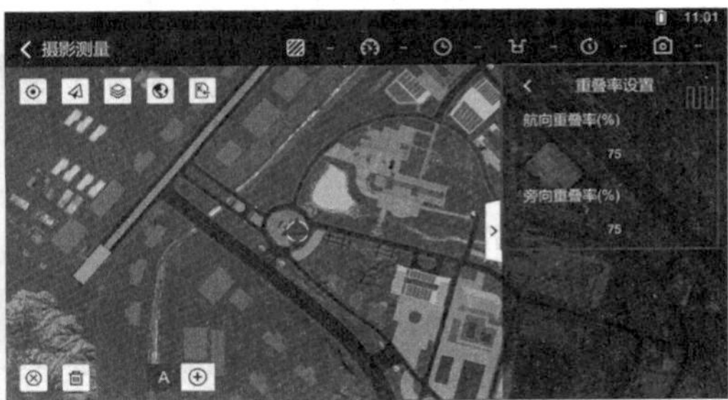

图 5-101　重叠率设置

（3）相机设置，相机选择为 SAL-1500，如图 5-102 所示。

（4）仿地飞行。设置仿地飞行，如图 5-103 所示。

图 5-102　相机设置

图 5-103　设置仿地飞行

6. 激光雷达设置

（1）扫描频率设置。对地高度≤150m，可选择 600kHz 及更低频率；对地高度≤300m，可选择 400kHz 及更低频率；对地高度≤500m，可选择 200kHz 及更低频率；对地高度≤700m，可选择 100kHz 及更低频率，如图 5-104 所示。

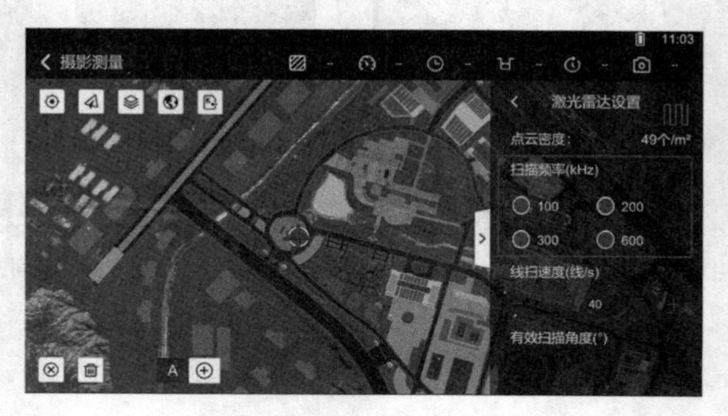

图 5-104　扫描频率设置

（2）有效扫描角度设置。设置有效扫描角度为 90°，如图 5-105 所示。

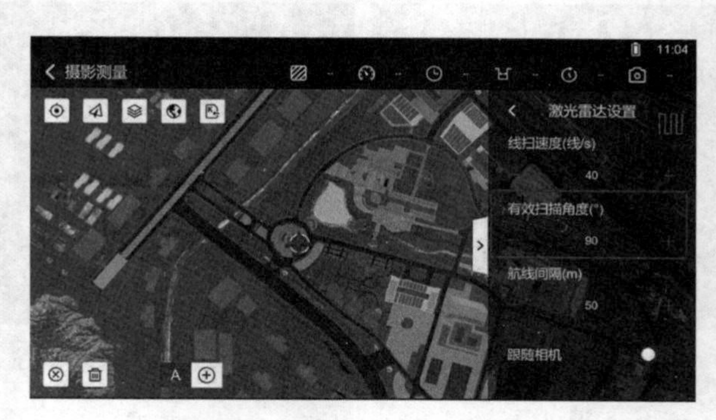

图 5-105　有效扫描角度设置

（3）有效测区规划。点击地图设置测区，拖动蓝点调整测区（航线测区覆盖任务测区的 70%），如图 5-106 所示。

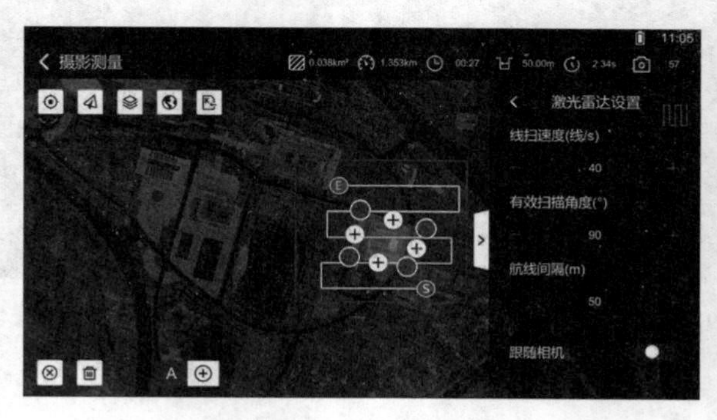

图 5-106　有效测区规划

7. 执行航线

保存并执行航线，如图 5-107 所示。

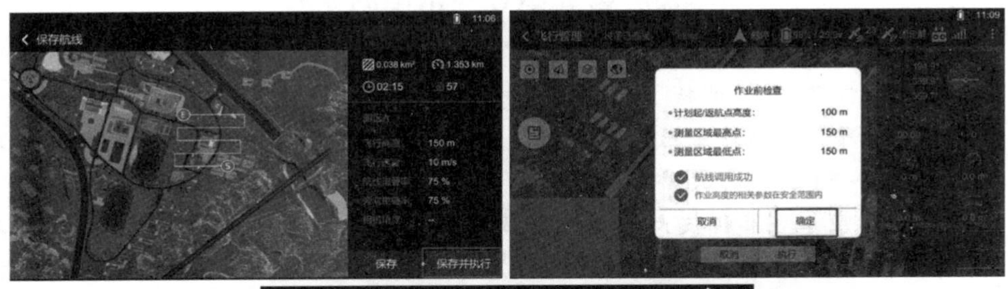

图 5-107　执行航线

8. 静态数据导出

先关闭静态采集，再导出静态数据。

9. 仪器回收

正确进行仪器回收。

复习与思考题

1. 简述机载三维激光扫描的基本生产流程。
2. 简述机载三维激光扫描外业实施步骤。
3. 机载三维激光扫描获取的原始数据有哪些?
4. 简述机载三维激光扫描数据解算及预处理的基本过程。
5. 简述机载三维激光点云滤波的概念及主要方法。

思政点滴

大疆：重新定义“中国制造”

一提起无人机品牌，“大疆（DJI）”一定是提及率最高的。凭借着良好的产品性能和市场宣传，大疆在海内外市场的人气一直处于快速上升的态势。根据大疆官网信息显示，截至2023年11月底，大疆在全球消费级无人机市场上的份额已经占到70%。

2006年，毕业于香港科技大学的汪滔带领几名同学，创立深圳市大疆创新科技有限公司。2009年，大疆取得突破性的进展，其研发的遥控直升机在珠峰高原测试成功，这是人类历史上第一次在高海拔地区起飞无人飞行器。2012年是大疆的重要发展节点，它发布了全球首款航拍一体机“精灵”。从这款产品开始，大疆不再是单纯的无人机平台，它结合了影像产品，打造了消费级航拍终端，让普通人能够亲身体验航拍的乐趣。

在大疆及其创始人汪滔身上，不屈不挠的斗争精神体现得淋漓尽致。自创业那天起，汪韬每周工作80多个小时，这个工作强度一直保持到今天。在他的办公室门上写着两行字：“只带脑子、不带情绪。”在工作中，汪韬的管理非常严厉和强硬，很多人都说，在研发无人机这件事情上，他是偏执狂，他对待大疆产品的每一个环节都极其认真，无论大事小事，都要亲力亲为。

截至2021年11月，大疆累计申请专利18022余件，其中国际申请5000多件，覆盖65个国家和地区。仅在无人机市场，大疆在美国、日本、欧盟等国家和地区就获授了1800多项专利。可见，大疆拥有世界领先的研发实力与核心技术，同时也构建出了一个强大的技术壁垒，即便是在美国的强力打压下，大疆仍然屹立不倒。

今天的大疆，已经成为了无人机行业的领军企业，其产品在全球范围内受到了广泛的应用。大疆的成功，不仅是汪滔及其团队的成功，也是中国创新精神和企业家精神的成功，更是以科技创新为核心要素和特点、以产品质优为关键的新质生产力的生动写照。

项目6　车载三维激光扫描数据采集与处理

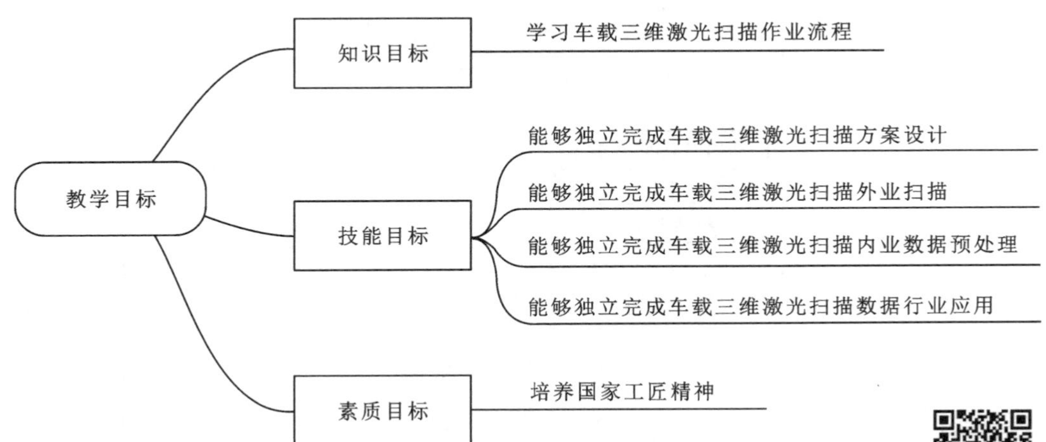

微课：车载三维激光扫描作业流程

二维动画：车载三维激光扫描作业流程

6.1　车载三维激光扫描作业流程

车载三维激光扫描作业生产环节主要包括前期准备、移动激光扫描、数据预处理、数据后处理（产品加工）四个步骤。前三个步骤在不同项目中主要是设备参数的设置有所区别，其他方面差别不大；数据后处理部分则需要根据行业要求进行数据产品加工，在不同项目中差别较大。根据不同项目需求，最终成果包括彩色点云、DSM、DEM、断面数据、道路及附属地物矢量要素等内容，其作业流程如图6-1所示。

6.2　车载三维激光扫描数据采集

微课：车载三维激光扫描数据采集

6.2.1　前期路线踏勘

首先，需要对待扫描区域概况进行了解，在作业前，进行扫描路线踏勘。在实地踏勘中，需考虑车载扫描易受哪些外部环境干扰，如测区车流量、信号遮挡情况、道路平坦程度等。

路线踏勘主要确定或解决以下问题：

（1）道路能否通行、道路是否存在限高（一般来说，设备高度约为3m）。

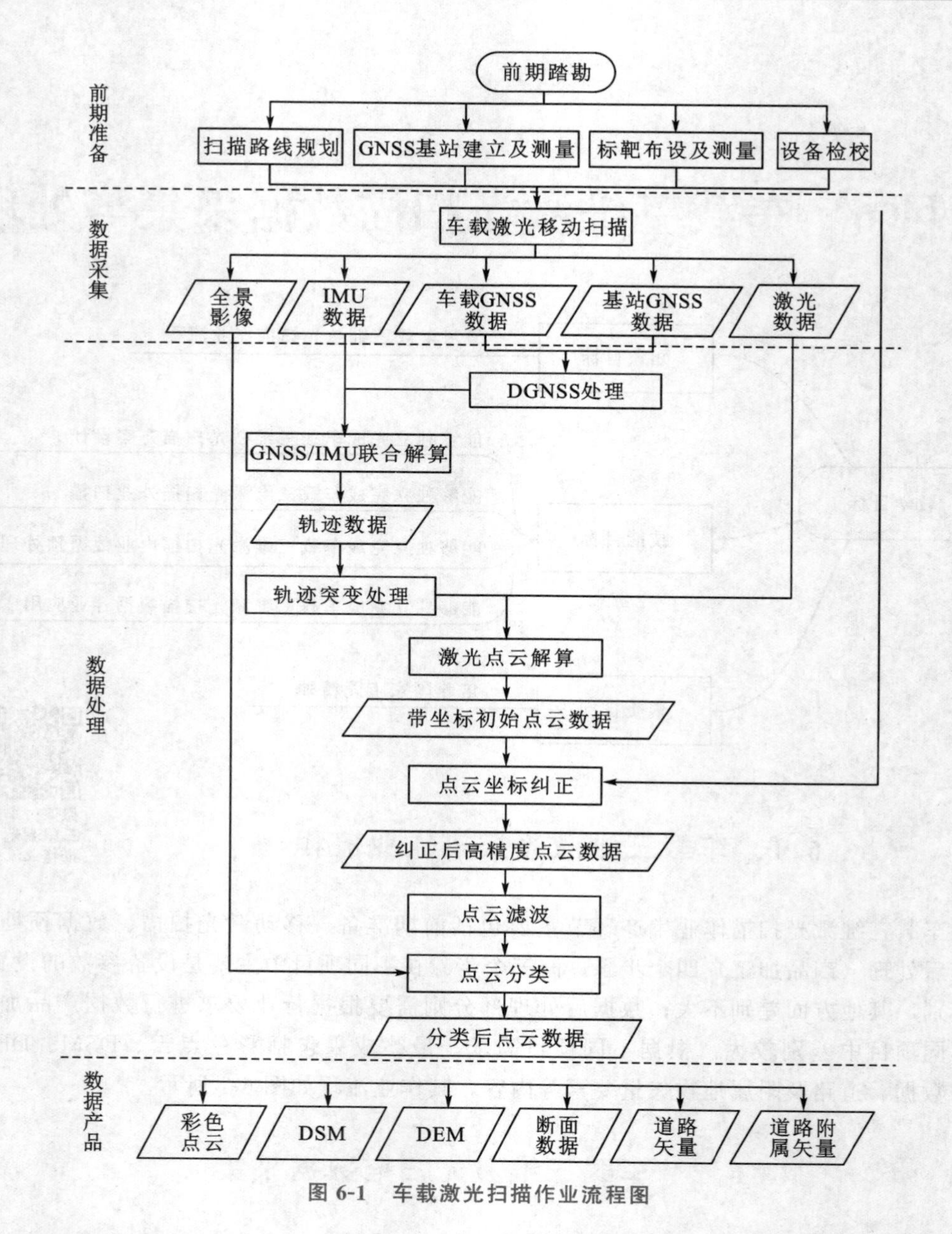

图 6-1　车载激光扫描作业流程图

(2) 道路是否更新。例如，新修道路，地图暂时未更新；道路尚未正式通车，而地图上存在此道路；实际路况与电子地图不匹配等情况。

(3) 测区是否存在高架、隧道等特殊路段。在高架桥、隧道等路段信号通常遮挡严重，导致数据精度受损，对于此类地区要重点踏勘，必要时需做标靶点，方便后期对数据精度进行修正。

(4) 测区车流密集程度如何。采集过程中频繁刹车会对数据质量产生影响，长时间与其他车辆并行也会造成数据缺失，因此在城市道路采集时，应尽量避开早晚车流高峰期；

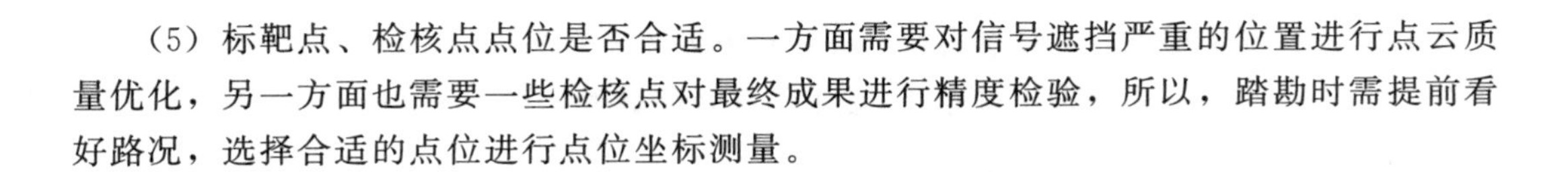

（5）标靶点、检核点点位是否合适。一方面需要对信号遮挡严重的位置进行点云质量优化，另一方面也需要一些检核点对最终成果进行精度检验，所以，踏勘时需提前看好路况，选择合适的点位进行点位坐标测量。

6.2.2　扫描路线规划

合理的线路规划方案可以提高采集作业效率，提高作业有效覆盖率（即有效地采集线路长度与汽车行驶路程的占比），同时也可避免因采集线路不合理出现的漏采、错采情况。因此，需针对测区的具体情况，对采集路线进行规划。

1. 规划路线要遵循的基本原则

（1）基于道路、河流等要素划分外业采集工程。
（2）在人流量、交通量大的作业区域应选择车流量小、光线良好的时段采集。
（3）采集路线尽量避免重复，同时避免车辆行进中出现“跑空车”的现象。
（4）优先沿直线道路采集，遵循“先大后小、先主后辅”的原则。
（5）选择晴、多云等天气进行数据采集。

2. 规划路线的主要内容

（1）基站位置。
（2）标靶点、检核点位置。
（3）采集路线。
（4）采集车速。
（5）采集时仪器的配置参数。

6.2.3　基站架设与测量

为保证车载激光扫描、GNSS、RTK 和 IMU 技术的实施，需要在测区沿线布设地面基站，架设高精度 GNSS 信号接收机与车载 POS 系统内置 GNSS 接收机进行同步观测，如图 6-2 所示。

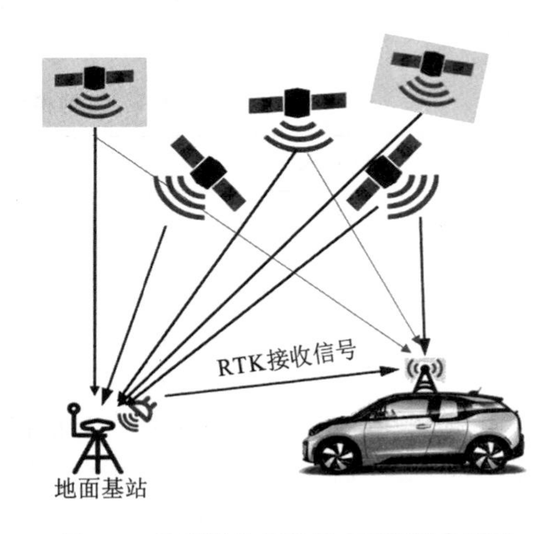

图 6-2　地面基站与车载 GNSS 同步观测

地面基站选点要求如下：

（1）地面基站沿线路走向布设，需要在已知地面控制点上，且控制点需要提供 WGS-84 坐标，基站辐射半径为 25km，为保证测区范围内的差分精度，两基站间最大距离不超过 40km。

(2) 点位交通便利，通信条件好，便于仪器安置及观测操作，标志易于保存。

(3) 点位视野开阔，地平仰角 15°以上无成片障碍物，如图 6-3 所示。

(4) 不宜在微波通信的过道中设点。

(5) 测站点应远离大功率无线电辐射源（如电视台、微波站等），其距离不得小于 200m。

(6) 离高压输电线、变电站的距离不得小于 50m。

(7) 尽量避开大面积水域设站。

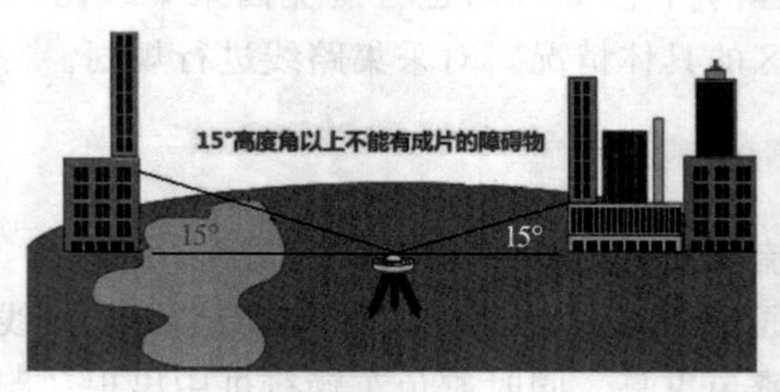

图 6-3 地面基站观测角度

数据采集开始时，测量人员需同步配合，进入基站点位架设接收机，并提前 10min 打开地面基站 GNSS，设置为静态测量模式，采样频率 1Hz、2Hz 或 5Hz，全程同步观测。

此数据用于对车载 GNSS 采集的三维坐标进行后差分，以提高最终三维点云成果的坐标精度。

6.2.4 标靶点布设与测量

标靶点的布设和测量方案如表 6-1 所示。

表 6-1 不同精度要求的标靶布设及测量方式

项目要求	标靶测量方式	标靶间隔
高程精度优于 10cm	平面、高程均采用 GNSS-RTK 测量	200m
高程精度优于 3cm	平面：采用 GNSS-RTK 测量 高程：采用四等水准观测	50～100m

标靶点的布设要在车载激光扫描作业之前，其坐标测量可在激光扫描作业后进行，但不应间隔过长时间，以防标靶点的标识因外界因素破坏而无法寻找，轨迹纠正工作需在标靶点坐标提供之后进行。

首先在地形图底图上进行初步选址，左右行车道的标靶点不需要完全处于同一水平线上；若经过十字路口地段，可将标靶点布设在左右行车道均通视的位置；若经过树木较茂密或桥隧等会引起车载 GNSS 卫星失锁的路段，则可适当加密标靶点，通过标靶点纠正轨迹进行精度控制。

6.2.5　设备检校

车载激光设备安装至载运工具上后，要对设备进行检校测量，获得外方位元素的相关信息后，方可进行工程测量工作。

车载激光雷达设备检校方法：找一栋外形规则的较大建筑物和一段尽可能直的道路(一般长度为 1～2 km，宽度不小于 10m)，以较低速度（16～20 km/h）匀速绕建筑物一周后，再反向绕建筑物一周，如图 6-4 所示，所得数据可以通过检校获得俯仰角的值。若载运工具上两侧均安装设备进行测量，只需依照路线方向前进，不需要往返测量即可得到较完整的激光点云数据。

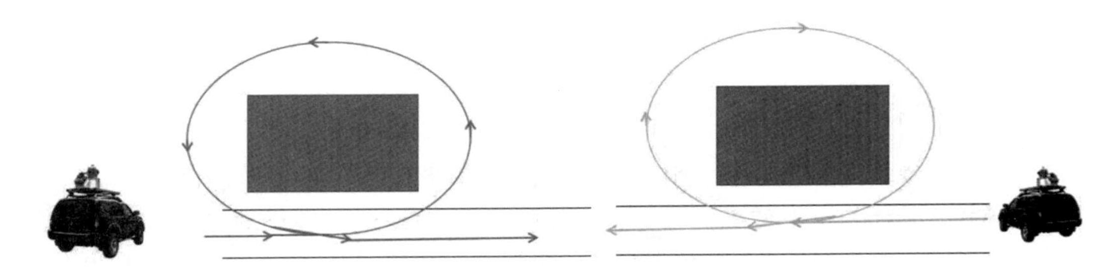

图 6-4　车载激光设备检校方法示意图

6.2.6　车载激光雷达采集

车载激光雷达数据采集主要由车载激光扫描系统配套的操控软件进行，软件中一般会显示当前地图，显示 GPS、POS、相机和扫描仪的连接状态和工作状态；完成连接和自检后，系统可操控扫描仪或相机的工作或停止；相机可设置按时间间隔拍照和按距离拍照（一般选择按时间间隔拍照，主要是因为在城市卫星信号失锁较严重的情况下选择按距离拍照容易造成拍照间隔不准确）。

在数据采集过程中，需要注意以下事项：

（1）测量开始前，地面基站必须全部开机并处于稳定接收状态。

（2）设备经初始化，将车停放在空旷无遮挡的地方静置 10～15min，让车载惯导系统静态初始化。

（3）在采集之前，需要设置扫描仪的各项参数，如扫描频率等，绕“8”字形后开始测量。

（4）采集过程中，若遇到较长时间的红绿灯，则激光应在汽车停稳后暂停扫描，并在车子启动前开启扫描，尽量减少在停车过程中造成的数据冗余；如遇到桥底、隧道等信号失锁路段，应尽快通过，缩短卫星失锁时间，以尽可能减少点云精度的损失。

（5）随时关注设备状态，如果发生异常或者卫星信号较差，应立即停车，等异常情况消除或者卫星信号恢复后，方可继续测量。

（6）载运工具的行驶应尽量保持匀速平稳，保证采集数据的精度。

（7）影像质量应符合相关标准的规定，保证影像清晰、色调均衡。

（8）数据采集结束后，先暂停扫描仪和相机的工作，部件保持连接状态，将汽车停放在空旷无遮挡的地方静置10～15min，让惯导系统进行静态结束化，之后方可通过操控软件下载扫描仪数据、惯导POS数据、车载GNSS数据、全景影像等。

6.3 车载三维激光扫描数据处理

6.3.1 车载三维激光点云预处理

微课：车载三维激光点云预处理

1. POS解算

在车载三维激光扫描系统与测区已知控制点上同步获取GNSS接收机数据（采用静态观测模式，采样频率不低于机载GNSS接收机采样频率），进行DGNSS差分解算，解算出车载三维激光扫描系统的位置信息，再通过车载的IMU姿态信息，解算出高精度的轨迹数据，并用于下一步的点云解算，以获取高精度点云数据。

2. 点云解算

利用轨迹信息和激光接收器获得激光发射点到反射点的距离信息，结合激光发射器的扫描频率以及记录的脉冲信号反射率等信息，还原出被测目标的三维几何空间坐标和属性，即带坐标的初始点云数据。

3. 点云纠正

初始点云数据需要进行精度验证后才能进行下一步的处理。选取点云中对应已知控制点（路面特征点或标靶）的点坐标，通过与控制点坐标对比得到精度验证报告，其中精度不满足要求的地方需要进行纠正。一般来说，在信号无缺失情况下，没有纠正之前，平面和高程精度均可以达到5cm。

点云纠正是将已知控制点与点云同名点进行人工精确匹配，将匹配后的坐标三维差值作为相应轨迹POS点修正的依据，将已知控制点的坐标纳入点云坐标计算的平差处理中，采用多种策略对周边轨迹POS点进行平滑处理，获得修正后的高精度轨迹数据，从而获得高精度的点云数据。纠正后重新进行精度检验，若不满足要求，则重复纠正和检验过程，直到数据精度满足项目要求为止。

点云纠正的原则：先进行平面纠正，确保平面精度满足要求，再进行高程纠正。

6.3.2　车载三维激光点云后处理

微课：车载三维激光点云后处理

1. 点云滤波

经过预处理后的车载三维激光点云数据包含了车辆周围环境准确的三维信息，但也存在一些问题，如离群点、噪声点、冗余信息等。为了提高数据质量，需要对点云进行滤波处理，去除噪声点、离群点，进行点云平滑和数据压缩等。

1）去除离群点

车载三维激光扫描可能会受到各种因素的影响，如传感器噪声、多路径反射和天气干扰等。这些因素会导致点云数据中存在离群点，即与周围点距离较远的异常点。通过滤波操作可以去除这些离群点，避免对后续处理的干扰。

2）数据降噪

车载三维激光扫描点云数据中可能存在一些噪声点，这些噪声点可能来自传感器本身的误差、运动估计误差或环境干扰等。滤波可以有效地去除这些噪声点，提高数据的质量和准确性。

3）数据压缩

车载三维激光扫描点云数据通常具有较高的维度和密度，这使得数据的存储和传输变得困难。通过滤波操作，可以减少点云数据的冗余信息，实现数据的压缩和优化，既可以降低存储和传输的成本，又能加快后续处理算法的执行速度。

2. 全景与点云配准

在扫描获取点云数据的同时，车载扫描系统一般还会搭载一个相机，以提供相应对象的纹理、颜色和其他信息，经与点云数据配准，将全景图像的视觉信息与点云数据的几何信息进行有效的结合，辅助生成彩色点云，实现对环境的综合感知和理解，有利于点云的可视化、分类和建模。

不同的移动测量系统（MMS）会用不同类型的数码相机，如全景相机，可提供水平方向360°的视角，尽可能地获取相机周围的图像信息。

3. 点云分类

通过点云分类，可以实现对点云数据中不同物体或环境的识别和区分。在车载激光扫描点云数据中，可能存在许多不同类型的物体和结构，如道路、行道树、车辆、建筑物和行人等。提取出感兴趣的特征，如平面、曲面、边缘等，利用这些特征建立分类规则，就可以进行点云分类。此外，还可以采用机器学习的方法进行点云分类，如支持向量机、随机森林、K 最近邻算法等。

点云分类可以是二分类（如地面/非地面）、多分类（如树木/建筑物/车辆等）或语义分类（如道路/人行道/草地等）。

针对车载点云数据量大、地理要素空间分布和局部几何特征差异大等特点，目前难以用一种策略或者一个成熟的算法把大范围复杂场景中的各种目标同时进行快速分类识别。因此，在实际应用中，需要考虑点云数据的特点、任务需求和可用数据等因素，选用不同的分类方法，有时需要尝试不同方法的组合或调整参数，可能还需辅以手工方法进行分类结果优化，以获得更好的分类结果，如图 6-5 所示。

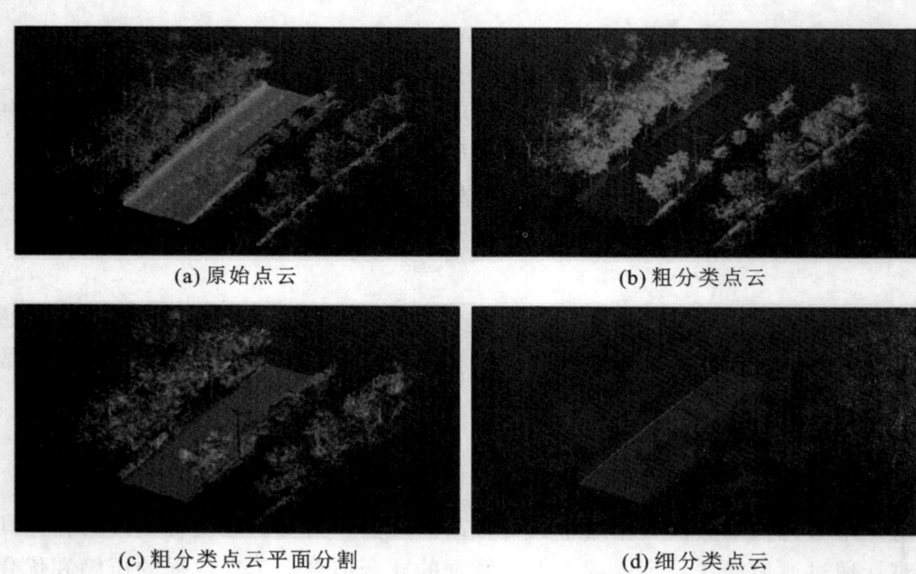

(a) 原始点云　(b) 粗分类点云

(c) 粗分类点云平面分割　(d) 细分类点云

图 6-5　车载激光点云分类样例图

6.4　车载三维激光扫描误差分析与质量控制

微课：车载三维激光扫描误差分析与质量控制

6.4.1　车载三维激光扫描数据误差来源

与常规测量设备相类似，车载激光雷达系统的误差也可分为系统误差和偶然误差。偶然误差的产生具有较强的随机性，通常情况下无法完全避免。系统误差的客观存在会直接影响最终点云解算的精度，下面介绍主要的几种误差。

1. 车载三维激光扫描仪误差

车载三维激光扫描仪的误差主要分为仪器误差和环境误差。

仪器误差是指由扫描仪工作时激光发射器发射的激光照射到物体后沿不规则路径返回，被电子设备接收，在确定往返时间时产生滞后引起的误差，同时也包括整个系统在

运动过程中对仪器造成的震动误差、仪器内部信号传递误差等。

环境误差主要是指在数据采集过程中，周围大气环境、气温、湿度对激光信号产生的折射影响，也包括目标物体材质、颜色等对激光反射产生的噪点。

2. 惯性测量系统误差

惯性测量系统误差是指惯性测量系统的姿态误差，包括内部元件误差、安装误差、外部电磁场干扰等产生的误差。在惯导设备工作时，设备内部的加速度计和陀螺仪会由于零位设置产生误差。加速度计和陀螺仪在设备内安装时也会产生相应的误差，即安装误差。除此之外，初始位置的设定、车辆行驶震动等都会对惯导内部的元件造成一定的干扰。

3. GNSS 定位系统误差

GNSS 定位系统由于其工作原理造成的误差主要包括以下三种：

（1）与 GNSS 卫星有关的误差，包括星历误差、星钟误差。

（2）与 GNSS 卫星信号传播路径有关的误差，包括电离层误差、对流层误差。

（3）与 GNSS 接收机和观测有关的误差，主要与 GNSS 接收机软硬件设备和天线的安装位置有关。

4. 系统集成误差

移动激光雷达系统将多个移动传感器集成安装在一个统一的可移动平台上，在安装前，需要将每个传感器功能和螺孔位置设计在 CAD 图纸上，安装位置依据设计时的 CAD 图纸通过尺规测量方式定位安装。由于每个传感器来自不同的生产厂家，且采集的数据需要根据配准算法进行多次解算，因而在系统集成方面主要存在以下三类误差：

1）安装误差

在设计安装图纸时平行于移动载体轴线，定义行车方向右侧为 X 轴正方向，平行于行车方向正前方为 Y 轴正方向，垂直于载体水平面竖直向上为 Z 轴正方向。基于该坐标系将多个传感器严格按照轴线方向进行设计，对于本系统而言，传感器采集轴线应严格平行于设计轴线。但是，在载体平台加工、安装过程中，打孔位置和安装轴线与设计理论图纸存在误差。在空间配准坐标转换时，需要各传感器相对位置参数及轴线偏差角度，如果仅按照设计参数进行坐标计算，最后获得的点云精度肯定会存在偏差。

2）时间配准误差

由于多源传感器工作原理不同，其数据采集时的频率也各不相同。移动激光雷达的数据采集频率为 50～200kHz，而 POS 系统的解算频率最高仅为 100Hz，相差至少 2 个数量级。为了使每个激光点云都有匹配的 POS 系统数据，需对低频的数据进行内插处理。由于不是实测数据，内插数据跟实际数据间会存在一定的误差。

3）空间配准误差

空间配准过程的核心内容就是多个坐标系下的坐标数据转换。由于不同转换模型自身的局限性，点云坐标在参数传递过程中可能会产生误差。

6.4.2 车载三维激光扫描数据误差控制方法

与传感器自身有关的误差，如激光雷达误差、惯导误差和GNSS定位系统误差，在产品出厂时厂家通常会做专门的检校。

系统集成误差属于累计误差，它产生于系统传感器安装阶段，贯穿于扫描仪空间坐标系、车载系统坐标系、基准参考坐标系和ECEF直角坐标系计算过程中，每一步空间配准中坐标转换都会造成误差的累计。如果累计误差过大，最终一定会严重影响点云模型的整体精度。系统误差的控制方法是在数据配准的过程中建立检校模型，进行最小二乘平差。

6.5 实 训

6.5.1 车载三维激光扫描方案设计

【实训目的】初步了解车载三维激光扫描作业流程，掌握车载三维激光扫描仪进行地物扫描的方法。

【实训设备】SZT-R1000三维激光扫描仪、车载安装平台、车载支架、天线、全景相机、线缆等。

【实训内容】车载三维激光扫描仪基本作业流程及实施方法。

1. 前期路线踏勘

在接收到车载三维激光扫描任务后，首先需要对待扫描区域概况进行了解，在作业前进行扫描路线踏勘。实地踏勘应考虑车载三维扫描易受哪些外部环境干扰，如测区车流量、信号遮挡情况、道路平坦程度等。路线踏勘主要确定或解决以下几个问题：

（1）道路能否通行，道路是否存在限高（一般来说，设备高度约为3m）。

（2）道路是否更新。例如，新修道路，地图暂时未更新；道路尚未正式通车，而地图上存在此道路；实际路况与电子地图不匹配等情况。

（3）测区是否存在高架、隧道等特殊路段。通常在高架桥、隧道等路段信号遮挡严重，导致数据精度受损，对于此类地区要重点踏勘，必要时需做标靶点，方便后期对数据精度进行修正。

（4）测区车流密集程度如何。采集过程中频繁刹车会对数据质量产生影响，且长时间与其他车辆并行会造成数据缺失，因此，在城市道路采集时，应尽量避开早晚车流高峰期。

（5）标靶点、检核点点位是否合适。一方面需要对信号遮挡严重的位置进行点云质量优化，另一方面也需要一些检核点对最终成果进行精度检验。所以，踏勘时需提前看好路况，选择合适的点位进行点位坐标测量。

2. 扫描路线规划

良好的线路规划可提高采集作业效率，提高作业有效覆盖率（即有效的采集线路长度与汽车行驶路程的占比），同时可避免因采集线路不合理而出现漏采、错采的情况。针对测区的具体情况，对采集路线进行规划。

3. 标靶点选址与测量

标靶点的布设要早于车载激光扫描作业之前，标靶点的坐标测量可在激光扫描作业后测量，但不应间隔过长时间，以防标靶点的标识因外界因素破坏而无法寻找，轨迹纠正工作需在标靶点坐标提供之后进行。

首先，在地形图底图上进行初步选址，左右行车道的标靶点不需要完全处于同一水平线上；若经过十字路口地段，可将标靶点布设在左右行车道均通视的位置；若经过树木较茂密或经过桥隧等会引起车载 GNSS 卫星失锁的路段，则可适当加密标靶点，通过标靶点纠正轨迹进行精度控制。

6.5.2　车载三维激光扫描虚拟仿真实训

虚拟仿真：车载三维激光扫描实训

【实训目的】初步了解车载三维激光扫描作业流程，掌握车载三维激光扫描仪基本的扫描方法。

【实训设备】车载三维激光扫描虚拟仿真教学系统。

【实训内容】车载三维激光扫描仪虚拟仿真作业流程及实施方法。

1. 规划路线

打开车载三维激光扫描虚拟仿真教学系统，在仿真地形上进行扫描路线规划，如图 6-6 所示。激光雷达使用需进行事后差分，可以自行架设单基站、多基站，也可以使用 CORS 服务商提供的云基站数据。推荐自架基站的方案。

在激光雷达作业前开启静态基站的数据记录，GNSS 静态观测文件（采样频率≥1Hz），星座全部开启。单个覆盖范围宜在 25km 内。

2. 基准站设置

架设地面 GPS 基站，设置静态采集参数，并开机。具体方法参考机载部分。

图 6-6　规划路线

3. 车载三维激光扫描仪安装

如图 6-7 下方工具箱所示，依次进行安装支架、基座、SZT-R1000、全景相机、天线。取下扫描仪外罩，如图 6-8 所示。

图 6-7　支架安装

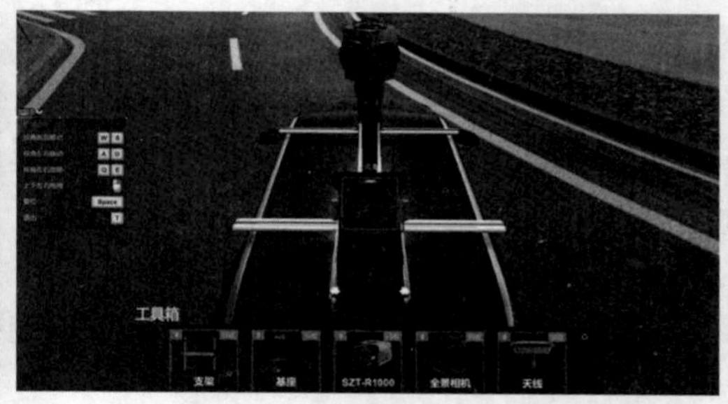

图 6-8　取下扫描仪外罩

打开电源，扫描仪开机，如图 6-9 所示。

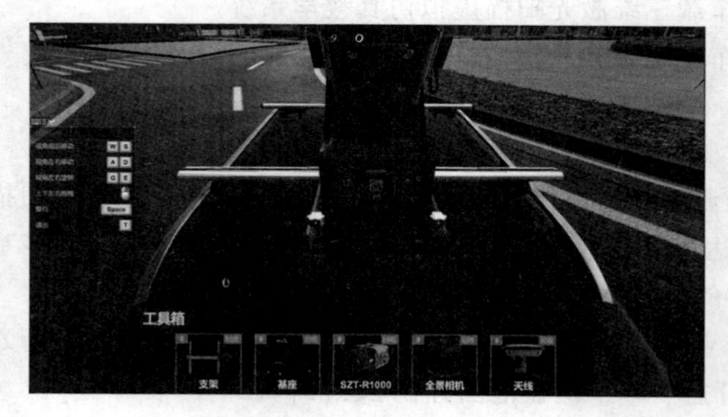

图 6-9　扫描仪开机

4. 软件连接

（1）连接 Wi-Fi。

（2）连接 Z-lab LiDAR-ctrl。

①打开 Z-lab LiDAR-ctrl 软件；

②打开参数设置子界面；

③选择车载模式（图 6-10）；

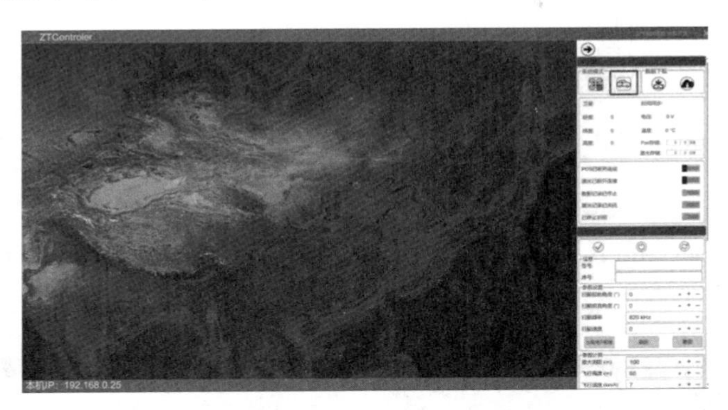

图 6-10　打开车载模式

④连接 POS（图 6-11）；

图 6-11　连接 POS

⑤连接激光（图 6-12）；

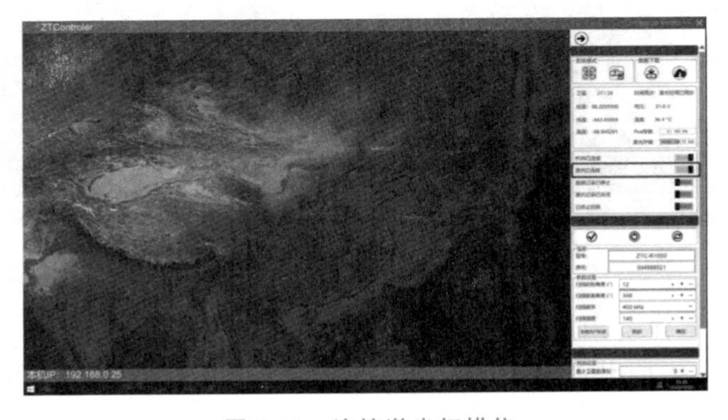

图 6-12　连接激光扫描仪

⑥扫描起始角度设为 15；
⑦扫描垂直角度设为 345；
⑧扫描频率选择 820kHz；
⑨扫描速度选择 200；
⑩点击“确定”并刷新；
⑪开启激光记录。

3. 连接 LadybugCapPro

（1）打开 LadybugCapPro 软件。
（2）打开 Strat Camera，如图 6-13 所示。

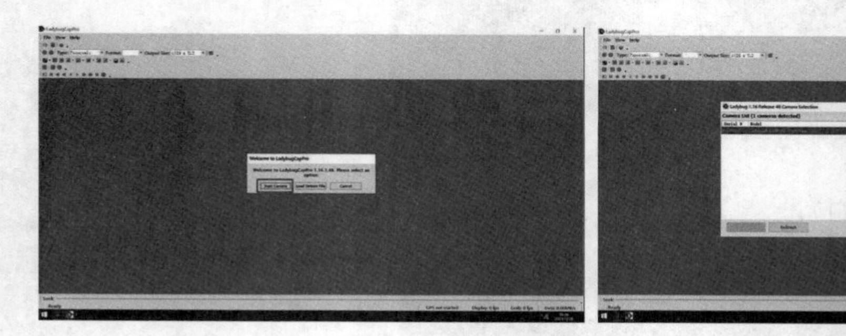

图 6-13　启动相机

（3）在菜单栏选择“Setting→Option”，将 GPS Time Sync 一栏的波特率改为 115200，点击“OK”，如图 6-14 所示。

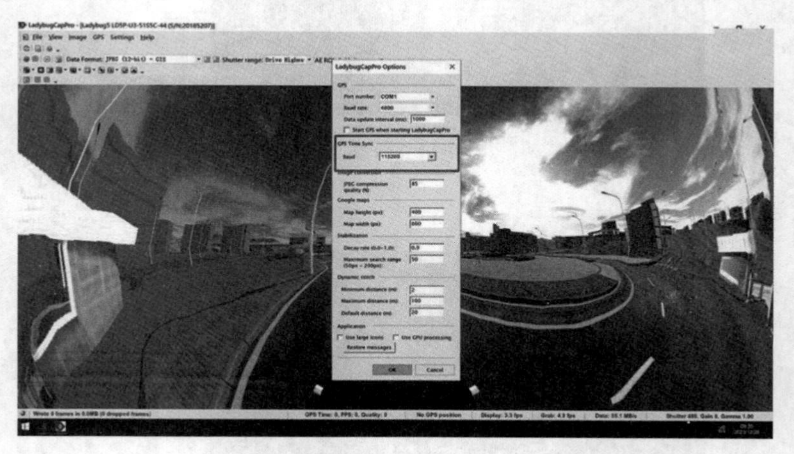

图 6-14　设置参数

（4）在菜单栏选择“GPS→Start GPS Time Sync”，如图 6-15 所示。
（5）在 Setting 中调出 enable，输出脉冲宽度为 10，点击“关闭”，如图 6-16 所示。

图 6-15　开启 GPS 时间同步

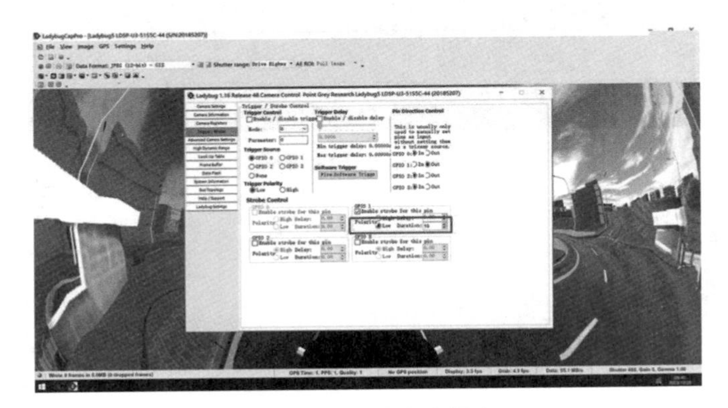

图 6-16　设置脉冲频率

（6）开启拍照。

4. 开始扫描

点击“驾驶”，开始扫描。

5. 完成规划路线

如图 6-17 所示。

图 6-17　桌面控制软件

7. 导出数据

如图 6-18 所示。

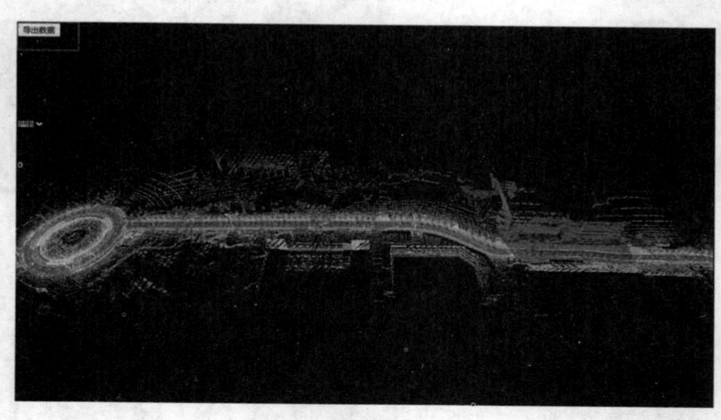

图 6-18 Wi-Fi 连接

8. 回收仪器

软件关闭扫描仪，关闭电源，拆卸仪器。

复习与思考题

1. 简述车载三维激光扫描作业流程。
2. 简述车载三维激光扫描外业数据采集的基本步骤。
3. 简述车载三维激光扫描数据预处理的基本步骤。
4. 简述车载三维激光扫描数据误差来源及其控制方法。

思政点滴

测绘一线的“大国工匠”刘先林院士

中国工程院院士、中国测绘科学研究院名誉院长刘先林，他是甘为人梯、淡泊名利的大国工匠，一张旧书桌，一坐就是 45 年；他更是扛鼎测绘装备国产化的国家脊梁，以“不达目的，誓不罢休”的决心和勇气，让国产测绘装备开始走向世界。

“祖国需要什么，一线需要什么，我们就要研究什么!”这句话是他一生的追求。他说：“我们中国人并不比外国人笨，一定要有勇气赶超世界先进水平。”

1988 年，刘先林主持研制出 JX-3 解析测图仪，结束了我国解析测图仪全部进口的历史。1998 年，JX-4 数字摄影测量工作站的成功推出，成为我国模拟测图向数字化测图转变的里程碑。此后，国产航测系统占据 90%以上的国内市场并成功出口海外。2007 年，刘先林带领团队研制出 SWDC 数字航空摄影仪，成为助力我国实景三维测绘的主力仪器。如今，SWDC 系列数字航摄仪已经占领国内一半以上的市场份额，在我国如火如荼的实景三维建设中发挥着重要作用。

刘先林院士对科研创新的不懈追求与他对生活的淡泊形成了鲜明的对照，他平易近人、博学严谨的人格像一盏明亮的航灯，为年轻一代的测绘工作者照亮着前进的方向，也让我们真正感受到爱国、创新、求实、奉献、协同、育人的中国科学家精神。

项目 7　手持 SLAM 三维激光扫描数据采集与处理

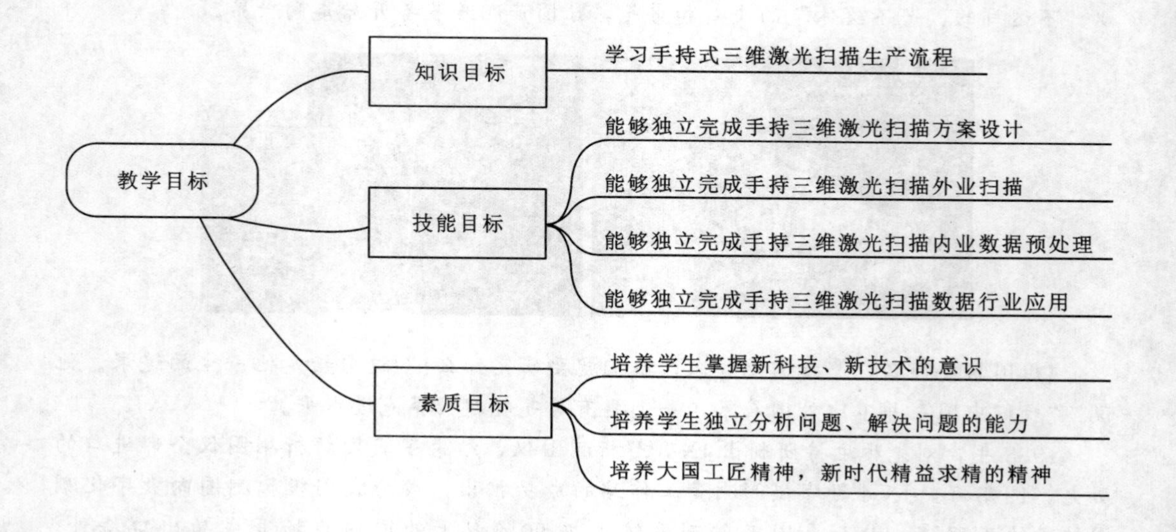

7.1　手持 SLAM 三维激光扫描生产流程

SLAM 通常是指在机器人或者其他载体上，通过对各种传感器数据进行采集和计算，生成对其自身位置姿态的定位和场景地图信息的系统。由于 SLAM 技术无须 GNSS 信号，因此对各种不同的环境有极强的适应性，基于 SLAM 的背包式三维激光扫描仪可以在室内或地下室环境下快速获得建筑的点云数据，操作简单方便，无须换站，既能保证数据采集无遗漏，又能保证外业工作效率。

随着科技的不断进步，手持式三维激光扫描仪已经与传统测量工具有了非常大的区别，逐渐发展成为一种可以实时获取数据并立即进行建模的高效设备。“边扫描、边建模”的数据采集方式极大地提高了工作效率，操作人员在手持扫描仪进行数据采集的同时，即可从与扫描仪相连接的计算机显示器上看到实时扫描效果，并根据情况及时调整扫描仪位置和姿态，以便获得更加完整的建模数据，从而使得三维建模变得更加快速和直观。

使用 SLAM 手持三维激光扫描仪进行隧道竣工测量，主要工作流程如图 7-1 所示。首先，收集扫描区域的相关资料，对测绘现场进行实地踏勘，布设控制点并求出其三维坐标，进行外业数据采集。然后，对导出测量数据进行原始数据解算，导入控制点解算并进行数据检查，检查无问题后进行坐标转换，即可得到真实空间坐标系下的点云。最

后，对点云进行后处理，包括点云抽稀、点云去噪、信息提取及行业应用。

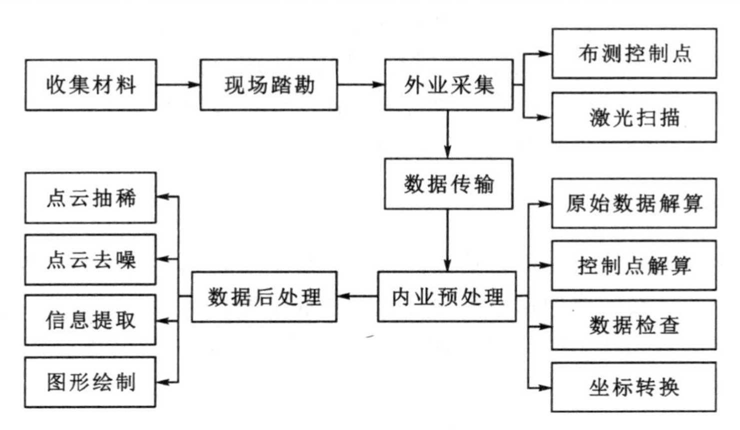

图 7-1　SLAM 三维激光扫描作业流程

7.2　手持 SLAM 三维激光外业数据采集

1. 外业作业前准备

作业前，需收集该项目建筑竣工图、规划许可总平面图、规划用地红线图等相关资料，为后续的工作做好准备。依据建筑竣工图，结合现场实际进行路线规划，使每个项目文件的测量轨迹形成闭环，以提高后期数据处理时的点云拼接精度，同时可以避免出现漏扫和重复扫描。

2. 现场踏勘

在进行扫描作业之前，通常要对实测场地做到充分了解，一般需组织测量人员现场踏勘周边环境、空间信息，对测量重点和难点区域提出合适的扫描方案。

3. 场地分区

在现场踏勘过程中，如果被测区域的面积较大，要综合考虑测量设备的作业时间，因此需对测量场地进行合理分区，避免由于设备电力供应不足导致的测量数据缺失。同时，各个分区间应保持一定的重合度，以降低点云数据解算难度，保证最终合并的整体点云数据的精度。

4. 控制点布设

为了使后续的点云数据具备绝对坐标属性，通常要在测区内均匀布设 3～5 个控制点。合理的控制点分散程度能够提高点云拼接精度，降低数据运算的算力成本。

5. 线路规划

在扫描路径的规划上，要综合考虑作业效率、数据完整性、重点扫描区域结果精度等几个因素。一般来说，扫描路径应尽可能短且闭合，以减少测量人员作业时间，提高效率；同时，扫描路径应途经所有预先布设的控制点，后续解算数据要依次拾取途经控制点的坐标信息；要确保途经线路能够扫描到所有的空间信息，做到不重复、不错漏；对重点扫描区域、旋转楼梯、门廊、通道等扫描薄弱地带应着重考虑，通常可以采用增加扫描时间的方式来获取更高的数据扫描精度。

6. 激光扫描

对扫描仪进行初始标定工作，扫描仪进入正常工作状态，测量人员即可按照既定线路进行扫描作业。一般采取匀速前进的方式来获取密度均匀的点云数据。扫描过程中要尽量避开移动中的行人和车辆，因为 SLAM 算法依赖环境的有效特征来重建三维点云，移动的物体不是有效特征，会影响 SLAM 算法的精度，产生多余的干扰点云数据。

7.3 手持 SLAM 三维激光数据预处理

内业数据处理主要是指对包含有空间特征信息的原始数据进行解算、拼接、赋予绝对坐标信息、去噪抽稀等操作。内业数据处理的关键步骤如下：

1. 点云配准

将途经控制点的绝对坐标按照先后顺序依次导入解算软件，使解算后的点云数据带有绝对坐标信息。同时生成本次扫描区域点云数据的精度报告，初步评估本次作业的结果精度。根据相关规范规定，当误差在 5cm 以内时，可视为点云精度满足后续处理要求。初始解算后的点云数据示例如图 7-2 所示。

图 7-2　初始解算后的点云数据示例

可以看出，采用该技术能够获得丰富的带有地物特征的点云数据，并且在基于 SLAM 原理的数据解算过程中，可以提供扫描作业途经轨迹线的信息，配合扫描仪搭载的鱼眼相机，可以轻松实现测量场景的重现。

2. 数据拼接

该步骤并非常规作业步骤，但如果场地区域过大、扫描作业分次进行，通常需要对多段数据进行数据拼接工作。以某项目为例，由于测量区域范围较大，在场地分区时将整个扫描区域分为 3 个部分。因此需要对 3 段点云数据进行拼接，具体的方法是：通过通用点云处理软件将 3 段数据的重合区域进行套叠，通过后处理软件消除误差，得到整个扫描区域的点云数据。

3. 噪点清除

在外业扫描过程中，由于扫描仪的射程较远，通常会有一些并非测量关注主要区域的空间点云的数据信息也被录入原始数据文件中，在点云解算完毕后，可以通过点云切割等方式，将树木、行人、建筑外立面等非必要信息进行剔除，方便后续成图作业。图 7-3 所示为地面扫描点云的俯视图，在后续制图过程中，如果需要提取外部建筑轮廓线和车道边界等信息，为减少对后续制图作业的干扰，通常需要对行人、树木等无效数据进行清除。

图 7-3　地面扫描点云场景

4. 点云抽稀

由于激光扫描仪获取的点云数据较为密集，当电脑性能不足或呈现结果形式中不需要密集点云时，可以适当调节点云数据的疏密程度来达到理想的显示效果。例如，进行轮廓线绘制时，采用稀疏点云格式能够帮助内业人员粗略剔除无效数据，从而更好地完成各类成果图绘制。因此，这一步主要是为了保证内业数据处理效率。

5. 点云切片

通过通用点云后处理软件，利用旋转、切分等操作从不同角度对点云数据做切片处理，能够从不同视角切入整体点云，得到用于平面图、立面图、剖面图等的部分点云数据图，方便后续的绘图工作。

6. 成果绘制

将扫描和处理得到的点云数据导入工程制图软件中，进行整个项目平面图的绘制工作。有了三维点云数据的参照，制图工作的效率将大大增加。除此之外，配合鱼眼相机拍摄到的现场扫描画面，可以辅助进行项目内重要结构的平面图绘制工作。另外，通过引入绝对坐标的点云处理和精度分析，能够使精度得到充分保证。如图 7-4 所示。

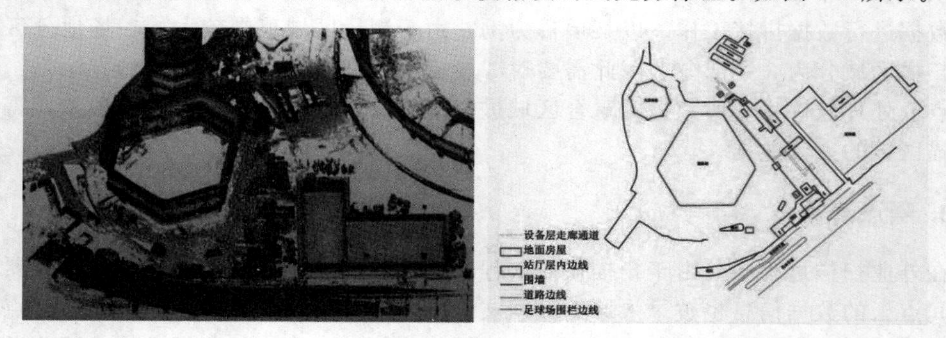

图 7-4　扫描点云及平面图

7.4　三维激光扫描误差分析与质量控制

7.4.1　手持三维激光扫描误差分析

1. 环境因素影响

环境因素，如温度、湿度、风速、光照条件等，都会对手持式三维激光扫描仪的精度产生影响。例如，高温和湿度变化可能导致仪器内部元件产生热膨胀和形变，从而影响扫描数据的准确性。因此，在使用扫描仪时，应尽量选择在温度稳定、湿度适中的室内环境进行，并避免在强风或强烈阳光直射的条件下操作。

2. 人为操作误差

人为操作误差主要是操作员的操作熟练程度、稳定性差异，以及扫描过程中的抖动等因素产生的误差。操作员的经验和技能水平对扫描结果的影响不容忽视。因此，定期对操作员进行培训和技能提升，是减少人为操作误差的有效途径。

3. 扫描方式影响

手持式三维激光扫描仪的扫描方式通常包括静态扫描和动态扫描两种。静态扫描通常在静止状态下进行，结果相对准确；而动态扫描是在移动中进行的，则容易受到操作员运动的影响，从而产生误差。因此，在需要高精度扫描的情况下，应尽量采用静态扫描方式。

4. 扫描距离误差

扫描距离误差是指随着扫描目标与扫描仪之间距离的增加，扫描结果的精度会逐渐降低。这主要是由于激光束在传播过程中受到空气折射、散射等因素的影响。为了减小扫描距离误差，可以在近距离范围内进行多次扫描，并通过软件进行数据融合处理。

5. 测量对象特性

测量对象的表面特性（如反射率、颜色、纹理等）以及形状复杂度也会影响扫描结果的准确性。例如，低反射率的表面可能导致激光束无法准确捕捉目标点的位置信息；而复杂的形状结构则可能产生遮挡效应，导致数据丢失。因此，在扫描前，应对测量对象进行充分的了解和预处理，如喷涂反光材料、简化结构等，以提高扫描精度。

7.4.2　手持三维激光扫描质量控制措施

为了减小手持式三维激光扫描仪的误差，提高扫描结果质量，可以采取以下方法：

(1) 定期进行仪器校准和维护，确保仪器处于最佳工作状态。

(2) 在稳定的室内环境下进行扫描，避免环境因素对结果的影响。

(3) 提高操作员的技能水平，减少人为操作误差。

(4) 采用近距离多次扫描和数据融合处理技术，减小扫描距离误差。

(5) 对测量对象进行预处理，如喷涂反光材料、简化结构等，以改善扫描效果。

7.5　实　训

7.5.1　手持三维激光扫描方案设计

【实训目的】初步了解手持三维激光扫描作业流程，掌握手持三维激光扫描仪进行建筑物扫描的方法。

【实训设备】SLAM 100扫描仪主机、读卡器、内存卡、充电电池、扫描仪底座、SLAM GO APP、SLAM GO POST。

【实训内容】SLAM 100扫描仪设备的基本安装及使用。

良好的路径规划、区域划分和控制点规划是采集成功的关键。

1. 路径规划中的闭环

闭环能较好地提高数据的可靠性与精度。因此条件允许时，数据采集尽可能走闭环，如图7-5所示。建筑物1、2、3为待扫描物体。开始扫描前，先规划扫描路线，按照上述规则，该场景扫描可行驶路线为①②③④⑤⑥⑦或者⑤⑥⑦④①②③。闭环时，需要多走5～10m距离，保证程序闭环时正确。

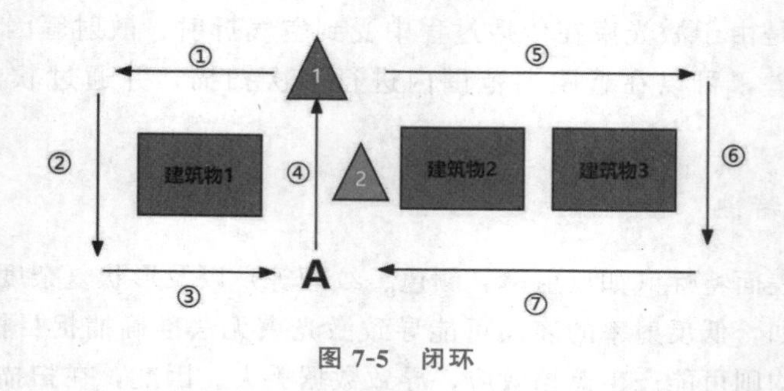

图 7-5　闭环

2. 室外的场景路径规划

闭环是提高 SLAM 精度的有效办法。因此，在条件允许的前提下，数据采集时尽量走闭环，可以有效地减少控制点，提高数据精度。首尾能够闭环，有始有终，也能提升点云的精度，如图 7-6 所示。

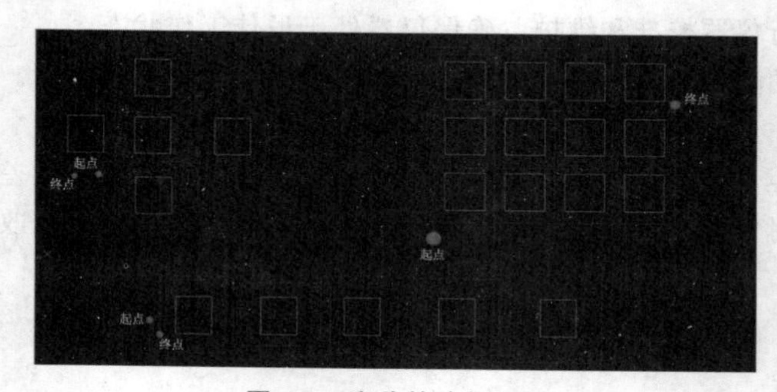

图 7-6　室外的路径规划

3. 室内的场景路径规划

室内能走闭环尽量走闭环，如图 7-7 所示。

图 7-7　室内的路径规划

多层建筑数据采集。例如，共有 5 层楼房，可以测量 1～3 楼之后，再测量 3～5 楼，保证至少一层楼的重叠区域。

4. 带状场景的路径规划

采集道路、隧道、矿洞以及电力等场景时，不建议走回头路（除非必须）。

采集较宽道路时，推荐一侧一采，可以通过走“S”形路线的方式减小一部分累积误差，如对精度要求较高，建议 50m 布设一个控制点，如图 7-8 所示。

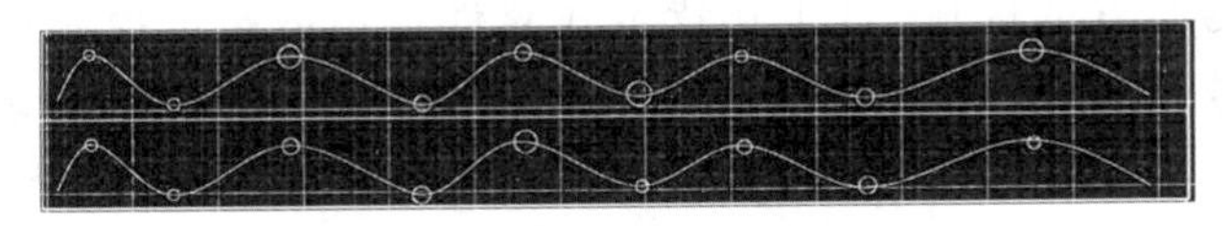

图 7-8 带状场景的路径规划

注意：对于带状场景，要小心，千万不要使控制点位于一条直线上，一定要在带状场景的左右侧进行控制点测量。

5. 矿洞的路径规划

矿洞的路径规划如果能够做闭环，尽量闭环。如果不能闭环，则需要布设控制点，测量时间要控制在 30min 以内（如果矿洞内没有光线或者光线昏暗，相机作用不大，建议关闭，以提高单次作业时间）。

6. 林业的路径规划

以 30m×30m 林业样方为例：对采集样区进行路径规划，路线规划目的是可以采集到树木的所有信息，同时减少数据冗余，针对 30m×30m 的样区，路径规划如图 7-9 所示。如果树木比较密集，采用图 7-9（a）所示的路径规划，如果树木比较稀疏，则可采用图 7-9（b）所示的路径规划。

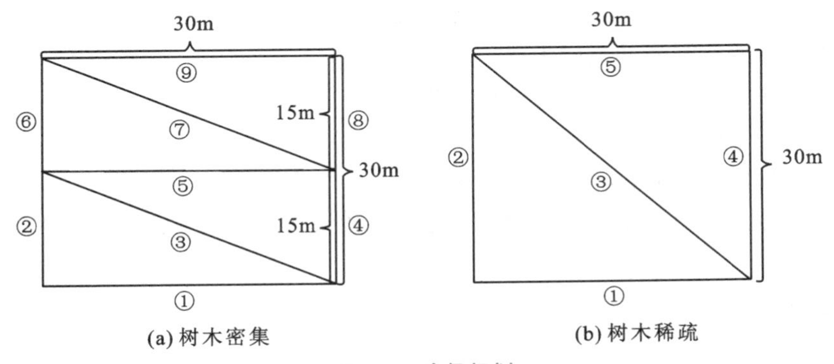

图 7-9 路径规划

7. 区域划分

如果测区不能一个架次测量完毕，那么需要对测区进行划分，如图 7-10 所示。

区域划分原则如下：

（1）每个区域的测量时间控制在规定的时间内；

（2）每个区域保持10％～20％的重叠率；

（3）重叠区域内的特征要足够多；

（4）如果需要绝对坐标，建议重叠区域内要保证3个及以上控制点。

8. 控制点规划

在GNSS信号良好的区域，H120背负式套件是不需布设控制点的。但是有些场景，如GNSS信号不好的区域（高楼之间、小巷）、无GNSS信号区域（地下走廊、地下停车场）等区域，需要布设一定数量的控制点，以保证点云的精度。

控制点需要均匀分布，如图7-11所示，其中圆圈代表检查点（检查点用于后期验证点云的精度），三角形代表控制点，均匀覆盖整个测区。

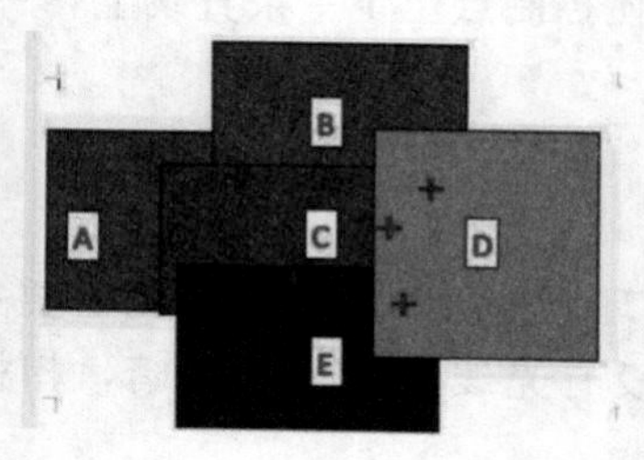

图7-10　区域划分

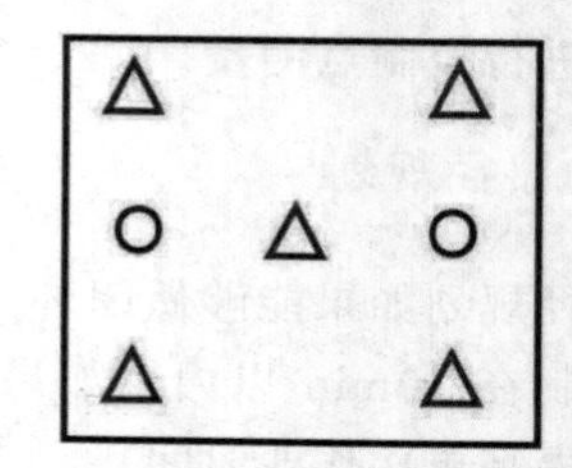

图7-11　控制点均匀分布测区

9. 手持数据采集

初始化及开始采集：开始采集时需选择一个特征明显、较为开阔的初始化区域，尽量保持水准气泡居中，静止不动。初始化的区域选择要求：

（1）选择平稳的地面或者平台；

（2）如果需要GNSS信号接入，那么要保证搜星良好，一般要大于20颗；

（3）附近不要有强烈的电磁干扰；

（4）不要在人流量和车流量多的地方初始化；

（5）不要在空旷的地带初始化；

（6）让设备放置于静止的地面或者平台；

（7）设备静止于地面或者平台时，请尽量使水准气泡保持居中。

7.5.2　手持三维激光扫描外业扫描

手持SLM 100安装

1. 设备准备

打开设备箱，设备安装，安装完毕，如图7-12所示。

打开扫描仪USB接口，将充电宝电源线插入扫描仪type-c接口，长按开关键，指示灯亮起，启动扫描仪，等待激光头转动，扫描仪启动成功后，短按开关键指示灯开始闪烁，扫描仪开始采集数据，静置 10s，便可手持扫描仪走动进行数据采集。进门时，需要提前侧身，让数据有交叉，等待数秒后，继续采集；出门时，同样提前侧身，等待数秒后，继续采集；当采集长直走廊场景数据时，可将扫描仪激光头向前进行数据采集；从室内至户外时，需要提前转身倒退至户外；户外遇到建筑转角时，提前将扫描仪向建筑方向转 45°，需要与建筑保持一定的距离，以保证数据采集重叠度。

图 7-12　SLAM100

2. 设备开机及初始化

长按扫描仪开关键 3s，状态指示灯绿色常亮（电池满电），等待激光头开始转动，此时设备启动成功。请平稳握持扫描仪，并保持激光头竖直向上。

设备连接：通过手机 WiFi 连接 SLAM 100 扫描仪，点击 App 页面右上角带有绿点标识的在线设备，进入设备工作页面，提示连接成功，设备进入初始化，如图 7-13 所示。

设备状态初始化：连接设备成功后，设备将进行初始化，初始化完成后，设备进入待机状态，此时设备未开始工作。

3. 设备工作

通过 SLAM GO App 连接 SLAM 100 后，App 进入待机页面，短按 SLAM 100 开关键，系统会自动进入工作页面并开始实时显示激光扫描数据。

设备工作界面包括设备名称、设备信息、设置、工作时长、工作状态、实时展示图、俯仰角控制键、切换 2D 或 3D 展示功能，如图 7-14 所示。

图 7-13　连接成功

图 7-14　工作界面

手持SLM 100 开机采集

4. 开始采集

短按扫描仪开关键，数据采集功能开启，此时状态指示灯变为绿色（电池满电）闪烁状态。开启录制后需静置扫描仪至少 1min 再开始运动采集，静置时不可拿在手上，必须平稳地放置于地面或者桌子等固定表面；静置时如放置位置略有倾角但可保证扫描仪静置不动也同样符合静置要求。

注意：数据采集过程中请保持扫描仪处于身体前方，与行走方向一致，激光头朝上。

停止采集：短按扫描仪开关键，设备结束数据采集，状态指示灯恢复常亮状态；长按扫描仪开关键关闭设备，此时状态指示灯熄灭，激光头停止转动。

注意事项：

（1）在完成单次数据采集后关机重启，再进行下一次数据采集。

（2）原则上不要求走闭环路径，但为保障数据精度，建议用户在条件允许的情况下采集路线走完整闭环。

（3）从设备箱取出扫描仪时需两只手协作，注意保护旋转云台（精密部件）。

（4）数据采集过程中，激光头禁止向下。

（5）数据采集过程需平稳，避免剧烈晃动。

（6）设备使用前，请确认固定把手的 4 颗手拧螺丝紧固，无松动。

（7）设备使用过程中应注意轻拿轻放，以免因磕碰或剧烈震动造成激光器损坏。

（8）单次数据采集时间应大于 60s。

（9）保持扫描仪与被测物体的距离＞0.4m，避免激光头近距离（＜0.4m）对着墙面转弯。

（10）避免激光头前面有移动的行人。

（11）避免不必要的原地大幅度转圈。

（12）数据采集需保持连续并保证一定重叠度。

5. 控制点采集

需要扫描仪底座十字丝对准控制点中心，静置 10s 以上（激光头方向任意，作业人员远离，避免影响激光采集），采用如上操作一一进行控制点采集。数据采集完成后，长按开关键，关闭扫描仪主机，指示灯熄灭，激光头停止转动，打开扫描仪手柄的电池仓开关，打开安全锁，取出充电电池，关闭电池仓，将电池放入设备箱，打开 SD 卡插槽防尘塞，双手将扫描仪主机放入设备箱，关闭设备箱。

6. 数据拷贝

SLAM 100 采集的数据存储在设备 SD 卡中，采集的数据包会以“SN _ XXXXX”

命名的文件夹方式储存。原始数据包含照片数据、IMU 文件数据、光栅文件数据、激光文件数据、设备标定文件、控制点标记文件。

数据检查：SD 卡取出，插入电脑，找到以“SN _ XXXXX”命名的文件夹并将其拷贝至备份目录；每次数据采集完成后系统都将自动生成此文件夹，根据文件夹名称尾号数字大小可识别数据采集先后顺序，原始数据包含照片数据、IMU 文件数据、光栅文件数据、激光文件数据、设备标定文件、控制点标记文件。

将 SD 卡从扫描仪主机中取出，插入电脑将数据拷贝至电脑，如图 7-15 所示。

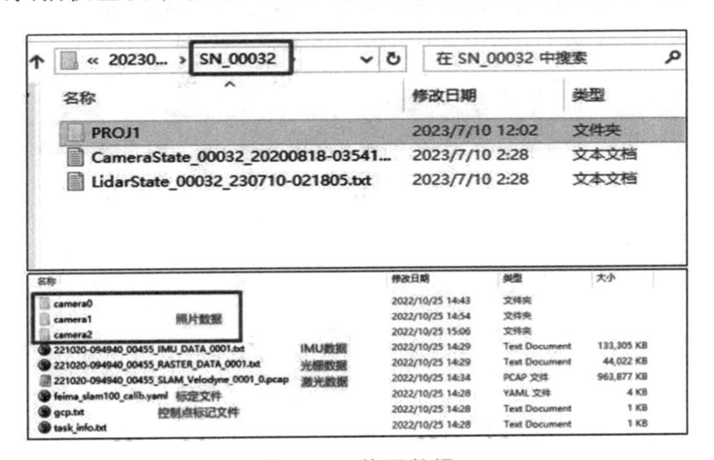

图 7-15　拷贝数据

SLAM 100
数据处理

7.5.3　手持三维激光扫描内业数据预处理

【实训目的】了解手持三维激光扫描数据处理流程，掌握利用三维激光数据处理软件进行点云数据预处理。

【实训设备】SLAM GO POST 软件。

【实训内容】手持三维激光扫描数据预处理作业流程及实施方法。

1. 新建工程

点击“新建”，设置工程名称和工程路径，设备选择“SLAM 100”，平台选择“手持”，单击“下一步”，在输入路径选择原始数据所在文件夹，软件会自动识别文件夹内数据，点击“完成”即可完成工程创建，如图 7-16 所示。

2. 加控制点

右键单击数据管理窗口的控制点数据功能，选择“添加数据”，将整理好的控制点文件导入软件，软件支持设置本地坐标系及投影坐标系，但该设置并不影响最终输出的点云坐标。坐标转换使用非刚体转换时必须设置投影坐标系，使用 SRTK 进行定向时不需要导入控制点，如图 7-17 所示。

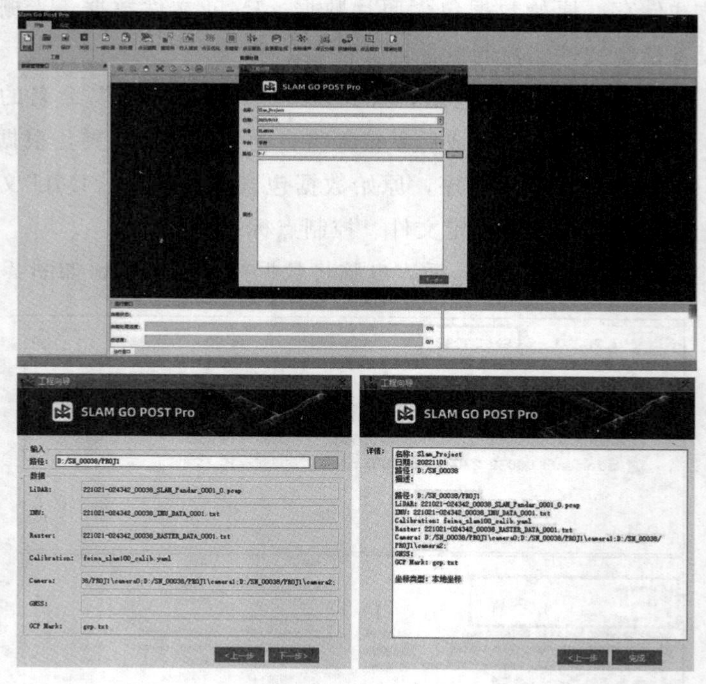

图 7-16　新建工程

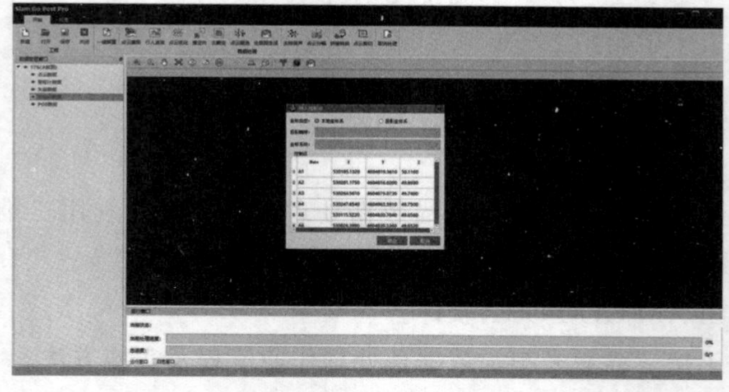

图 7-17　加控制点

注意事项：

(1) 控制点文件里记录的顺序必须与扫描仪实际采集过程中的顺序和数量保持一致，否则控制点会对应错误，导致解算出错。

(2) 控制点暂时不支持经纬度坐标，现支持投影坐标或者空间直角坐标，控制点文件格式要求为 tzxt 格式，内容为 4 列，依次为：ID，东坐标，北坐标，高程（间隔符为英文）。

3. 一键解算

如图 7-18 所示，新建工程后，点击数据处理工具栏的“一键处理”，根据采集场景和成果要求，设置不同参数，参数具体解释如下：

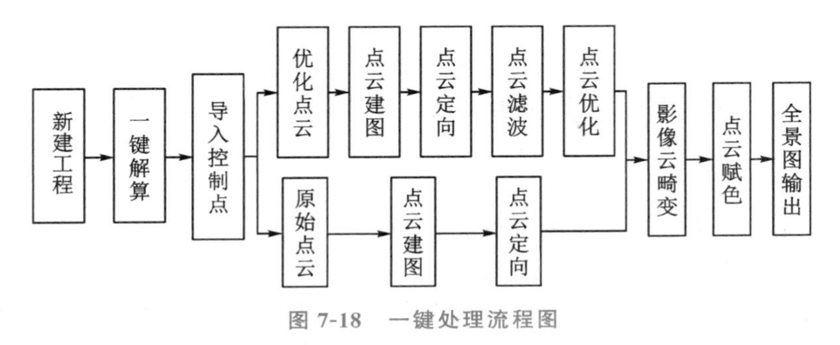

图 7-18　一键处理流程图

1）建图类型

原始建图：该模式下建图输出原始点云数据成果，软件不进行点云优化处理，后续步骤均基于原始点云进行。

建图优化：该模式下建图后软件自动进行行人滤波、点云优化处理。

2）建图算法

快速模式：建图速度快，建图效果及精度稍差；

高精度模式：建图速度慢，建图效果及精度更高。

3）使用设备

目前只限于全景图拼接功能，若无支持通用计算的显卡，可手动切换到 CPU 模式。

4）集稳定度

快速模式：标定后的设备如果用于相对开阔区域场景，参数值设置最大的 5；标定后的设备如果用于楼梯等经常会旋转拐弯的场景，参数设置 4 或者 3。

高精度模式：优先使用稳定度 5 进行解算。

目前算法为自动枚举模式，即先使用设置的稳定度进行点云建图，若解算提示点云飘飞，则软件自动使用下一级稳定度进行点云建图，以此类推，直到建图成功后继续执行后续步骤，如果直到稳定度 1 也建图失败，则程序停止处理，软件提示解算失败。

5）忽略数据段

剔除静止的冗余数据，剔除质量较差的数据，标准采集模式无须设置忽略时间。

6）数据段时长

解算给定时长的数据，此参数与跳秒时间参数配合，可以解算任意时间段点云数据。

7）点云定向

刚体：基于控制点直接对解算后的点云做坐标转换。

非刚体：基于控制点或 RTK 数据优化点云并定向。

8）其他结果

全景图：由单张影像拼接而成的全景图。

点云赋色：由影像给点云数据着色。

若只勾选全景图和赋色点云选项，默认使用内置相机进行全景图和点云赋色，若使用全景相机进行全景图和点云赋色，则需要勾选全景图和赋色点云选项，然后点击赋色点云右侧的“设置”按钮，设置“源图像”“全景相机数据”和全景照片路径，点击“确定”。

注意：点云赋色是单片赋色并不是全景图赋色，因此和全景图无关，如图 7-19 所示。

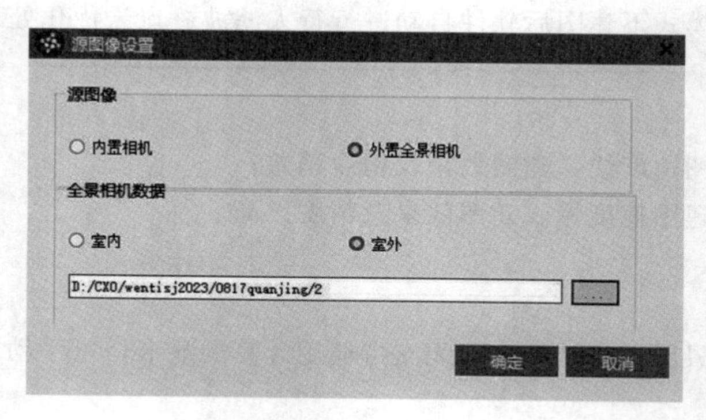

图 7-19　点云赋色

9）其他设置

首尾同点：首尾约束设置，形成闭环，消除分层。

注意：首尾同点功能仅适用于弱纹理地形，且常规解算后分层的情况，并且外业采集时必须保证闭环处有 5～10m 重复路线，且开始采集点与结束采集点之间距离不超过 1m，因此常规情况下，解算时不需要勾选首尾同点。

建图实时显示：实时显示点云建图过程。

行人滤波：根据需要选择是否进行行人滤波，点击设置行人滤波参数，如图 7-20 所示。

4. 数据导出

点云解算后将需要的点云成果导出成 las 格式，在对应的点云数据右键，点击“数据导出”，选择保存路径和保存名称，提示导出成功后，数据导出完成，如图 7-21 所示。

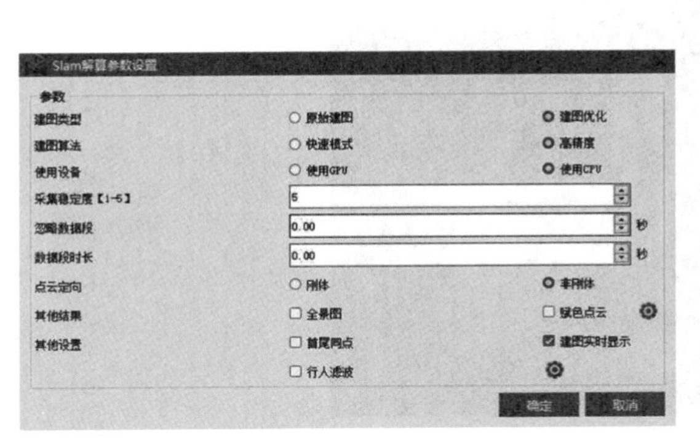

图 7-20　其他设置

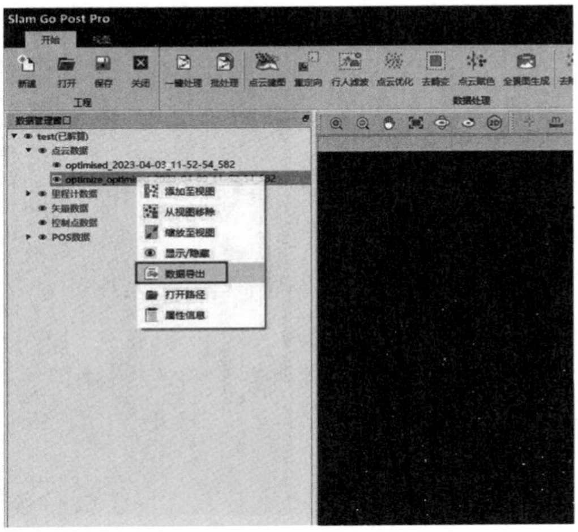

图 7-21　数据导出

7.5.4　手持三维激光扫描智慧停车场实景重建

1. 配套软件

配套软件及功能见表 7-1。

表 7-1　配套软件及功能

软件名称	功　能
SLAM GO	项目管理、实时点云拼图显示、影像预览和固件升级
SLAM GO POST	行业级的 SLAM 后处理算法，进行点云浏览、优化处理、坐标转换等，生成高精度彩色点云和局部全景影像
3ds MAX	模型重建、纹理渲染、1∶1 复刻场景模型

2. 数据采集与解算

1）线路规划与数据采集

采集人员实地查看测区概况，了解停车场各出口、通道联通情况，以此规划最便捷、合理的扫描路线，获取数据。线路规划与数据采集遵循以下要点：①以里程最小的路线获取最完整的车库点云数据；②闭环采集必不可少；③遮挡物后方的数据能获取尽量获取，例如防火门后方的墙体等；④采集过程尽可能避开连续移动的车辆和行人，保证点云成果质量，外业采集共耗时 15 分钟，采集面积约 4300m^2。如图 7-22 所示。

图 7-22　数据采集

2）数据解算

将原始数据导入 SLAM GO POST，同时勾选“高精度点云模式”＋“点云地图”＋“彩色点云”，一键式解算数据，生成高精度彩色点云和局部全景影像，内业解算由原始点云到降噪、优化彩色点云并生成全景图，共耗时 40 分钟。如图 7-23、图 7-24 所示。

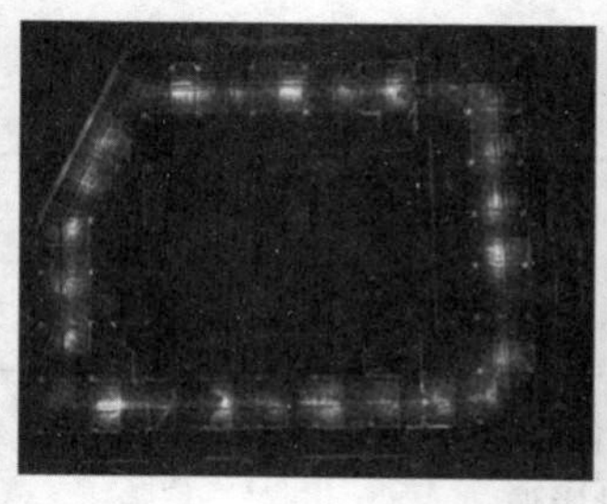

图 7-23　地下停车场点云（彩色）

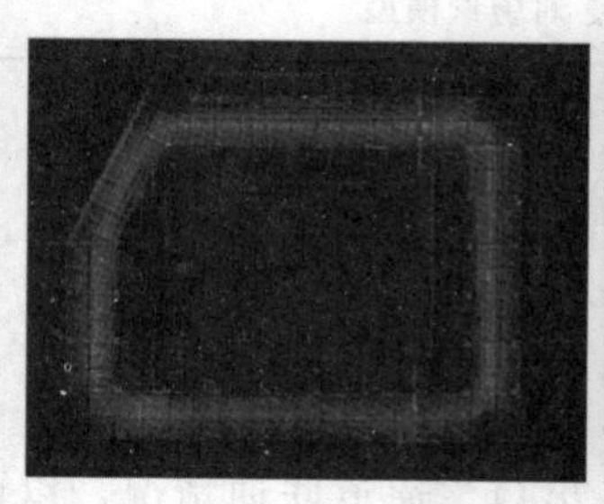

图 7-24　地下停车场点云（强度）

3. 模型重建与渲染

3ds MAX 2022 版具备强大的点云数据加载能力，可直接、海量加载 las/rcp 格式点云，并提供不同点云渲染方式，方便内业人员判别不同构筑物轮廓和道路、车位边线，快速准确进行模型重建。本案例采用 3ds MAX2022 软件建模，耗时约 8 小时。

（1）首先将点云导入 3ds MAX 中，利用 BOX 对点云进行裁剪，最大程度展示地下车库各类构筑物轮廓，对于轮廓不清楚的构筑物，可重新拖曳、更改 BOX 大小对点云重新裁剪，裁剪后的点云可清晰呈现地下车库轮廓。如图 7-25 所示。

图 7-25　BOX 裁剪点云

（2）根据裁剪点云重构立柱、房梁、墙体等构筑物主体 Mesh 模型。地下车库中同类构筑物尺寸一致，利用 3ds MAX 阵列功能可快速完成同一类构筑物模型重构，提高作业效率。相比于根据已有矢量图或者影像翻模，参考点云地图进行模型重构可以保证模型的比例尺和精度，同时点云可以呈现不同类构筑物的细节特征，避免出现模型细节缺失和模型错误。如图 7-26、图 7-27 所示。

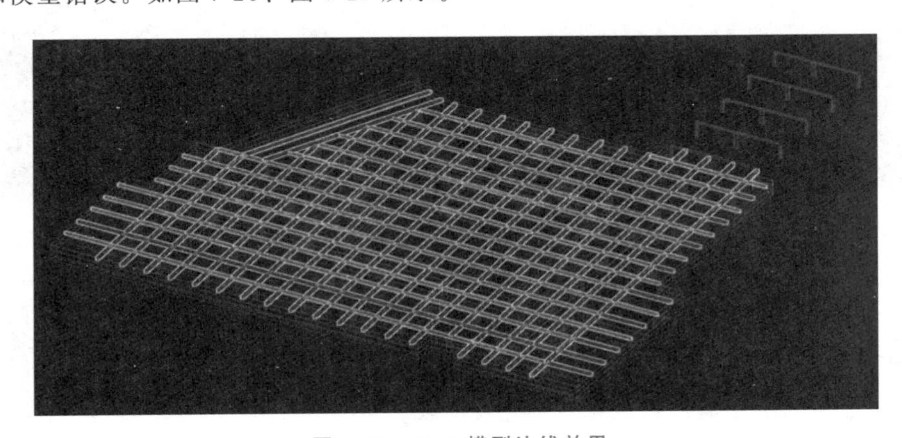

图 7-26　Mesh 模型边线效果

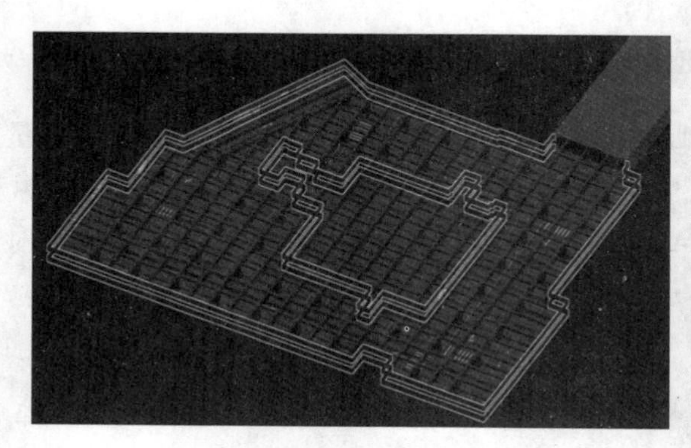

图 7-27 Mesh 模型实体效果

（3）基于点云强度渲染方式确定地面标识线、车位边线等位置；确定车库内各构筑物模型材质。如图 7-28 所示。

图 7-28 Mesh 模型材质渲染

（4）利用 3ds MAX 渲染功能，提高模型感官效果。如图 7-29 所示。

图 7-29 地下车库模型

复习与思考题

1. 简述 SLAM 手持三维激光扫描作业流程。
2. 简述 SLAM 手持三维激光扫描外业数据采集的基本步骤。
3. 简述 SLAM 手持三维激光扫描数据预处理的基本步骤。
4. 简述 SLAM 手持三维激光扫描数据误差来源及其控制方法。

思政点滴

“1＋X”职业技能等级证书制度

1. “1＋X”：书证衔接和融通

简单而言，“1”是学历证书，是指学习者在学制系统内实施学历教育的学校或者其他教育机构中完成了学制系统内一定教育阶段学习任务后获得的文凭；“X”为若干职业技能等级证书。“1＋X”证书制度，就是指学生在获得学历证书的同时，取得多类职业技能等级证书。职教界内外最为关注的，实际就是这个“X”。在实施“1＋X”证书制度时，须处理好学历证书“1”与职业技能等级证书“X”的关系。“1”是基础，“X”是“1”的补充、强化和拓展。学历证书和职业技能等级证书不是两个并行的证书体系，而是两种证书的相互衔接和相互融通。书证相互衔接、融通是“1＋X”证书制度的精髓所在，这种衔接融通主要体现在：职业技能等级标准与各个层次职业教育的专业教学标准相互对接。这种对接是由学历证书与职业技能等级证书的关系决定的。不同等级的职业技能标准应与不同教育阶段学历职业教育的培养目标和专业核心课程的学习目标相对应，保持培养目标和教学要求的一致性。

“X”证书的培训内容与专业人才培养方案的课程内容相互融合。“X”证书的职业技能培训不是要独立于专业教学之外再设计一套培养培训体系和课程体系，而是要将其培训内容有机融入学历教育专业人才培养方案。专业课程能涵盖“X”证书职业技能培训内容的，就不再单独另设“X”证书培训；专业课程未涵盖的培训内容，则通过职业技能培训模块加以补充、强化和拓展。

2. “1＋X”：推动职业院校深化改革

“1＋X”证书制度是国家职业教育制度建设的一项基本制度，也是构建中国特色职教发展模式的一项重大制度创新。“1＋X”证书制度的实施，必将助推职业院校改革走向深入。

(1)“1＋X”证书制度的实施将有利于进一步完善职业教育与培训体系，将促进职业院校坚持学历教育与培训并举，深化人才培养模式和评价模式改革，更好地服务经济社会发展，更会激发社会力量参与职业教育的内生动力，充分调动社会力量举办职业教育的积极性，有利于推进产教融合、校企合作育人机制的不断丰富和完善，形成职业教育的多元办学格局。

(2)“1＋X”证书制度将学历证书与职业技能等级证书、职业技能等级标准与专业教学标准、培训内容与专业教学内容、技能考核与课程考试统筹评价，这有利于院校及时将新技术、新工艺、新规范、新要求融入人才培养过程，更将倒逼院校主动适应科技发展新趋势和就业市场新需求，不断深化“三教”改革，提高职业教育适应经济社会发展需求的能力。

(3)“1+X”证书制度实现了职业技能等级标准、教材和学习资源开发、考核发证由第三方机构实施，教考分离，有利于对人才客观评价，更有利于科学评价职业院校的办学质量。

(4)“1+X”证书制度必将带来教育教学管理模式的变革，模块化教学、学分制、弹性学制这些灵活的学习制度等人才培养模式和教学管理制度必将在试点工作中涌现出来，这些新的变化必将对职业教育现行办学模式和教育教学管理模式产生重大挑战和严重冲击。如何应对“1+X证书制度”带来的影响，是摆在职业院校面前的重大课题。

项目 8　三维激光扫描技术行业应用

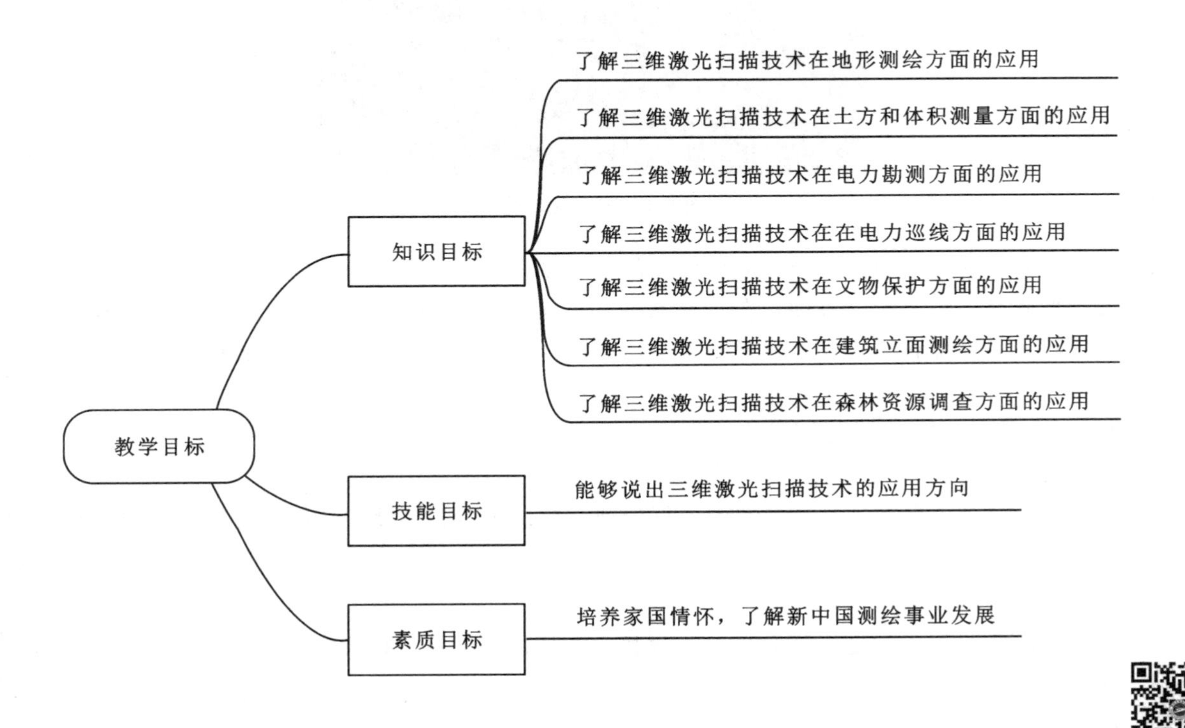

8.1　地形测绘应用

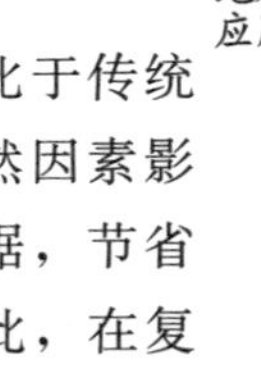
微课：基于激光雷达的地形图测绘应用

近年来，在无人机上搭载激光雷达成为对地观测领域的一个发展方向。相比于传统的航空摄影测量，它可以穿过植被遮挡而直接获取地表信息，不易受天气等自然因素影响。而相比于 RTK 测量，它能够从人工单点数据的获取变为自动连续获取数据，节省了大量的人力和物力，对大范围地理空间对象能够实时获取三维坐标数据。因此，在复杂的山区测量中，机载雷达技术占据着一定的优势。

8.1.1　案例区概况

案例区域位于广西省北海市合浦县白沙镇龙江村，这是一片由私人承包的植被覆盖茂密的丘陵，占地 2.532 公顷，地势从东北至西南呈中间低、两边高，西北面是玉铁高速路，西面多村落，具体位置如图 8-1 所示。

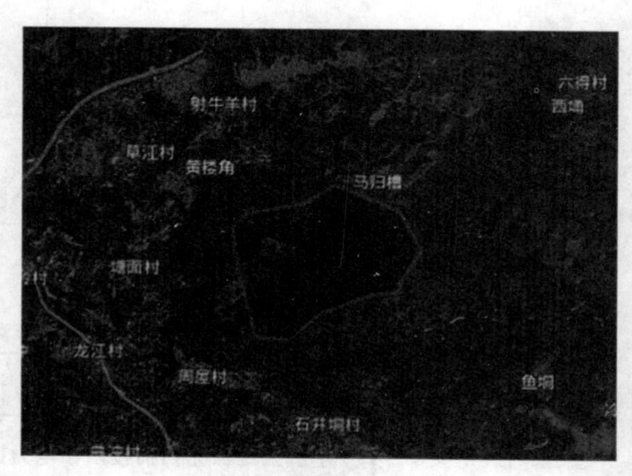

图 8-1　案例区域范围

获取研究区域的 1：2000 地形图，存在一定难度，一方面，测区的面积大，地势相较于平原要陡峭；另一方面，测区植被覆盖茂密，无法用传统测量的手段高效完成任务。基于对环境和测绘成本因素的考量，选择机载雷达技术获取该区域的地形数据。

8.1.2　激光点云数据采集

航摄任务开展前，制订严密的飞行计划，提前向所属空域管辖部门进行空域申请报备。同时，收集测区的气象资料和已有的测量成果，对测区进行实地勘测，了解飞行范围，制定技术方案。

本次实验采用的是飞马 D2000 旋翼机，抗风能力 5 级，搭载索尼 6000 型号的相机。激光雷达为飞马的 LiDAR 2000，同时利用飞马无人机管家系统对无人机飞行进行监控。设置航高为 112m，航向重叠度为 60%，旁向重叠度为 30%，飞行速度为 14m/s，航线间距为 63m。飞马 D2000 旋翼机通过千寻账号连接当地的 CORS 系统，可以省掉地面 RTK 基准站的布设。

8.1.3　激光点云数据处理

点云数据的处理包括预处理、过滤、分类这三个关键步骤，最后利用分类后的地面点云生成数字高程模型。预处理得到点云格式，包含地物的大量坐标信息；过滤是去噪的过程，去除一些不需要的点云；分类的目的是提取地面点，方便后续生成精细化数字化产品。在本次研究中，主要在 LiDAR 360 软件平台上对数据进行处理。

1. 点云去噪

激光雷达搭载在无人机上，发出激光束打在目标物体上，激光束经过多次反射，才被激光扫描仪接收到物体的信息，这些信息中包含着部分噪点信息。造成噪点的原因可分为两类：当机载 LiDAR 系统工作时，激光会打在空中飘浮物体上，如鸟类、云等，这些物体信息会同样被系统所接收；再者，由于激光测距仪的误差或者激光束反射的多路径误差导致产生的极低点，这也属于噪声形成的原因。这些噪点明确高于或低于周围点云的平均高程，影响点云数据的质量。因此得到点云数据后，不能即刻对数据进行分类操作，必须对点云数据进行去噪处理，去噪结果如图 8-2 所示。

2. 点云自动分类

点云自动分类是依据不同地表物体的反射强度、回波次数、形状特征等不一样而设置的算法，将不同类别的地物点一一自动划分归类。对于裸露的地表而言，没有任何物体遮盖，激光扫描仪投束下来的激光仅有一次回波，因此运动时间最长的电磁波的反射点为地面点。按照回波特征，点云的自动滤波会依照相应的地面坡度阈值进行迭代计算，直至分离出合理的地面点为止。地面点分类结果如图 8-3 所示。

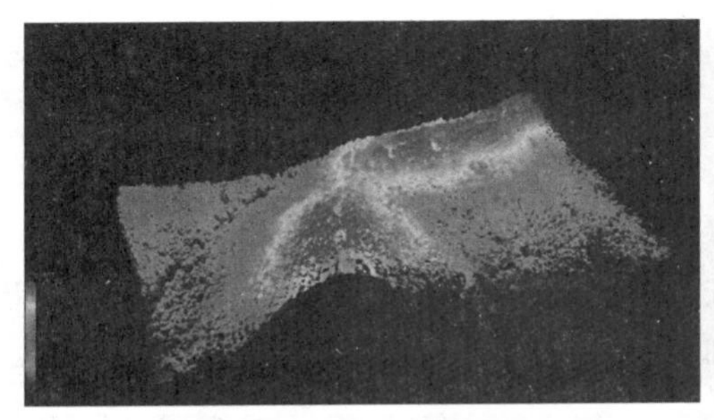

图 8-2　点云去噪结果图

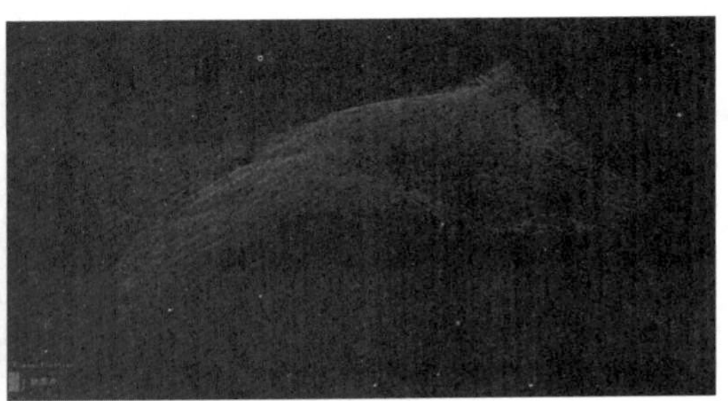

图 8-3　点云分类结果图

3. 手工分类编辑

基于 LiDAR 360 软件可进行快捷方便的点云自动分类，可以分离出大部分的地面点云和非地面点云，但还是存在着有少部分点云分类错误的现象。在分类地面低点和地面点的时候，错把是植被的点云归类为地面低点。对于此类离散的点云数据，可以使用剖面工具，将归类错误的点云重新正确分类。最后对比正射影像，检查点云的分类，生产数字化产品。

8.1.4　测绘成果生产

1. 数字高程模型

数字高程模型（digital elevation model，DEM）是对地面地形的数字化表达，基于丰富的地面高程数据便可建立起来，因此数字高程模型需要用到分类后的地面点。在 LiDAR 360 中，将 2m 设置为合适的采样间隔，使用反距离权重插值的方法制作 DEM。分类后的地面点有缺漏，在使用软件提供的补洞选项时，生成的 DEM 有所区别，如图 8-4 所示。

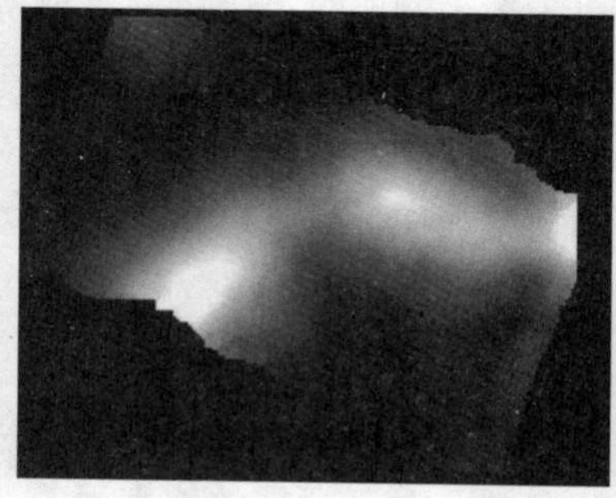

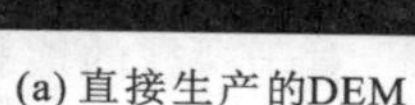

(a) 直接生产的DEM

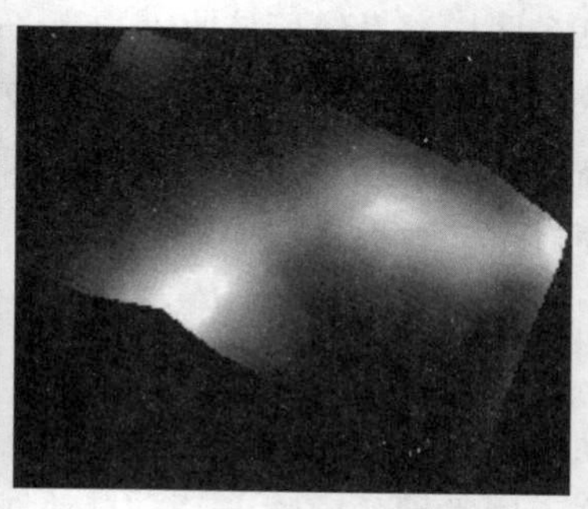

(b) 补洞生产的DEM

图 8-4　数字高程模型（DEM）

2. 数字表面模型

数字地表模型（digital surface model，DSM）是地表情况的反应，在完成点云的去噪处理后，与 DEM 选择同样的反距离权重插值的方法生成 DSM，如图 8-5 所示。

3. 数字线划图

根据《1∶2000 地形图图式规范》在南方 CASS 10.0 中导入点云数据进行处理，绘制地物，得到 1∶2000 比例尺下的地形图，如图 8-6 所示。

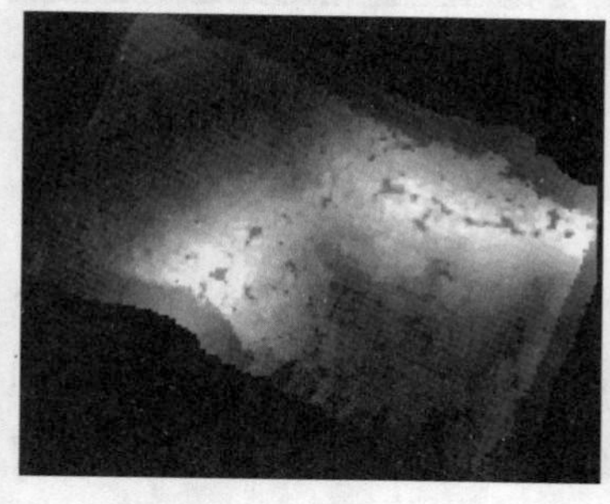

图 8-5　数字表面模型（DSM）

图 8-6　1∶2000 地形图

机载 LiDAR 技术是继 GPS 以来在测绘遥感领域的又一场技术革命，是当今世界上先进的对地观测系统。本案例以北海市合浦县白沙镇龙江村的一片丘陵测区为例，探索机载雷达技术在测量复杂地形上的应用。通过实践发现，相比于传统的测量方式，机载 LiDAR 技术在开展复杂地形的测量时，能够节省大量人力、物力，缩短时间成本，能够穿透植被获得地形数据，同时它数字化程度高，能够自动采集数据，工作效率高，在复杂地形测绘上具有良好的适用性。

8.2　土方和体积测量应用

微课：基于激光雷达的土方和体积测量应用

土石方量的测量是工程施工的一个重要组成部分，是工程预结算的重要资料，土石方测算结果的准确性关系到工程造价及各方的经济利益。土石方量计算的基本思想是利用测量数据重建目标区域地形的三维模型，通过比对两期数据构建模型的体积差异实现土石方量的计算。

传统的土石方外业数据测量有方格网法、断面法等，但传统方法往往消耗大量的人力和时间资源，虽然高程点的测量精度有保障，但点位的密度往往不高，尤其当遇到现场条件复杂、仪器视线遮挡严重时，传统测量方法便受到极大的约束。而利用运动恢复结构（structure from motion，SfM）法对目标区域进行三维重建以实现土石方测量的方法。虽然降低了测绘成本，且操作简单，但在实际应用中，在植被发育好的区域，SfM 光线不能穿透植被，受限较大；且 SfM 法容易受到天气条件的影响，在风大多云条件下会导致照片发生变化，从而影响建模精度；SfM 法获得的稀疏点云对外形简单、十分规则的目标才能反映实际情况，而土石方量的计算项目中，实际地形往往结构复杂，通过 SfM 法得来的稀疏点云对测量区域的三维重建精度较低，所以利用 SfM 法计算土石方量结果精度较低。机载激光雷达技术在获取地面模型时具有自动化程度高、受天气影响较小、点位测量精度高、采集空间密度大、速度快等特点，既能避免传统测量方法受现场制约问题，又能提高 SfM 法在稍大场景中土石方量计算的精度。

8.2.1　案例区概况

港口空载船只的三维点云数据归档，计算满载 20 艘船只的泥沙土方量，误差控制在 5%以内。

8.2.2　激光点云数据采集

三维激光扫描设备采用 LiBackpack 100，它是由数字绿土自主研发的背包式室内外一体化激光雷达扫描系统，结合激光雷达和同步定位与制图构建（SLAM）技术，无需 GPS 即可实时获取周围环境的高精度三维点云数据。可用于电力巡线、林业调查、矿业量测等领域。

外业人员背负 LiBackpack 100 室内外一体化激光雷达扫描系统，沿着船体外沿进行数据采集，即可扫描获取运沙船的点云数据。每艘船只扫描一次空船，然后建立空船数据库。船体满载时，同样的方法对满沙船进行扫描，结合两次扫描数据，即可计算出船载泥沙土方量。背包激光扫描现场作业如图 8-7 所示，点云效果如图 8-8 所示。

图 8-7　背包激光扫描现场作业

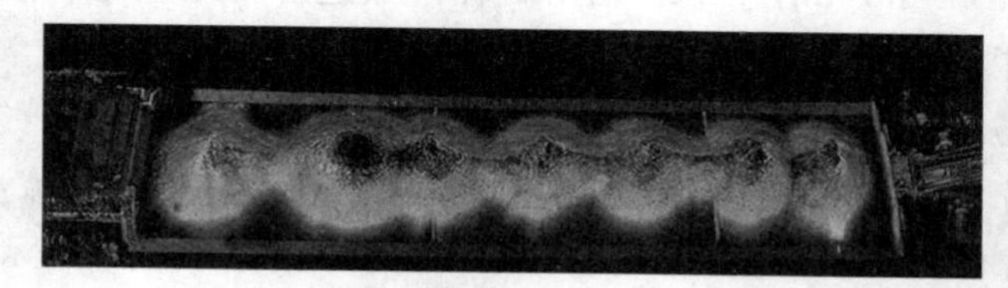

图 8-8　背包激光扫描点云效果图

8.2.3　激光点云数据处理

目前 LiDAR 360 软件计算土方量的方法有格网法和 DTM 法，因格网法快速简单且精度较高，所以本次项目采用格网法。（在四个角点无靶标球的情况下，软件计算一艘船的土方量用时 7～8min；在布设靶标球的情况下，计算一艘船的土方量用时 2min。）

LiDAR 360 计算船体泥沙土方量的步骤（布设靶标球）：

(1) 将外业采集空船、满沙船的点云数据进行去噪；拟合出船体的角点布设的 4 个标靶球球心；用体积量测工具，计算出空船的 Fill 方量，如图 8-9 所示。

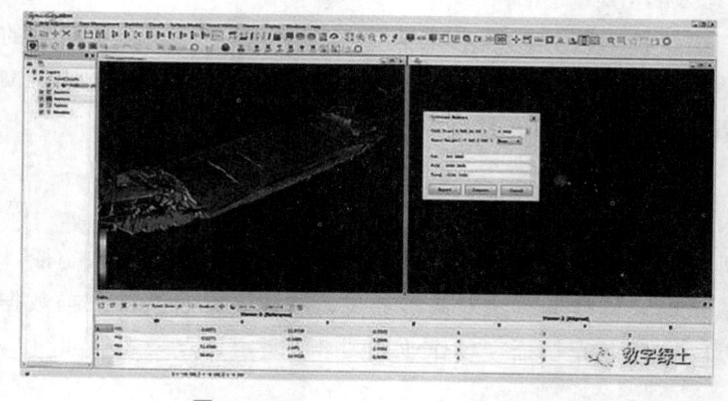

图 8-9　LiDAR 360 计算空船体积

（2）同上步骤，算出满载沙的Total方量，标靶球布设必须和空船保持一致，如图8-10所示。

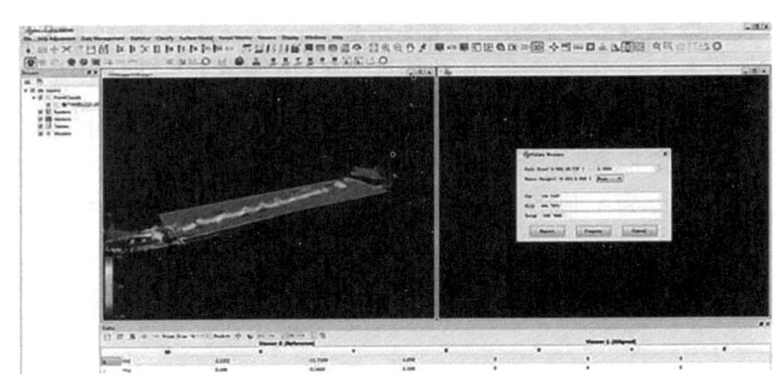

图8-10 LiDAR 360计算满载土方量/体积

8.2.4 成果输出

船计算结果见表8-1。

表8-1 船计算结果

测量编号	空船（Fill）（m^3）	满沙船（Total）（m^3）	空船（Fill）+满沙船（Total）（m^3）
1	2332.303	−302.766	2029.537
2	2386.571	−339.344	2047.227
3	2350.354	−311.563	2038.791
平均值	2356.509	−317.891	2038.518

本次背包激光雷达数据采集精度相对误差在5cm以内，符合船只测量与数据归档精度。

土方量计算方法合理，操作简单，在有标靶的基础上引入人为随机误差较小。根据采集激光雷达数据计算的泥沙土方量与客户参考值相吻合，精度高于要求。

8.3 电力勘测应用

微课：基于激光雷达的电力勘测应用

1981年，中国第一条500千伏高压输电线路“平武线”建成，拉开了中国超高压、特高压电网建设的序幕。现在的中国超高压电网已经成为全球装机规模最大、电压等级最高、输送能力最强的特大型电网，500千伏线路长度超过100万千米，1000千伏线路超过200万千米。随着国家“碳达峰、碳中和”政策的推进和新能源结构转型，电网的建设和改造仍然拥有巨大前景。《“十四五”电力发展规划报告》中提出，预期到2025年，全国新增500千伏以上线路9万千米，电网勘察设计市场依然广阔。

电力工程建设的速度进一步加快。传统测量模式由于其数据获取模式单一、自动化程度不高、劳动强度大、工作效率低下等弊端，已不能满足当前电力工程建设对测绘技术的新要求。目前外业测量常用的GPS-RTK技术可以在一定程度上降低外业劳动强度，提高野外工作效率，但是仍然需要作业人员逐点测量，并且会有山区等复杂地形人员难以安全到达的问题。为了满足市场需求，输电线路的勘测技术手段也在迅速发展。随着无人机技术的成熟和准入门槛的下降，输电线路工程也从传统的人工测绘向航空测绘迅速转型。倾斜摄影测量、激光雷达扫描、多光谱遥感等新技术得到了广泛应用。

8.3.1 案例区概况

三维动画：基于激光雷达的电力勘测应用

本案例区位于重庆市武隆区境内，电压等级500kV，线路长度约100km。地形以高大山地为主，海拔范围为300～1300m，相对高差最大约700m。测区森林覆盖率约95%，主要树种为松树、杉树和青杠树，并伴有密集的灌木和杂树，测区局部地形如图8-11所示。

图8-11 测区卫星影像（局部）

通过航空摄影测量和精细化激光雷达扫描，获取线路中线左右各50m米范围内的正射影像和全息点云；获取全线植被高度现状；获取全线交叉跨越线路平面及高度；获取全线拆迁房屋面情况（包括面积、属性、层数等）。

提供产品包括：①全线1∶1万正射影像图；②全线路径平断面图；③全线DEM和DSM；④全线分类点云，包括地面、植被、电力线和铁塔等；⑤全线房屋分布图。

根据工程要求和测区情况，测量工作的难点主要体现在以下几个方面：

（1）地形起伏大，对无人机仿地飞行的能力要求高；

（2）交通条件差，起降点选择受限，对无人机的续航能力要求高；

（3）测区网络信号较差，对无人机电台信号和图传能力要求高；

（4）植被茂密，对点云穿透性的要求高；

（5）通过点云提取交叉跨越线路的杆塔和导线点成果，对点云密度要求和无人机精细化飞行能力要求高；

（6）工期紧张，对作业效率要求高。

8.3.2 技术路线

由于工期紧张，本工程分为“影像”和“激光”两个作业组同步开展现场工作，流程图如图8-12所示。

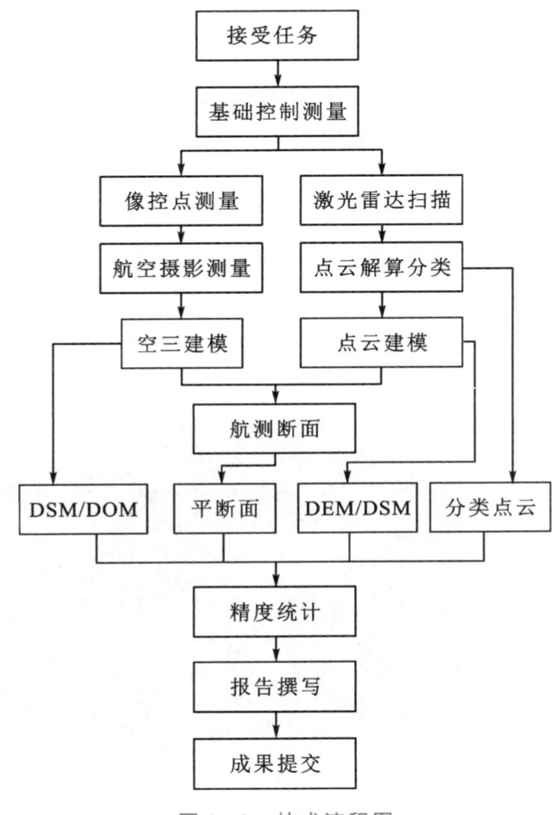

图8-12 技术流程图

8.3.3 激光点云数据采集

1. 仪器设备选用

针对工程难点，最终选择采用两套飞马D2000S无人机，分别搭载CAM 3000正射影像模块和D-LiDAR 2000激光雷达模块完成各项工作。

（1）飞马D2000S无人机小巧灵活，便于单人作业，特别适合交通不便的地区。

（2）高精度仿地飞行模式，特别适合高大山区作业，保证了影像和激光点云的数据质量。

（3）具备超强的信号连接，在平飞模式下，可以保证 5km 的图传信号，在仿地飞行模型下，仍可以保证 3km 的图传信号，大大提高了飞行安全。

（4）单架次续航时间约 50 分钟，飞行距离可达 30km。在平飞模式下，单架次可完成 $3km^2$ 的正射影像采集；在仿地飞行模式下，单架次可完成 $1.5km^2$ 的激光点云扫描。

（5）CAM 3000 正射模块分辨率达到了 6100 万像素，焦距 40mm，在 700m 的相对航高，仍可保证地面分辨率 GSD 达到 6cm，完全满足 1∶1000 地形图精度要求。

2. 机载激光扫描

（1）扫描分区：激光雷达扫描采用仿地飞行模式，保证了测区的点云密度和均匀程度。为便于后期的数据整理，并考虑起降点信号覆盖范围，仍然对测区进行了分区，分区方案与摄影测量保持一致。

（2）航线规划：在飞马无人机管家的“智航线”模块，按带状方式进行航线规划。相对航高低于 150m，旁向重叠高于 40%，平均点云密度 $95p/m^2$，航速低于 11m/s，并根据植被情况适当调整。对于深切峡谷地段，由于线路工程对谷底数据精度要求较低，采用“航点编辑功能”，对峡谷区域的航点进行删除或修改，从而提高作业效率，并最大程度保证飞行安全。航线规划如图 8-13 所示。

图 8-13　“智航线”仿地规划

（3）交叉跨越电力线路的精细化扫描：电力线路设计阶段对交叉跨越相关线路的测量尤其重要，会直接影响整体方案的规划设计。当无人机沿线路方向进行激光扫描时，对其他交跨线路的扫描质量较低，点云密度不能满足设计需求。因此，本工程针对 110kV 及以上等级的线路，均进行了专项飞行。

首先在高清正射影像上准确获取相关线路的塔位坐标和线路中线，如图 8-14 所示。按线路左右 50m 规划航线。结合已有的 DSM 和点云数据，预判各塔位高度。以塔顶预估高程为基础，增加 50m 控制相对航高，这样既保证了线路的点云密度，又兼顾了飞行安全。精细化扫描前后对比如图 8-15 所示，航点编辑前后对比如图 8-16 所示。

图 8-14　正射影像上的电力线

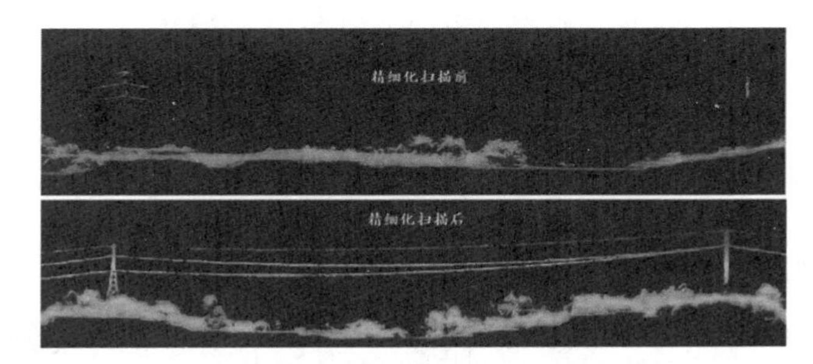

图 8-15　精细化扫描前后对比

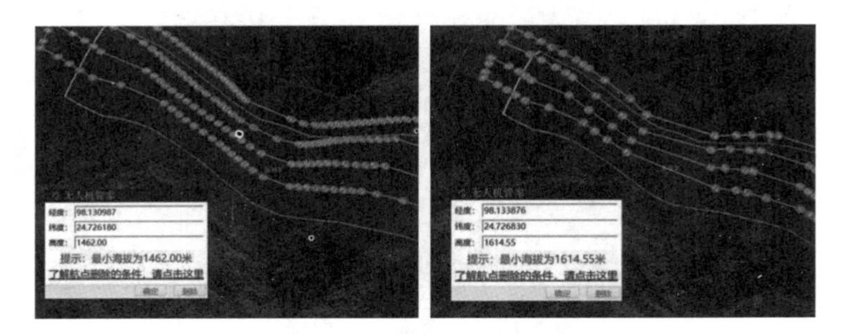

图 8-16　航点编辑前后对比

飞行作业与摄影测量基本相同，不再赘述。飞行数据检查主要为 POS 数据、惯导数据和原始点云数据的同步性检查，保证各项数据的时间匹配。

8.3.4　激光点云数据处理

本工程利用飞马无人机管家的“智理图”“智激光”“智点云”和“智巡线”模块完成点云数据的处理，点云处理流程如图 8-17 所示。

（1）在“智理图”中依据无人机 POS 数据下载基准站星历文件。

（2）利用参考站星历、无人机 POS 数据和 IMU 惯导数据联合解算，输出激光扫描轨迹文件。

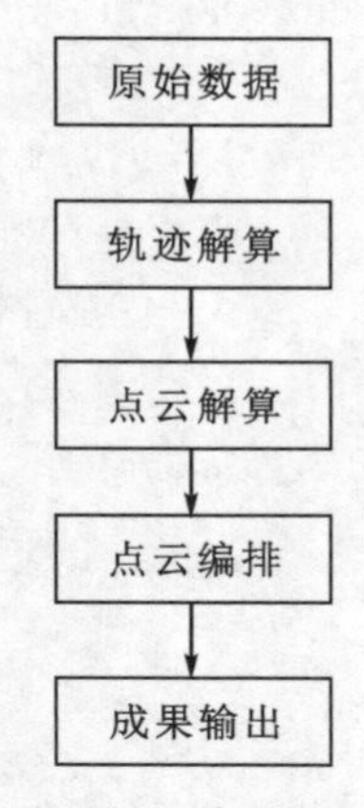

图 8-17 点云处理流程图

(3) 在"智激光"中，建立任务，导入扫描轨迹文件和激光回波文件；进行点云的初步解算和特征提取；以区块为单位进行航带平差；利用基础控制成果建立的转换关系，对平差后的点云进行坐标、高程系统转换，输出 LAS 格式的初始点云。

(4) 在"智点云"中，对初始点云进行去噪、分类，重采样等编辑工作，最终提取出地面、植被、电力线等分类点云。

(5) 利用植被点云构建表面三角网，按 1m 分辨率形成 DSM；利用地面点云构建地面三角网，按 1m 分辨率形成 DEM；基于 DEM 生成等高线，等高距为 10m。

(6) 在"智巡线"中，利用电力线点云进行切挡、二次分类、挂点提取、弧垂拟合等，并按一定间距提取导线弧垂点的坐标、高程成果。

8.3.5 成果输出

激光点云数据成果如图 8-18 所示。

图 8-18 分类点云（局部）

根据激光点云数据滤波生成 DEM 数据成果如图 8-19 所示。

图 8-19 DEM（局部）

根据 DEM 数据成果生成等高线如图 8-20 所示。

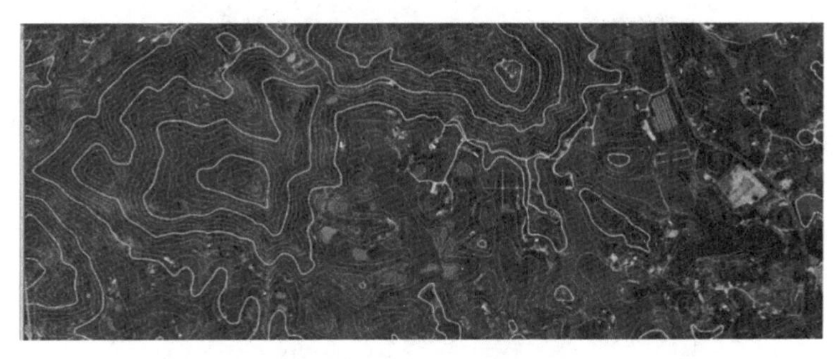

图 8-20　等高线（局部）

分类后提取的电力塔及电力导线如图 8-21 所示。

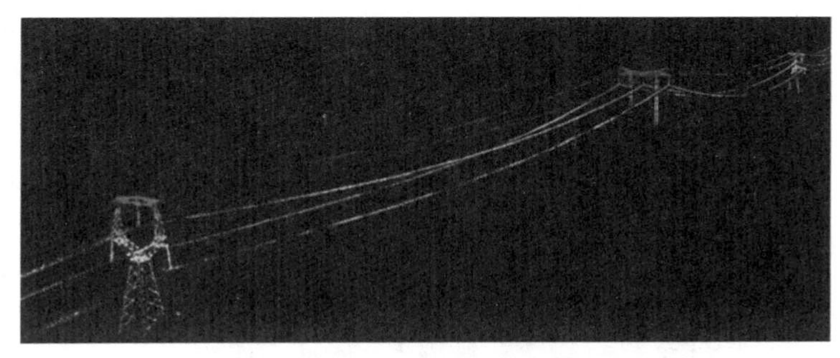

图 8-21　电力线点云（局部）

依托于丰富准确的航测产品，在“西南院送电三维数字化设计平台”中，基于高清立体模型进行路径的选择和优化，确定杆塔位置，自动提取路径平断面，如图 8-22 所示。

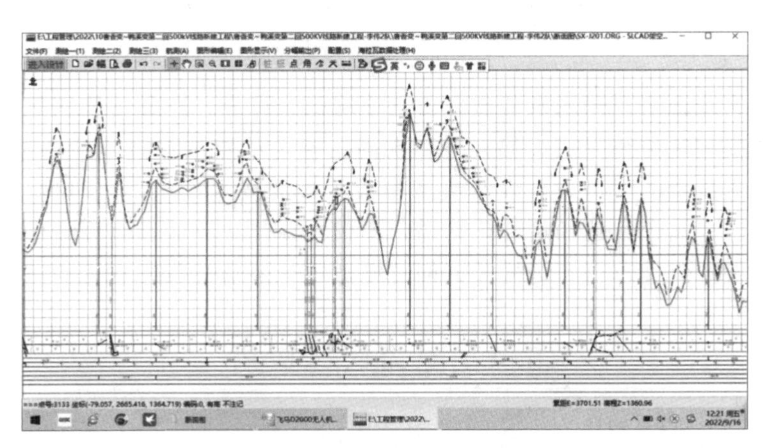

图 8-22　路径平断面图

结合高精度的 DEM 模型，对塔位基础进行精细化设计，如图 8-23 所示。

图 8-23　输电线路三维设计

基于电力线点云，构建交叉跨越立体模型，校核跨越距离、间隙和各项指标，如图 8-24 所示。

图 8-24　交叉跨越三维设计

通过工程实践证明，采用机载激光雷达系统稳定可靠，产品精度满足输电线路工程要求，作业效率相比传统方式大幅提升，在高压输电线路的设计建设中应用前景广阔。特别是激光雷达技术的引进，有效解决了植被干扰的技术难点，使得构建高精度 DEM 成为可能。对已建高压线路的精细化扫描，不仅在新建线路的勘测设计中，更可以在电力巡线场景中发挥巨大作用，为构建电网三维数字化通道提供强有力的技术保障。

8.4　电力巡线应用

三维动画：基于激光雷达的电力巡线应用

随着电网规模的迅速扩大，尤其对于经济发展较慢的山区，大规模的输电线路长期暴露于雨雪、寒流、高温高压等环境下，给输电线路造成了巨大损害，如金具锈蚀、导线断股、绝缘子闪络等。为了保证输电线路的安全稳定运行，各电力巡检系统都需要对输电线路进行定期巡检。传统输电线路的巡检主要依靠人工巡线，存在巡线周期长、效率低、成本高等缺点，已不能满足大规模电网的巡线需求，而且恶劣的环境、艰苦的条件给人工巡检带来了很大限制。直升机的出现虽然给输电线路巡检带来了极大的方便，但是直升机需要人员具备专业技术，操作性不强，同时直升机巡检需要申请空域，手续繁多，会浪费大量时间。因此，轻便的无人机则给输电线路巡检带来了质的改变，其结合激光雷达对输电线路进行点云采集，解决了机载相机无法准确得到输电线路通道内地物至电力线距离的问题。

随着架空线路规模的不断扩大，对巡检的效率、质量、安全等方面的要求越来越高，传统人工巡检作业的劣势越来越明显，基于这样的背景，现代化电网建设与发展的需求呼唤着先进、科学、高效的电力巡线方式。

无人机激光雷达技术已被愈发广泛地应用于电力行业，服务电力输电线路三维重建与沿线地表形态恢复、新线路走向选择设计、已有线路巡查检查、线路资产管理、智能电网专业分析等应用，重点关注线路走廊、交叉跨越、导线弧垂、线间距离、杆塔本体、地表附着物等测量对象及其空间关系，相较传统巡线方式、传统测绘手段展现出绝对的能力优势、效率优势和精度优势。

8.4.1　案例区概况

微课：基于激光雷达的电力巡线应用

广东省韶关市某县 35kV 某线与某线支线，2 条通道长度达 9.2km，杆塔总数 36 基（角铁塔），平均塔高 25m，地形起伏多变。线路路径覆盖如图 8-25 所示。

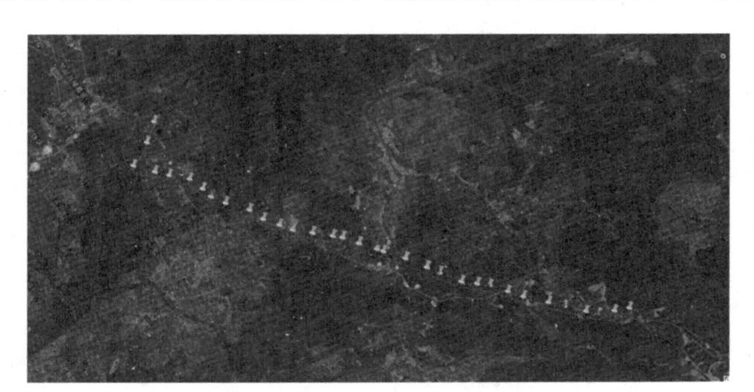

图 8-25　线路路径覆盖图

8.4.2　技术路线

项目实施流程包括航线规划、现场勘查、飞行作业、数据处理、成果质检与成果提交。现场勘查的重点在于杆塔与 KML 矢量图是否一致，标记跨高压线、跨高铁、跨高速等飞行危险点；如果发现线路与实际杆塔不符，则及时调整航线。

为保证数据的时效性、有效性，每架次落地后及时解算并与前序架次进行数据合并，检查数据是否合格。总体作业流程如图 8-26 所示，详细技术流程如图 8-27 所示。

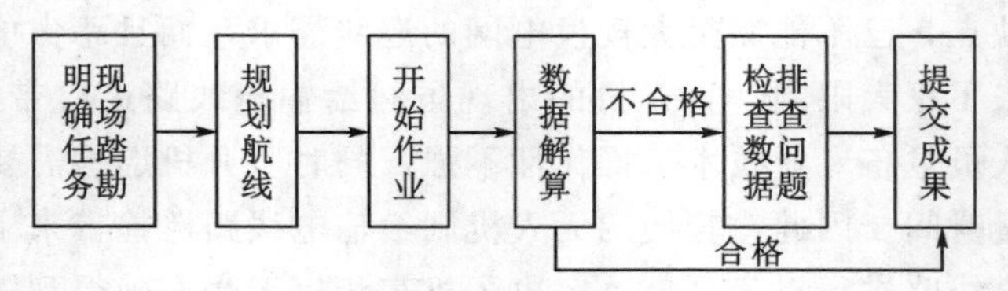

图 8-26　总体作业流程图

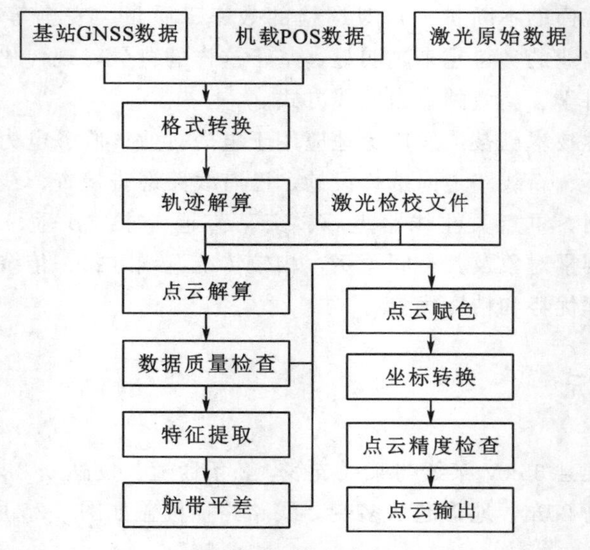

图 8-27　技术流程图

8.4.3　激光点云数据采集

1. 仪器设备

本案例全部使用的作业设备为飞马智能电力巡检系统 D300L。D300L 是飞马机器人按照电网作业规范要求设计的一款电力巡检系统；配备主视角摄像头，在航线作业时具备实时视频监控能力；配合 HGS200 手持地面站，具备航线飞行及手动控制能力，并可自由切换，满足更多复杂场景应用；10km 的控制半径，具备高效的数据获取能力。

2. 外业激光扫描

用飞马 D300L＋DLiDAR 150 选择跟车飞行，无须架设物理基站，连接网络 RTK，一架次完成，飞行速度 6m/s，飞行时间 32min，降落电量 18%。其他设备续航 16～22min，单架次不超过 4km，在稍微有遮挡的地方图传不行，基本只能视距内飞行，作业效率更低。用无人机管家解算数据，20 分钟出成果，数据质量符合验收要求。点云成果如图 8-28 所示。

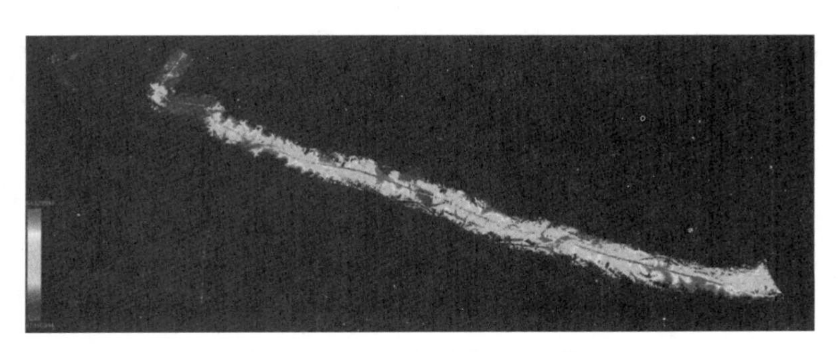

图 8-28　外业扫描激光点云图

8.4.4　激光点云数据处理

机载激光点云数据处理包括数据的预处理、数据的处理及分析。数据的预处理包含数据的质量检查、数据转换、轨迹解算、点云数据解算等。其中，数据质量的检查主要有检查机载雷达 POS 数据是否完整、点云数据是否有漏洞、前后两天时间及不同架次数据是否无缝拼接等。数据转换是将地面基站和机载 POS 系统获取的原始数据转换成通用的数据格式，轨迹解算经后差分处理获得飞行平台的三维坐标，点云数据的解算是根据轨迹解算的结果与原始点云数据获得输电线路通道内点云数据的三维坐标。数据的处理包含数据的去噪、点云数据的分类、危险点分析、工况模拟分析等。分类后点云效果如图 8-29、图 8-30 所示。

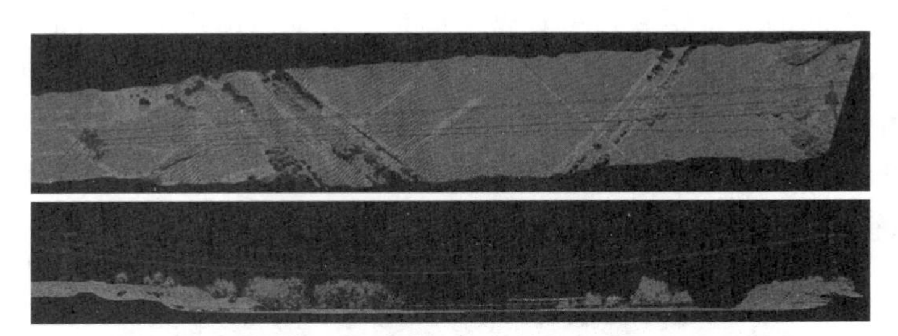

图 8-29　电力线激光点云分类后效果图（俯视、侧视图）

图 8-30　高压塔及 4 分线效果图

续图 8-30 高压塔及 4 分线效果图

8.4.5 巡检分析

将点云导入专业电力点云分析软件中进行处理。利用机载激光雷达获取的高精度点云，快速获得高精度三维线路走廊地形地貌、线路设施设备，以及走廊地物（包括电塔、塔杆、挂线点位置、电线弧垂、树木、建筑物等）的精确三维空间信息和三维模型。根据输电线路安全距离的要求，可分析线路走廊内导线与植被、建筑物、交叉跨越等净空距离，进而确定线路运行状态是否安全，并对超过预定安全距离的危险点形成报表并进行标识提示，最大限度地发挥系统的输电能力。

1. 基于激光雷达的树障分析报告

树与电力线之间的安全距离，一直以来都是电力部门巡检关注的重点对象，当树与线的安全距离不足时，很容易引发跳闸、放电等事故。估算树木到导线的距离，传统的作业方式很难精准估算树与电力线之间的距离，同时，山区树障检查存在估算难度大、效率低下等难题。激光雷达扫描技术能够很好地解决这个难题，基于激光雷达获取的点云数据能够准确估算树木到导线的距离，如图 8-31 所示。

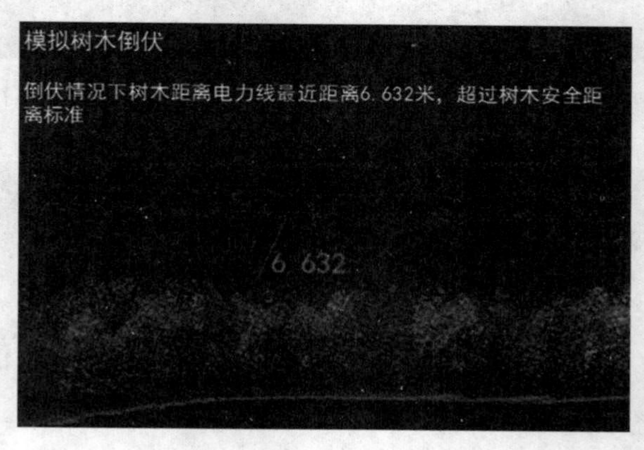

图 8-31 树障分析

2. 交叉跨越工况检测

交叉跨越工况检测如图 8-32 所示。

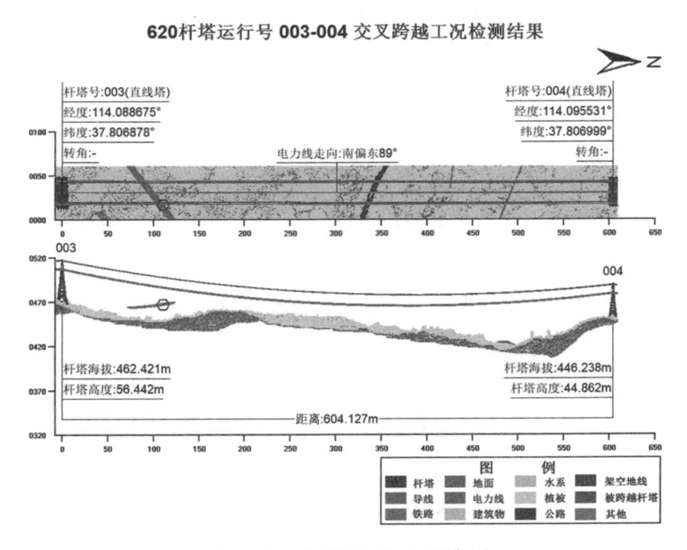

图 8-32　交叉跨越工况检测

3. 模拟工况分析

设置实时工况参数（导线温度、覆冰厚度、风速）以及模拟工况参数，分析模拟工况下的净空距离，模拟工况分析效果如图 8-33 所示。

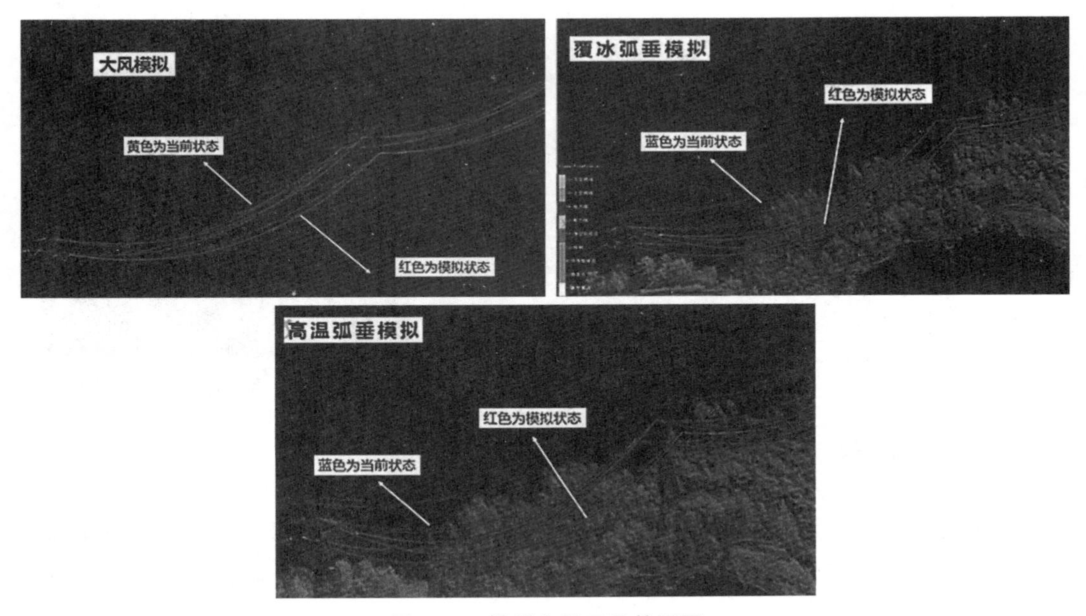

图 8-33　模拟分析工况效果图

利用无人机机载激光雷达技术对输电线路进行外业巡检，根据数据的处理分析实现点云数据的分析、危险点分析、工况模拟分析，可实现对输电线路通道的快速巡检。此技术解决了复杂地区巡检难的问题，大幅度降低了人力劳动成本，提高了巡检效率。同时，激光雷达技术实现了输电线路的三维坐标测量，且精度高，轻量化、成本低的无人机在电力巡检中具有重要作用。

8.5 文物保护应用

微课：基于激光雷达的文物数字化应用

文物保护是指对各种文化遗产现场的测量、记录与恢复。雕塑、古建筑物、考古现场都属于该应用范畴。人类社会在发展中留下了很多珍贵的文物，自然和人文的遗产。随着时间的流逝，这些文物经过风吹日晒雨淋以及人为的损坏，有的变得残缺不全，有的面临着消失的风险，为了更好地保护和修复这些珍贵的遗产，三维激光扫描技术给文物保护提供了新的技术手段。通过三维激光扫描技术把文物的几何和纹理信息扫描下来，以数字的形式存储或构建成三维模型，这对于文物的保护、修复以及研究都有重要的意义。

三维动画：基于激光雷达的文物数字化应用

由于三维激光扫描技术扫描速度快，外业时间短；技术方便，节省人力；所得数据全面而无遗漏；适于测量不规则物体、曲面造型，如石窟、雕塑等；数据准确，精度可调，点位和精度分布均匀，人为误差影响小；非实体接触，便于对不可达、不接触对象的测绘；不依赖光照，可在昏暗环境和夜晚工作，在国内外的文物保护领域已经有了很多应用和成功案例。

8.5.1 案例区概况

本案例所选的试验对象是位于浙江台州玉环市革命历史纪念馆台门处的一个古四角凉亭，该凉亭高檐翘角、幽雅美观，为清代同知公署历史遗址，已经历近300年的风雨岁月，如图8-34所示。本次任务是利用三维激光扫描技术对古凉亭的外部及内部进行数据采集，结合专业软件绘制古凉亭的相关建筑图件，同时建立三维数字档案，为古凉亭的后期维护提供技术保障。

图8-34 古凉亭实景影像图

8.5.2 技术路线

三维激光扫描技术应用于古建筑测绘中，主要分为外业数据采集部分的控制测量和点云数据采集，还有内业部分的点云数据处理、三维建模、专题图制作几个步骤，如图8-35所示。

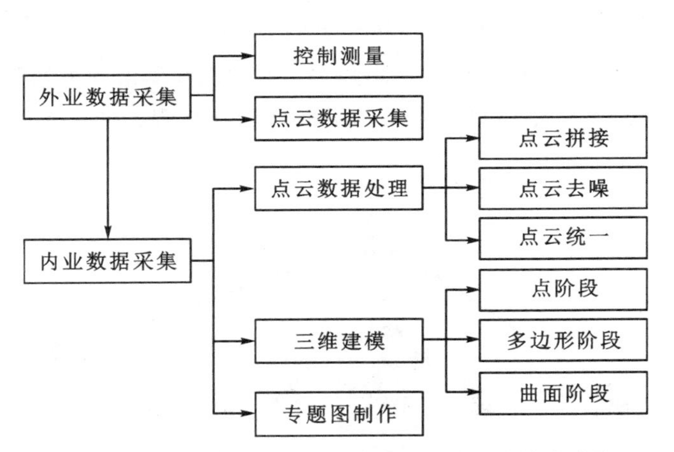

图 8-35　三维激光扫描仪在古建筑测绘中的技术路线

8.5.3　控制测量及激光扫描

1. 控制测量

合理布设扫描控制网，控制点选位合理，应考虑能全面控制扫描区域，各点位还应考虑到方便架设仪器，且通视良好。控制点坐标一般采用 GPS-RTK 进行测量，遮挡无 GPS 信号的地方可采用全站仪进行联测，同时需联测附近两个以上已知控制点进行坐标校核。控制测量的精度按照古建筑的级别进行界定，一般应能满足《地面三维激光扫描作业技术规程》（CHZ 3017—2015）中四等点云精度的要求，即平面控制达到图根导线、高程控制达到图根水准的要求。

2. 点云数据采集

点云数据采集应首先布设扫描站，扫描站应保证能够覆盖物体，且设站数量尽量少，均匀布设；标靶应高低错落进行布设，同时应保证每一扫描站不少于 4 个标靶，且相邻扫描站有 3 个以上不共线的公共标靶。点云数据采集应选用性能稳定的三维激光扫描仪，按照工程精度要求设置合理的点间距和采集分辨率，保证扫描站间有效点云的重叠度不低于 30%。扫描作业结束后，应检查点云数据覆盖范围的完整性和可用性，对缺失和异常数据，应及时补扫。点云数据采集的同时，还应利用专业数码相机拍摄扫描对象，用于后期纹理映射。

依据扫描的目的和精度要求，结合古凉亭周边的环境，在亭内以及距离亭身 4 个拐角的 10m 处首先布置 5 个测站，由于古凉亭的结构比较复杂，扫描仪距离亭身较近无法扫描到完整的点云数据，因此在距离亭身 20m 处再布置 4 个测站，9 个控制点用钢钉做标志，并保证两两通视，这样的布站方式能够确保扫描到古凉亭的所有表面，如

图 8-36 所示。布设好控制点后利用 CORS 网络 RTK 首先联测周边已知控制点经校核无误后方可进行观测，每个控制点均观测两次，取两次观测值的平均值作为终值，最终得到每个控制点在 CGCS 2000 坐标系下的平面坐标和高程，便于后期将扫描点云数据统一转换到该大地坐标系下。

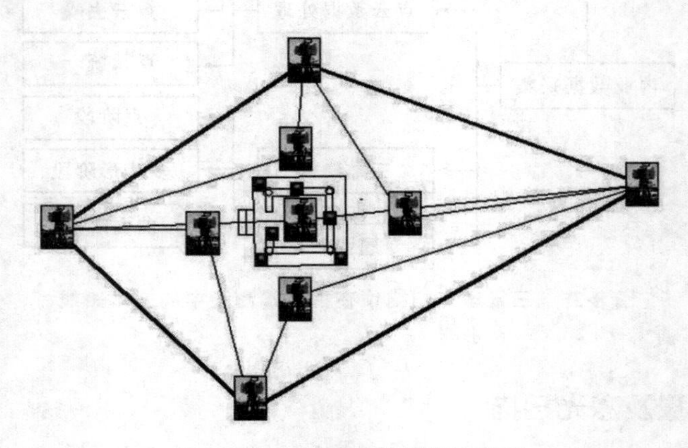

图 8-36　扫描设站及控制点布设

点云数据采集采用 Leica ScanStation C10 扫描仪，该扫描仪采用脉冲式激光信号发射方式，能有效扫描 300m 范围以内的物体，扫描速度最高能达到 5 万点/秒，单次测量点位精度达到 6mm，单次测量距离精度达到 4mm。首先布设标靶，本次扫描作业在相邻测站之间均匀布设 4 个标靶球。标靶布设完成后，架设扫描仪，整平，启动扫描仪。扫描时，在距亭身 10m 处，仪器分辨率设置为中等分辨率，视场设置为全景；在距亭身 20m 处，仪器分辨率设置为高等分辨率，视场设置为自定义，保证亭身表面的点云间隔为 2cm。扫描完成后，利用佳能 5D MARK Ⅱ 相机拍摄扫描对象，用于后期纹理映射。

8.5.4　激光点云数据预处理

将采集到的点云数据导入到和仪器配套的 Cyclone 软件中，为保证古凉亭表面点云配准的精度，对于内侧的 5 站点云采用序列拼接的方法，外围 4 站采用重叠点云 ICP 配准的方法，逐个拼接到内侧 5 站点云上，这样就完成了 9 站所有点云的拼接，经检测首尾重叠处的点云相差小于 6mm，满足相关规范的精度要求。点云去噪利用 Cyclone 软件手动去除点云中含有粗差的数据和无效的形体数据，完成后的 9 站点云总图，通过旋转、放大操作将点云调整到理想位置，根据需要在工具栏中选择合适的工具去除噪声点。再次利用 Cyclone 软件对点云进行统一化处理，同时将多站点云进行压缩并合并成一个整体。

8.5.5　建模及专题图绘制

1. 三维建模

为准确建立古凉亭的三维实体模型，反映出古凉亭的现状，借助 Geomagic Studio 软件全自动进行三维模型的构建，其构建的古凉亭外部曲面模型和内部曲面模型如图 8-37 和图 8-38 所示。通过 Geomagic Studio 软件先对实地拍摄的纹理数据进行纹理处理，最后在 3d MAX 中对已经处理好的贴图采用人工交互的方法，进行逐面映射，纹理贴图后的古凉亭三维模型如图 8-39 所示。

图 8-37　古凉亭外部曲面模型

图 8-38　古凉亭内部曲面模型

图 8-39　纹理贴图后的三维模型

2. 专题图绘制

依照已经建好的三维立体模型，利用 Poly-Works 软件对建筑物的特征点进行准确地选取，描绘出特征线，再利用 AutoCAD 软件对描绘出的图形进行修饰绘制相关的二维专题图件，该古凉亭的立面图如图 8-40 所示。

为了验证本次三维激光扫描成果的质量，在古凉亭上选取 20 个特征点，分别用徕卡 TCR402 免棱镜全站仪测量出所有特征点的坐标，将其结果与在三维模型中量取的坐标值进行比较，20 个特征点的平面位置最大误差为 0.179m，高程最大误差为 0.191m，满足《城市三维建模技术规范》（CJJ/T 157—2010）关于精细模型平面尺寸和高程精度不宜低于 0.2m 的要求。

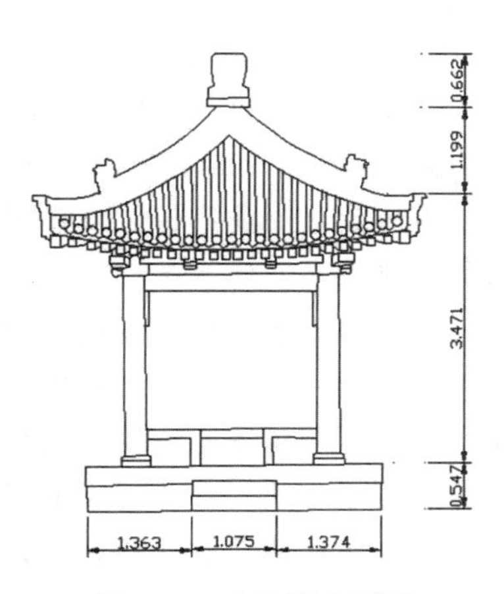

图 8-40　古凉亭立面图

三维激光扫描技术的出现为古建筑测绘带来了技术革新，与传统单点作业、误差不断累积的测量方式相比，该技术的点位采集精度能够达到毫米级，一站点云的数据量可达到百万个，数据采集效率得到质的提升，而且非接触的方式不会造成古建筑的损坏，其应用于复杂、不规则的古建筑中具有无可比拟的优势。应用中我们发现，后期三维建模使用相关软件进行纹理映射时，最终的贴图效果不够逼真，因此，对于映射算法还有待进一步的研究结果。随着设备价格的不断降低以及后处理软件功能的不断完善，其在古建筑保护领域必将具有广阔的应用前景。

8.6 建筑立面测绘应用

微课：基于激光雷达的建筑立面测绘

随着城市的不断发展，街道两侧既有建筑已不能满足现代街道商业化的要求，而两侧建筑立面上大小不一、颜色各异的广告位，以及因老旧或维护不当导致杂乱无章的居民楼和商铺，逐渐成为破坏街道整体形象的要素。为了给城市人民提供一个整洁有序的城市环境，需要对城市进行整体规划，将临街外立面整体化、统一化。通过统一的色调、尺寸、规划设计，对街区内无序的临街商业广告、墙面、门面等进行整合或处理。

传统的建筑立面测量使用“全站仪免棱镜测量”与“手绘草图”相结合的方法。使用全站仪测量出门窗等结构的每一个角点，并辅以草图说明，内业处理时，将三维坐标转换成立面的二维坐标，绘制出建筑立面的 CAD 文件。这种作业方式在遇到古建筑等结构系统较为复杂的情况时，需要测量的结构点非常多，工作量大且不容易记录，效率较为低下。因此，有必要对原有的工作流程进行改进，以胜任更多类型建筑的立面测图任务。

三维激光扫描可以快速、准确地进行城市外立面采集测量。这种方法获取数据效率高，极少受天气与光线影响，并能得到被测物体包括空间坐标在内的完整信息。城市外立面成图处理可以根据采集数据及颜色信息进行城市外立面的绘制，减少了数据采集中草图绘制的工作量。

8.6.1 案例区概况

本案例区地点位于广东省陆丰市一个典型的老城区骑楼大街，全长约 1.2km，街道平均宽度 5m。目前，街区建筑外立面现状房屋老旧、街道无序，地面不整洁，路面、人行道破损，商业广告位放置随意、杂乱。根据现场情况分析，历史街区街道狭窄，行人和车辆较多，建筑结构复杂，使用常规测量方法难于实施。

该项目要求获取精度达 1∶500 的建筑外立面测量数据，由于项目测区建筑物密集，房屋外部结构复杂、分布不均、样式不一，且测量工期紧，给建筑立面测量带来不小的挑战。如采用传统全站仪单点数据采集，皮尺、测距仪等较传统辅助工具测量的建筑立面外业测量方式，主要有以下不足：全站仪单点测量，需多个特征点挨个测量，多次布点采集，高层建筑摆放棱镜或者激光找点比较费事，很多点都是靠手工来补充，用工成本高，工作强度大。

采集的数据是不含颜色信息的灰度点，造成房屋特征信息的识别工作难，找建筑物高的特征点容易出错，还容易产生重测需求，影响外立面的绘制效率。

8.6.2 技术路线

采用激光视觉跟踪扫描技术对街区建筑立面进行扫描，并绘制立面图，技术路线如图8-41所示。

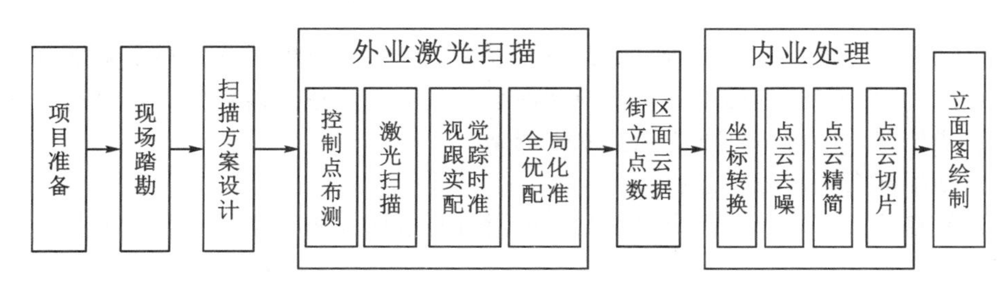

图8-41　立面图测绘技术路线图

8.6.3 激光点云数据采集

传统三维激光扫描技术外业需要逐个测站架设仪器，对中整平，内业利用专业软件进行点云配准、去噪等，整个流程工作量大、耗时长、效率低。近几年，三维激光扫描领域出现了一项新技术，即视觉追踪技术。视觉追踪的三维激光扫描仪经过内置视觉追踪相机和惯性测量IMU实时计算两个连续站点间的相对空间关系。根据三维点云的特征点匹配，寻找到多个（3个以上）同名特征点，解算两测站数据的空间坐标转换参数，将后续移动站点云数据拼接到基准站点云，实现点云全自动精准拼接。

本工程使用Trimble X7激光扫描仪外业扫描，共架设了141个测站，数据量约26GB，耗时约560min。由于外业扫描点云坐标系相对坐标，沿街利用GDCORS测设了10个地面控制点用于坐标配准。将扫描拼接好的点云数据导入Trimble RealWorks软件，数据效果如图8-42所示。

图8-42　街区扫描彩色点云数据

8.6.4 激光点云数据处理

1. 点云自动配准

配套软件实现自动拼接、自动解算、自动着色等功能，快速输出作业通用格式点云数据。

全自动配准功能，一键将所有测站拼接起来。配准时，需要选择一个基准测站，基准测站配准过程中保持坐标不变，其他测站会和基准测站找公共部分，并通过平移旋转拼接到正确位置，因此基准站必须是水平测站。

全自动配准会经历三个过程：

（1）粗略配准，系统分析出每个测站中所有竖直面并进行编号，计算出各个测站之间匹配的唯一解。

（2）精化配准，系统首先分析出每个测站中的所有水平面，对配准结果进一步优化；然后再使用迭代最近点法（ICP）使得两个测站的点云数据拥有最大的重叠率，并使得重叠区域有最小的残差值。

（3）可选自动提取预览点云，预览点云为整体点云的1%采样。选中后会在自动拼接结束时非常快速地获取一个轻量化的整体稀疏点云，并保持现实世界的结构特征，有利于快速对拼接质量进行检查。

2. 点云编辑和去噪

点云配准完成后，需要将点云进行分割和去噪，激光处理软件提供基于点云几何特征的快速自动分类，可以将点云快速分类为地面、建筑、高植被、标杆、电力线和其他杂点，可以快速提取建筑点云数据，减轻传统手工分割分类和去杂点的负担，大大提高内业处理效率。

8.6.5 立面图绘制

建筑立面图主要包含建筑物立面的外貌、外部结构、建筑垂直方向的尺寸及外部装饰等。以分割后的建筑点云为原始数据，借助 AutoCAD 进行立面图绘制，立面图的精度主要取决于点云精度，采用 1∶1 绘制。目前立面图的绘制方法包括两种，一种是基于三维模型进行立面绘制，另一种是将立面投影生成平面后绘制。第一种在倾斜三维模型中较为常用。本工程采用后一种方法，以 AutoCAD 为绘制软件，以分割后的建筑点云为单元，将 LAS 格式点云转成 rcp 格式，定义 UCS 坐标轴，在相应视图上绘图立面图。在绘制立面图时，需要绘制建筑立面的边界线、拐点、门窗、阳台以及附属设施等特征线和空调、广告牌、不同材质墙面等面状区域。另外，还需要添加适应的尺寸、材质等注记和图例，最终形成立面图。针对本工程典型的建筑，进行独栋低层建模。建筑点云及立面图如图 8-43、图 8-44 所示。

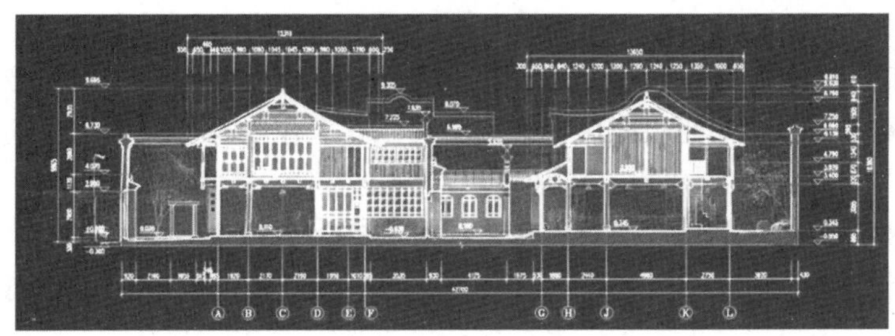

图 8-43　建筑点云及立面图

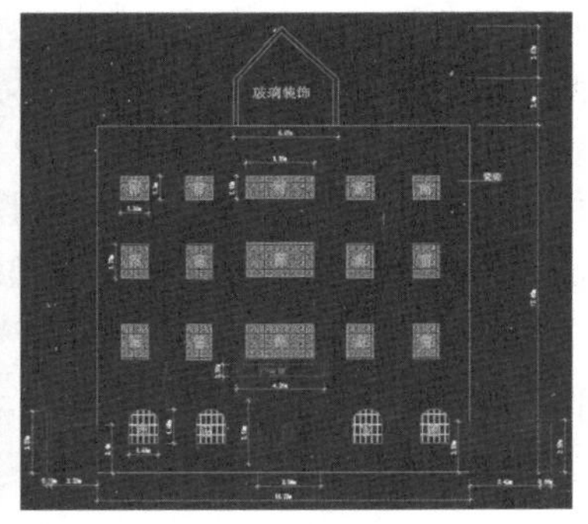

图 8-44　建筑点云及立面图

8.7　森林资源调查应用

微课：基于激光雷达的森林资源调查应用

森林资源调查对于及时掌握森林资源信息至关重要，其主要任务是调查区域森林资源的分布、种类、数量及质量等。而测量样方内树木的树种、位置、树高、胸径等信息是森林资源调查的基本需求。传统生态调查数据采集困难，能够获取的结构信息有限，而且人为主观因素对测量结果的影响大。

自 20 世纪 50 年代初以来，我国森林资源调查经过了目测调查（含踏查）、航空目测调查、以小班为基础的抽样调查、以地形图为基础的小班调查和以高分卫星遥感图像为基础的小班调查五个发展阶段，各个阶段的技术方法、调查内容和质量要求都不尽相同。目测调查（踏查）是 20 世纪 50 初期至 60 年代中期森林资源的主要技术方法，尽管调查的深度和广度都有限，调查精度不高，调查结果普遍存在偏大的问题，但在当时经济社会发展和科学技术水平下，基本上摸清了我国主要林区的森林资源概况，为重点林区开发和国民经济建设作出了重大贡献。航空调查是20世纪50年代森林资源调查的先进技术。由于交通极不发达，加上调查任务繁重和时间紧迫，航空调查是20世纪50年代初期中国森林资源调查最好的技术选择。20世纪60年代初期，在森林调查中进行了以数理统计学理论为基础、以航测制图与航空相片判读技术为手段的分层抽样调查方法的试验研究。20世纪80年代初至21世纪前10年，我国大部分地区森林资源调查都是采用1∶1万地形图勾绘小班，采用角规测树方法得到小班林分平均高、平均直径、断面积和蓄积量等调查因子，森林面积调查精度得到了一定的提高，但仍存在着工作量大、劳动强度高、效率低、调查质量难以控制等问题。随着计算机的普及和遥感图像处理技术的发展，商业遥感图像处理软件逐步应用，我国森林调查工作者积极探索卫星遥感在森林资源调查中的应用技术。自2010年以来，随着国产天绘一号、资源三号、北京二号、高分一/二号卫星的陆续升空，森林资源调查大量采用了高空间分辨率卫星数据。

随着全球定位系统（GPS）和惯性导航系统（INS）的集成应用，激光扫描仪实现了精确定位定姿，点云位置精度得到了严格保证，激光雷达（LiDAR）于20世纪90年代中期开始实现商业化应用。激光雷达技术是关于林业基础数据获取的先进手段，可以用来分析林木类型、林木分布情况、林木生长阶段概况、林木覆盖面积变化情况等。激光雷达主要原理是进行测距和测角，即根据激光在空气中的传播，计算激光器到反射物的距离，同时利用角度编码器记录每一处发射光线的角度，这些信号经反射、接收、记录、计算，构成三维图像。由于激光雷达具有多次回波特性，激光脉冲在穿越植被空隙时，可返回树冠、树枝、地面等多个高程数据，有效克服植被影响，更精确探测地面真实地形。

8.7.1 案例区概况

本案例作业地点是某地林区；作业面积：20000m^2；作业内容：使用机载激光雷达和背包式激光雷达结合的方式获取林间数据；精度要求：10cm；作业范围如图8-45所示。

图8-45　案例测区作业范围

8.7.2　技术路线

本案例的技术流程如图 8-46 所示。

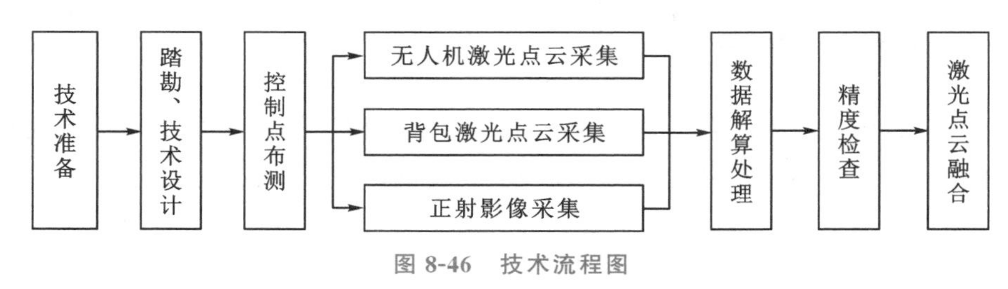

图 8-46　技术流程图

8.7.3　控制测量

本次作业林地区域地形比较复杂、树木比较茂密，精度要求较高。使用 CORS 连接获取不到信号，只能利用人工引入控制点的方式约束点云模型的精度。

1. 确定控制点的数量及分布范围

依照区域环境确定控制点的数量，一般间隔 50m 获取一个控制点点位，控制点的位置要覆盖整个测区范围。此处确定 15 个控制点，平均分布于林地内，如图 8-47 所示。

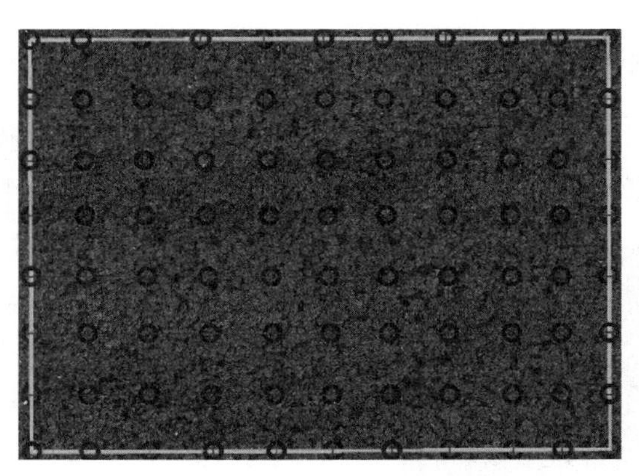

图 8-47　控制点布设规划图

2. 确定控制点的点位位置

因林地比较茂密，RTK 获取不到信号，所以只能选取较大的林窗进行布控，未有林窗的部分用全站仪进行观测。控制点的位置放置标靶，采取标靶的位置信息，在作业过程中禁止标靶移动。

3. 记录控制点坐标

利用GNSS接收机或者全站仪获取控制点的坐标，按顺序记录点坐标。

8.7.4 机载激光扫描及数据处理

无人机机载激光技术，是一种通过距离、角度、位置等观测数据直接获取对象表面点的三维坐标，实现地表信息提取和三维场景重建的对地观测技术。无人机机载激光技术具有高精度、高效率、多回波、高分辨率、可生成真实三维模型等优点。

1. 无人机激光雷达空中数据采集

本项目中空中数据采集作业采用的是飞马D2000无人机系统，它是飞马全新研发的一款小型、长航时且能满足高精度测绘、遥感及视频应用的多旋翼无人机系统，可搭载航测模块、倾斜模块、激光雷达模块等，具备多源化数据获取能力。

首先对研究区进行实地踏勘，找到适合无人机起降的场地，即尽量寻找地势平坦、视野开阔、起降点无遮挡、交通便利的地点。在起降场地确定后，即可对相关设备展开调试，主要包括地面站架设、飞机组装、飞机检查、安装电池、安装传感器模块、磁罗盘校正。

为保障数据采集整体精度，搭载激光雷达进行点云采集作业时，无人机按飞行旁向重叠度25%，飞行速度13.5m/s，点云密度75点/m^2，相对航高100m的指标进行。

2. 激光点云数据预处理

GPS/IMU解算：在飞机长时间航摄过程中，GPS信号的失锁在所难免，一旦发生周跳，就需要重新计算整周模糊度，目前GPS动态定位中最常用的方法是运动中载波相位模糊度解法。联合GPS基站和动态GPS数据，使用正反算发生成固定整数差分GPS航迹线。集成IMU数据和精确的相位差分GPS位置，使用卡尔曼滤波正反算可以生成更加准确的航迹时刻、位置、Omega、Phi、Kappa的航迹线文件。

图8-48 机载激光点云数据成果

点云数据处理：项目采用点云正射影像赋色的方式提高点云数据的判读性。点云数据的赋色后直接导出通用LAS格式的点云数据，如图8-48所示。

8.7.5　背包式激光扫描及数据处理

本项目采用的移动式背包激光雷达是欧斯徕 R8。R8 是一款多场景大空间三维结构数据获取设备，基于 RTK-SLAM 技术，在利用 SLAM 技术获得位置和模型的同时，将 RTK 控制点自动引入到 SLAM 算法中联合解算。其优点是外业数据采集速度极快，稳定的 SLAM 算法可快速获得高精度的点云数据。激光雷达 360 度旋转扫描，能够覆盖全部空间，相比固定式激光雷达，没有缺扫、漏扫的问题。不限制单次作业时间，按照场景和项目需求合理安排单次作业时长。点云坐标自动转换到 CGCS-2000 坐标、WGS-84 坐标或当地坐标等，无须通过导入人工控制点的方式转换坐标。内业点云解算时间短，自动化程度高，无须人工干预，短时间便能获得配准好的点云数据。使用手机操作简单方便，连续采集，无时间限制，可实现室内外、地上地下空间的一体化扫描作业。

1. 外业数据采集

装配好设备后，依照规划好的作业路线进行采集作业。需要获取林下 CGCS-2000 坐标系统下的点云数据，因此在使用手持方式作业的同时要获取控制点的点位信息。手持作业方式下引入控制点较为方便，R8 手持模块下端的锥形点抵住控制点的中心，同时点击手机控制界面的按钮，这样 GNSS 接收机或者全站仪获取的控制点点位就与点云模型下的该点点位相关联。

2. 内业数据处理

数据解算：打开 OmniSLAM Mapper 数据处理软件，载入一个新的项目文件，设置坐标、点云密度、图片数量等参数，输入人工获取的控制点坐标，开始自动进行数据解算，生成坐标变换和平差后的点云模型。背包式激光雷达点云成果如图 8-49 所示。

数据成果配准：点云模型配准是无人机机载激光和背包式激光扫描在空地一体化中的关键技术，在无人机激光雷达和背包式激光扫描数据各自处理完后，利用软件进行两组点云数据的配准，提高测量的精度和效果。机载点云和背包点云配准如图 8-50 所示。

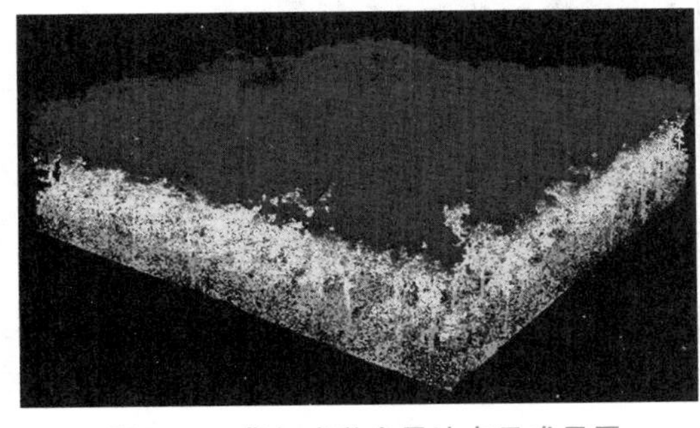

图 8-49　背包式激光雷达点云成果图

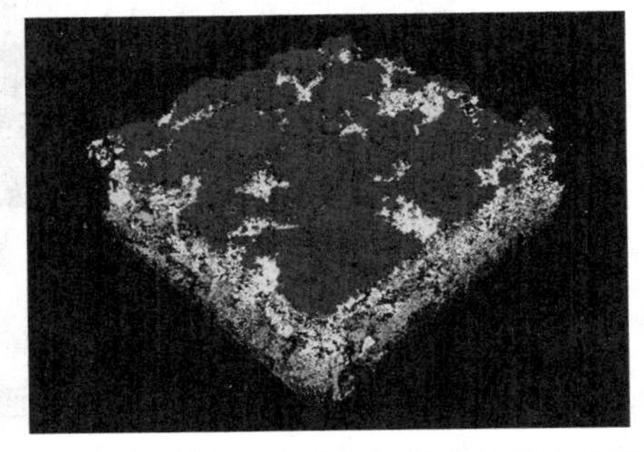

图 8-50　机载点云和背包扫描点云融合成果图

点云数据配准结果如图 8-51 所示，其中白色点云为机载雷达空中扫描的点云成果，绿色和橙色点云是两次背包式激光雷达地面扫描的点云成果。此次成果精度在 10cm 以内，满足作业要求。

图 8-51　机载点云和背包扫描点云融合成果图

8.7.6　林业资源调查应用

1. 单木分割

在无人机载激光雷达系统所获取到的点云数据足以识别出林分中的单木时，系统会根据林木种类的不同，采用不同的单木分割算法，对林分中的激光反射点进行有效点云数据分割，分割效果如图 8-52 所示。在完成点云数据精准分割后，采用数据分析软件进行分析处理，获取到林分中单木的树高、树冠、胸径等一系列数据信息。

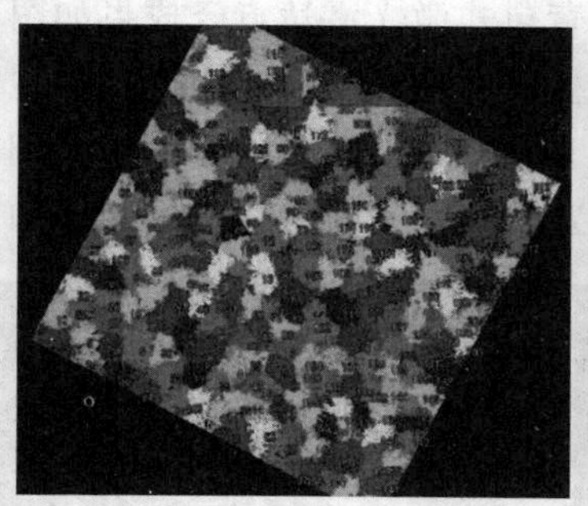

图 8-52　单木分割效果图

现有的单木分割算法大多是以冠层高度模型为基础，采用分水岭分割算法，将林分高点视作“山峰”，低点视作“山谷”，通过“水”对“山谷”进行填充，随着“水”填充量的持续增加，不同山谷内的“水”也将会持续汇合，在汇合点出设置屏障，此片屏障便是分割结果。在完成分割后，对单木进行自上而下分析，构建三维立体模型，获取单木的水平分布及垂直分布信息。

2. 树高估测

采用数据处理软件对激光扫描仪所发射的高频脉冲接触到树冠顶部和地面反射后所获取到的高程数据差进行计算分析，进而获取树木的实际树高。树木树高作为林业资源调查的重要参数之一，将会直接影响树木的质量和材积。在实际树高测量中，激光雷达系统所获取的树高估测数据主要分为样地水平和单木水平两种估测数据，其中样地水平估测数据又分为直接提取数据和间接提取数据，直接提取数据是指通过直接数据获取的方式采集树冠顶部到地面的相对高度数据，间接提取数据则是指通过构建树木冠层高度数据与激光雷达系统提取变量之间的相互关系来间接预估树木高度数据。基于点云数据的树高估测如图 8-53 所示。

图 8-53　树高估测

3. 叶面积指数

叶面积作为树木冠层结构的基本参数之一，其通常被定义为单位地面标记上所有叶片表面积的一半。在具体测量过程中，激光雷达系统会通过 LAI（多种卫星遥感数据反演叶面积指数）反演，即通过激光扫描仪获取树木冠层物理常数信息与实测 LAI 指数数据来构建统计关系模型，进而根据模型对树木叶面积指数进行估测计算。相关物理数据可以间接反映激光扫描仪所获取点云数据在树木冠层中的分布情况，通常情况下，LAI 指数与激光扫描仪所发生激光脉冲在树木冠层中的穿透和拦截情况有着直接关联，其中穿透指激光穿透指数，即激光雷达系统所获取到的地面点数量与所有激光点数量的比值；拦截指激光拦截指数，即树木冠层激光点数量与所有激光点数量的比值。LAI 理论原理如图 8-54 所示。

4. 郁闭度估计

林木郁闭度指林木冠层的垂直投影占林地面积的比值。通常情况下，林木郁闭度是林木资源采伐强度科学确定的重要指标因素，也是当前林木资源蓄积量估测的重要指标之一。

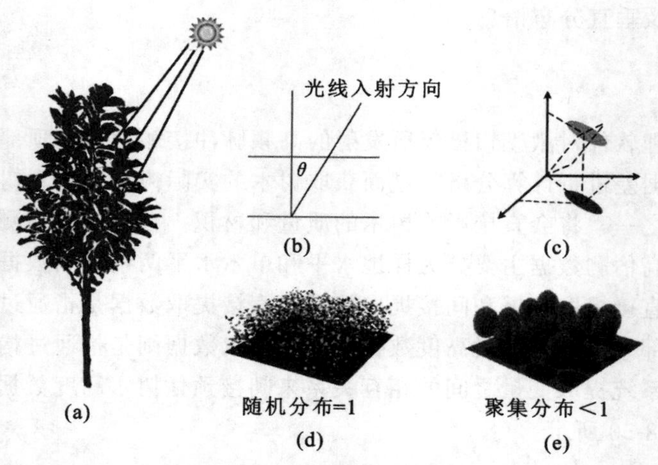

图 8-54　LAI 理论原理示意图

此外，林木郁闭度还可以用于估算林分内激光反射数量与地面反射数量的比值。例如，当林木的郁闭度为 100%时，说明林分内树木极为茂盛，内部没有开拓空间，不利于林下资源的生长；反之则表示林分区域开拓空间过多，需要继续增加林木资源量。从理论角度来看，对激光雷达系统所获取到的非地面反射点数量进行分析计算便可以得到林分中林木郁闭度，但想要保障此结果的真实性和有效性，还需要获取地面反射点数据密度分析数据。林木郁闭度计算如图 8-55 所示。

$$林木郁闭度=\frac{林冠垂直投影面积}{林地总面积}$$

图 8-55　林木郁闭度计算示意图

5. 林分密度估测

所谓林分密度，是指通过已识别分析的树冠顶部数据进行预估分析后，获取的单位面积内林木资源总数，林分密度的获取核心在于合理进行树冠分割。具体应用过程中，激光雷达系统会根据识别数据形成树冠高程模型，并以此为基础合理选择变化窗口，在区域范围内进行最大值求解，将此过程中所获取到的最大值作为树冠顶部。

复习与思考题

1. 简述利用三维激光扫描设备进行高山地形测绘的基本思路。

2. 简述土方测量过程，三维激光扫描方法与其他方法的对比（从精度、效率等方面）。

3. 简述利用机载激光扫描进行电力勘测的基本思路。相较传统方法，它的优势是什么？

4. 简述基于三维激光扫描技术的建筑立面测绘基本步骤。

5. 三维激光扫描技术在文物保护中应如何应用？

思政点滴

让敦煌在数字空间永存

“瑞像九寻惊巨塑，飞天万态现秋毫。”延续近2000年的敦煌文化，是世界现存规模最大、延续时间最长、内容最丰富、保存最完整的艺术宝库，是世界文明长河中的一颗璀璨明珠，也是研究中国古代各民族政治、经济、军事、文化、艺术的珍贵史料。如今，1∶1实景洞窟三维模型的构建，将远在大漠中的千年瑰宝展现在世人面前；数字敦煌上线，全球网民可以在线浏览超高清壁画图像。这一切，离不开科研人员数十年的接续攻关。

20世纪80年代，李德仁院士和他的夫人——武汉大学测绘遥感信息工程国家重点实验室朱宜萱教授，开始着手保护正在遭受侵蚀的敦煌莫高窟文物。近年来，敦煌地区气候变化，湿度上升、降雨量增加、河道涨水，都不利于壁画保存，游客参观时呼出的二氧化碳也会对壁画造成影响，保护工作迫在眉睫。

2005年，李德仁团队决定，运用现代摄影测量与遥感技术，对敦煌莫高窟进行三维数字重建，在计算机上建立一个立体敦煌，在数字空间里重建敦煌胜景。历经2年，构想成为现实，莫高窟的空中、中距、近距和微距数据全部测得。随后，在数代科研人员的接力下，敦煌文物的数字化工作已达到很高水平，文物保护也开启“摄影测量＋自动建模”的新模式。

参考文献

[1] 王成，习晓环，杨学博，等．激光雷达遥感导论［M］．北京：高等教育出版社，2022.

[2] 郭庆华，苏艳军，胡天宇，等．激光雷达森林生态应用——理论、方法及实例［M］．北京：高等教育出版社，2018.

[3] 郭庆华，陈琳海．激光雷达数据处理方法 LiDAR 360 教程［M］．北京：高等教育出版社，2020.

[4] 谢宏全，韩友美，陆波，等．激光雷达测绘技术与应用［M］．武汉：武汉大学出版社，2018.

[5] 梁静，武永斌．三维激光扫描技术及应用［M］．郑州：河南水利出版社，2020.

[6] 陈琳，刘剑锋，张磊，等．激光点云测量［M］．武汉：武汉大学出版社，2022.

[7] 王金虎，李传荣，周梅，等．车载激光雷达点云数据处理及应用［M］．北京：科学出版社，2022.

[8] 李峰，刘文龙．机载 LiDAR 系统原理与点云处理方法［M］．北京：煤炭工业出版社，2017.

[9] 张祖勋，张剑清．数字摄影测量学［M］．武汉：武汉大学出版社，2012.

[10] 张剑清，潘励，王树根．摄影测量学［M］．武汉：武汉大学出版社，2009.

[11] 国家测绘地理信息局．CH/Z 3017—2015 地面三维激光扫描作业技术规程［S］．北京：测绘出版社，2015.

[12] 国家测绘地理信息局．CH/T 8023—2011 机载激光雷达数据处理技术规范［S］．北京：测绘出版社，2012.

[13] 中华人民共和国自然资源部．CH/T 3023—2019 机载激光雷达数据获取成果质量检验技术规程［S］．北京：测绘出版社，2019.

[14] 国家测绘地理信息局．CH/T 3014—2014 数字表面模型　机载激光雷达测量技术规程［S］．北京：测绘出版社，2014.

[15] 杨必胜，梁福逊，黄荣刚．三维激光扫描点云数据处理研究进展、挑战与趋势［J］．测绘学报，2017，46（10）：1509-1516.

[16] 董秀军．三维激光扫描技术及其工程应用研究［D］．成都：成都理工大学，2007.

[17] 张维强．地面三维激光扫描技术及其在古建筑测绘中的应用研究［D］．西安：长安大学，2014.

[18] 代世威．地面三维激光点云数据质量分析与评价［D］．西安：长安大学，2013.

[19] 孔令惠，陆德中，叶飞．三维激光扫描技术在历史建筑立面测绘中的应用［J］．测绘通报，2022（08）：165-168，172.

[20] 胡玉祥，张洪德，韩磊，等．三维激光扫描技术应用于建筑物竣工测绘的探讨［J］．测绘通报，2022（S2）：100-104.

[21] 章紫辉，官云兰．地面三维激光扫描点云数据精简算法质量评价研究［J］．江西科学，2023，41（02）：393-399.

[22] 徐旺．机载 LiDAR 点云数据滤波算法研究［D］．南昌：东华理工大学，2022.

[23] 于洋洋．机载激光雷达点云滤波与分类算法研究［D］．合肥：中国科学技术大学，2020.

[24] 孟昊．基于机载 LiDAR 的输电线路分类算法研究［D］．淄博：山东理工大学，2022.

[25] 李飞，李翠翠，韩瑷．基于机载激光雷达数据的复杂建筑物三维自动重建方法［J］．激光杂志，2023，44（12）：212-217.

[26] 麻卫峰．机载激光点云输电线路巡检关键技术研究［J］．测绘学报，2023，52（09）：1612.

[27] 刘政奇．机载 LiDAR 数据滤波方法优化研究［D］．昆明：昆明理工大学，2022.

[28] 韩松魁，于正林．基于车载激光雷达点云数据的预处理研究［J］．长春理工大学学报（自然科学版），2024，47（01）：85-91.

[29] 党亚南，田照星，郭利强．车载激光雷达点云数据处理关键技术［J］．计算机测量与控制，2022，30（01）：234-238，245.

[30] 黄思源，刘利民，董健，等．车载激光雷达点云数据地面滤波算法综述［J］．光电工程，2020，47（12）：3-14.

[31] 梁秀英，张广波．基于车载 LiDAR 的建筑物立面采集方法与精度分析［J］．测绘与空间地理信息，2023，46（04）：220-221，224.

[32] 宁振伟．背包、车载激光扫描结合无人机倾斜航测实践于社区全息数据采集［J］．测绘通报，2021，（03）：159-163.

[33] 方莉娜，杨必胜．车载激光扫描数据的结构化道路自动提取方法［J］．测绘学报，2013，42（02）：260-267.

[34] 石明旺，张均，刘学思．手持三维激光扫描仪在规划竣工测量中的应用［J］．测绘通报，2022（S2）：122-125.

[35] 王智，吴超，王文娟，等．基于 SLAM 技术的手持移动扫描仪在土石方测量中的

应用研究 [J]．城市勘测，2021 (04)：104-107.

[36] 余龙，代龙昌，施志玲．手持三维激光扫描仪和移动背包扫描系统在房地一体测量中的应用 [J]．地矿测绘，2021，37 (04)：42-46.

[37] 季杰，邵华．基于 SLAM (即时定位与地图构建) 技术的三维激光扫描测量方法 [J]．城市轨道交通研究，2024，27 (S1)：97-102.

[38] 蔡宁，毕元，潘恺．SLAM 激光扫描技术在地铁隧道竣工测量中的应用 [J]．测绘通报，2024 (S1)：44-48，155.

[39] 廖渊，罗擎宇，刘志勇，等．SLAM 三维激光扫描仪在房产测绘中的应用 [J]．北京测绘，2023，37 (12)：1623-1626.